中國茶全書

—贵州黔东南卷—

王辉 左松 主编

中国林业出版社

图书在版编目（CIP）数据

中国茶全书.贵州黔东南卷/王辉，左松主编.-- 北京：中国林业出版社，
2021.11
ISBN 978-7-5219-1305-7

Ⅰ.①中… Ⅱ.①王… ②左… Ⅲ.①茶文化—黔东南苗族侗族自治州 Ⅳ.
① TS971.21

中国版本图书馆 CIP 数据核字 (2021) 第 159789 号

出 版 人：刘东黎
策划编辑：段植林 李 顺
责任编辑：李 顺 陈 慧 薛瑞琦
出版咨询：（010）83143569

出 版：中国林业出版社（100009 北京市西城区刘海胡同 7 号）
网 站：http://www.forestry.gov.cn/lycb.html
印 刷：北京博海升彩色印刷有限公司
发 行：中国林业出版社
版 次：2021 年 11 月第 1 版
印 次：2021 年 11 月第 1 次
开 本：787mm×1092mm 1/16
印 张：19.25
字 数：360 千字
定 价：228.00 元

《中国茶全书·贵州黔东南卷》

顾问委员会

组　　长：吴　坦

副组长：潘黔昆　王　辉

成　　员：唐勋忠　刘坤群　龙笛信　黄良干　潘　军　杨　坤
　　　　　田贵明　何永林　孙　林　何蔓莉　杨　检　刘建明
　　　　　潘金海　孙菊花　蒲祖银　陈启鹄　李绍雄　李　白
　　　　　杨　琼　邰文福　杨喜平

编纂委员会

顾　　问：周定生

主　　任：吴　坦

副主任：王　辉　潘黔昆　游美昆　唐勋忠　车小林　何永林

主　　编：王　辉　左　松

副主编：杨　桦

编　　委：石伟昌　廖　承　吴长春　杨长波　姜　华　王绍礼
　　　　　邓勇军　刘　柳　蔡武钊　田家先　周启权　邰昌源
　　　　　杨秀全　蒋光媛　李宇骐　杨　山　潘　华　张　慧
　　　　　舒国流　王安峰　田应庄　石　敏　周哲麟　曾怀德
　　　　　黄明祥　杨正山

资料收集、绘图、校对人员

资料收集： 左　松　石伟昌　廖　承　吴长春　周文礼　张方芳

欧阳大钊　李穗渝　潘定华　郑兰英　蒋光媛　李宇骐

杨　山　潘　华　张　慧　舒国流　王安峰　田应庄

石　敏　杨定科　杨长波　姜　华　夏应泽　潘盛晟

张冬香　安世花　周定生　周哲麟　杨　桦　曾怀德

黄明祥　杨正山　潘贵春　刘高君　杨思华　白柜铭

聂顺祥　黄　耀　山　舟　张廷澜　杨长福　龙连荣

罗国刚　胡伟能　韦达旺　王大为　崇安仁　徐明炎

枫桦正茂　陶光弘　彭焕昆　孙泽羽　吴朝科　石剑南

蓝承杰　陈　步　陈　亮　吴一辉　肖检生　张新元

吴继强　邓伟林　刘喜成　常五香　胡小敏　邱学华

胡周崇　成小诚　吴继强　邓伟林　汪　燕　杨胜星

吴永安

绘　　图： 杨荣榕

总校对： 左　松　杨　桦

审定参会人员名单

州政府负责人： 吴　坦　游美昆

县市政府负责人：

龙安平　李　彪　吴亚兰　潘文宏　田昌琼　谭胜勇

蒋大伍　姜昌明　何善权　李　强　杨　勇　唐继林

李振强　李绍雄　杨喜平　龙国金

州直有关部门负责人：

吴朝令　刘业海　吴金容　吴昀丰　罗　青　龙家植

吴厚登　潘定华　邰　磊　龙华鹰　曾宪官　刘定胜

陈正锋　李穗渝　张佑清　周文礼　龙　滨　欧阳大钊

**评审专家（评审专家，州直有关部门评审专家，州农业系统退休老
领导、老专家）：** 李元星　粟周群　周定生

各县（市）农业农村局负责人：

杨成辉　尹江凌　金德标　袭学文　罗扬先　王剑勇

杨中国　田仁先　傅昭华　谭元文　甘世杰　杨安培

龙见辉　潘昌植　陈启静　陆德敏　彭金銮

出版说明

2008年，《茶全书》构思于江西省萍乡市上栗县。

2009—2015年，本人对茶的有关著作，中央及地方对茶行业相关文件进行深入研究和学习。

2015年5月，项目在中国林业出版社正式立项，经过整3年时间，项目团队对全国18个产茶省的茶区调研和组织工作，得到了各地人民政府、农业农村局、供销社、茶产业办和茶行业协会的大力支持与肯定，并基本完成了《茶全书》的组织结构和框架设计。

2017年6月，在中国林业出版社领导的指导下，由王德安、段植林、李顺等商议，定名为《中国茶全书》。

2020年3月，《中国茶全书》获中宣部国家出版基金项目资助。

《中国茶全书》定位为大型公益性著作，各卷册内容由基层组织编写，相关资料都来源于地方多渠道的调研和组织。本套全书可以说是迄今为止最大型的茶类主题的集体著作。

《中国茶全书》体系设定为总卷、省卷、地市卷等系列，预计出版180卷左右，计划历时20年，在2030年前完成。

把茶文化、茶产业、茶科技统筹起来，将茶产业推动成为乡村振兴的支柱产业，我们将为之不懈努力。

王德安

2021年6月7日于长沙

丹寨生态茶园示范基地（摄于 2013 年）

岑巩县天马镇茶叶生产基地（摄于 2011 年）

锦屏县偶里乡云照生态茶场（摄于 2018 年）

黎平中朝镇生态茶园（摄于 2007 年）

黎平龙形冲茶场生态茶园（摄于 2018 年）

镇远县羊场镇扎营关舞阳茶场（摄于 2018 年）

施秉县桎木山茶园（摄于 2018 年）

雷山丹江镇大坳山村生态茶园（摄于 2017 年）

黎平县高屯镇生态茶园（摄于 2007）

剑河县磻溪镇平岑茶场（摄于 2018 年）

丹寨龙泉镇马寨村生态茶园（摄于 2019 年）

凯里市香炉古茶树（摄于 2018 年）

镇远县古茶（摄于 2018 年）

雷山县古茶树（摄于 2018 年）

黎平县古茶树（摄于 2014 年）

台江县交密古茶树（摄于 2018 年）

贵州省黎平县侗乡春茶业有限公司手工茶加工
（摄于 2005 年）

贵州省黎平雀舌茶业有限公司手工生产车间
（摄于 2007 年）

州内首家清洁化加工厂在黔东南州
鑫山实业有限责任公司安装使用（摄于 2009 年）

州内首条扁形茶加工清洁化生产线在
黎平县侗乡春公司安装使用（摄于 2011 年）

丹寨添香园茶叶加工厂（摄于 2012 年）

丹寨传福茶业公司加工厂生产车间（摄于 2013 年）

台江县九摆村茶叶加工厂（摄于 2017 年）

贵州雷山云尖茶业实业有限公司生产车间
（摄于 2018 年）

2014 中国·贵阳国际特色农产品交易暨
绿茶博览会雷山茶叶展示区（摄于 2014 年）

中国·贵州国际茶文化节暨茶产业博览会
黔东南展馆（摄于 2016 年）

贵州省茶叶协会 2009 年年会在黎平县召开

中国·侗乡茶城坐落黎平（摄于 2018 年）

中国·侗乡茶城电商平台（摄于 2018 年）

贵州省茶文化旅游产业融合发展现场观摩会
贵州绿茶门店揭牌仪式（摄于 2020 年）

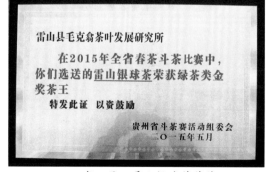

2015 年 5 月，雷山银球茶荣获
首届贵州省春茶斗茶绿茶类金奖茶王

2016 年 10 月，中国茶叶流通协会授予
黎平县人民政府"中国·侗乡茶城"匾

序

　　黔东南苗族侗族自治州位于贵州省的东南部，地处低纬度、高海拔地区，具有气候温和、雨量充沛、多云雾和土壤微酸性等特点，是茶树的原产地之一，也是贵州茶树生长最适宜地区之一。黔东南茶产业有着悠久的发展历史，对茶的记载最早追溯到唐代陆羽在《茶经》中提到的"茶之出黔中，生思州、播州、费州、夷州——往往得之，其味及佳"，其中的"思州"涵盖了今天黔东南的岑巩思阳、镇远羊场等北部地区。据记载自明代以来，镇远的天印贡茶，凯里的香炉山云雾茶、从江的西山滚朗茶等均驰名京都。黔东南茶产地山清水秀，2018年全州森林覆盖面积达67.67%，茶中有林，林中有茶的优良生态环境，造就了黔东南茶叶的独特品质，处处出产好茶，雷山银球茶、雷山清明茶、黎平香茶、黎平红茶、丹寨硒锌绿茶、岑巩思州绿茶等在市场上有一定知名度，茶产业现已成为主产县推动农村经济发展和脱贫攻坚的重点产业。

　　《中国茶全书·贵州黔东南卷》是黔东南有史以来第一部全面、系统、客观地记载1985—2018年全州茶产业发展历史与现状的全书，其时代特点和地方民族特点突出，具有历史性、故事性、技术性、趣味性和民族性等特性，是一本极具参考性、可读性和指导性的工具书，颇具查阅和研究价值。

　　《中国茶全书·贵州黔东南卷》记述了黔东南近40年来茶产业发展取得的成就，客观反映了茶产业崛起的曲折历程，揭示了苗、侗等民族茶文化的奥秘，让人们看到了未来黔东南茶产业发展的希望。

　　《中国茶全书·贵州黔东南卷》全卷特色鲜明，重点突出，资料丰富，史事翔实，结构合理，通俗易懂，文笔流畅，是了解、宣传、发展黔东南茶产业的辅导全书。

　　未来黔东南茶产业的发展依旧任重而道远，在州委、州政府的正确领导下，以抓"三个100万"工程茶产业发展为契机，坚持以绿色发展、高质量发展为主线，扩大茶产业规模，提高茶产业的综合产值，稳定增加茶农收入，全力打造"苗侗山珍""雷公山茶（绿茶）""黎平红（红茶）"黔东南公共品牌，走出大山，走向世界，黔东南打造最具有生态特色的高品质干净茶的目标一定能实现。

我相信《中国茶全书·贵州黔东南卷》出版后，一定能为全州从事茶产业基层工作者提供许多有意义的借鉴。

至此，我向为编纂此书作出贡献的同志们致以诚挚的感谢！向奋战在黔东南茶产业战线上的同志们致以崇高的敬意！借此机会向茶农、茶商和茶人表示谢意！衷心祝贺《中国茶全书·贵州黔东南卷》定稿出版！

黔东南州人民政府副州长　吴　坦

2020 年 10 月

前言

黔东南茶叶历史悠久，民族茶文化厚重，茶叶产品优质独特。为全面系统地记载1985—2018年黔东南茶产业发展的历程，推动黔东南茶产业健康发展，黔东南州农业农村局组织力量编纂《中国茶全书·贵州黔东南卷》。

《中国茶全书·贵州黔东南卷》的编纂成书，是根据《中国茶全书·贵州卷》编纂委员会和黔东南州人民政府对编纂工作的有关要求进行广泛收集相关资料和认真编纂的成果。为此，州政府领导高度重视，州财政局划拨专款，州农业农村局党组2次召开专项会议研究布置工作，确保编纂工作顺利开展与任务的完成。从2019年3月至2020年2月州农业农村局组织州、县（市）有关人员在脱贫攻坚工作任务重的情况下收集原始材料，2020年3月至8月底，组织人员进行编纂，其间经省、州有关专家和州、县（市）有关单位审核修改，2020年10月12日，州政府副州长吴坦组织州相关单位和县（市）负责人审定通过。

《中国茶全书·贵州黔东南卷》正文十二篇，分茶史篇、茶栽培篇、茶区篇、茶崛起篇、茶企与茶贸篇、茶类篇、茶泉与茶器篇、茶馆与茶俗篇、茶人篇、茶文篇、茶旅篇、科教与行业组织篇。此书从茶历史、茶树种植、茶区分布、茶叶产销、市场建设、茶叶品牌、茶叶品类、茶器茶俗、茶人茶事、茶诗、茶文、茶叶加工、茶旅游等诸方面，对黔东南茶产业几十年的发展作一个总结梳理与宣传，有助于读者全面了解黔东南茶产业发展历史与现状。

《中国茶全书·贵州黔东南卷》采用图文并茂方式，将黔东南的茶园风光、清洁化加工车间等展现在读者面前。

《中国茶全书·贵州黔东南卷》既有历史继承性，又有开创性。不仅是对黔东南茶叶悠久历史的展示，也是对未来茶产业的美好展望。

借此《中国茶全书·贵州黔东南卷》出版的机会，感谢全体编纂人员辛勤笔耕！感谢资料收集人员辛苦工作！

同时，恳请各级领导和州内外茶产业专家不吝指正。

黔东南州农业农村局

2020年10月

凡 例

一、本卷以马克思列宁主义、毛泽东思想、邓小平理论、"三个代表"重要思想、科学发展观、习近平新时代中国特色社会主义思想为指导,坚持辩证唯物主义和历史唯物主义的立场、观点和方法,以实事求是的思想路线和科学的态度,客观地记述黔东南州茶产业发展的历史和现状。

二、本卷为《中国茶全书·贵州黔东南卷》。按《中国茶全书》要求,记述上限至黔东南州1985年,下限至黔东南州2018年。少数事物(件)为衔接前后和反映全貌,作适当上溯或下延。

三、本卷采用述、记、志、传、图、表、录等体裁。全卷采用章、节排列,横排纵写,用事实和数据体现黔东南州茶产业工作。卷首为图片、序、前言、凡例;卷中正文十二篇,即:茶史篇、茶栽培篇、茶区篇、茶崛起篇、茶企与茶贸篇、茶类篇、茶泉与茶器篇、茶馆与茶俗篇、茶人篇、茶文篇、茶旅篇、科教与行业组织篇;卷尾为附录、大事记、后记。

四、本卷记事内容采取详今略古、详近略远、详异略同的方式表述,以茶产业为核心,全面、系统、据实茶叶产业的成就和经验教训,力求突出时代特点和地方民族特点。

五、本卷称谓,时间称谓采用历史朝代纪年和公元纪年相结合;政权和职官称谓,沿用历史通称;地名称谓,以黔东南州、县(市)《地名志》为准,古地名有变更的,首次出现用括号注今地名;民族称谓,以国家规定的民族称谓为准。

六、本卷采用语体文、记述体编写,使用中华人民共和国公布的第一、第二批简化汉字。

七、本卷计量单位以1984年2月27日国务院公布的《中华人民共和国法定计量单位》为准。数字、百分比按照出版社关于数字用法的相关规定书写。土地面积计量单位"km^2""m^2""hm^2"同时使用。

八、本卷所用茶叶科学技术术语、名词等,以相关规定的为准;未有规定的,按习惯术语。行政区划、机构、团体名称、较长的专用名词、约定俗成的简化语等,在书中第一次出现时用全称，括注简称，以后用简称。如："黔东南苗族侗族自治州"简称为"黔东南自治州""黔东南州""黔东南"或"全州"，"黔东南苗族侗族自治州农业农村局"简称为"黔东南州农业农村局"或"州农业农村局"，等等。总之简称以不产生歧义为原则。

九、本卷人物记述坚持"生不立传"的原则。人物传严格按照有关规定和要求编写。科技成果和人物表彰收录为获得地厅级以上表彰奖励的单位、个人。科技人员收录为副高以上技术职务任职资格的人员。

十、本卷资料主要来源于相关档案、全州茶产业系统及相关单位提供的资料、相关志书和历史文献等；书中数据主要采用统计部门公开的资料，部分专业数据采用农业部门的统计数。

目 录

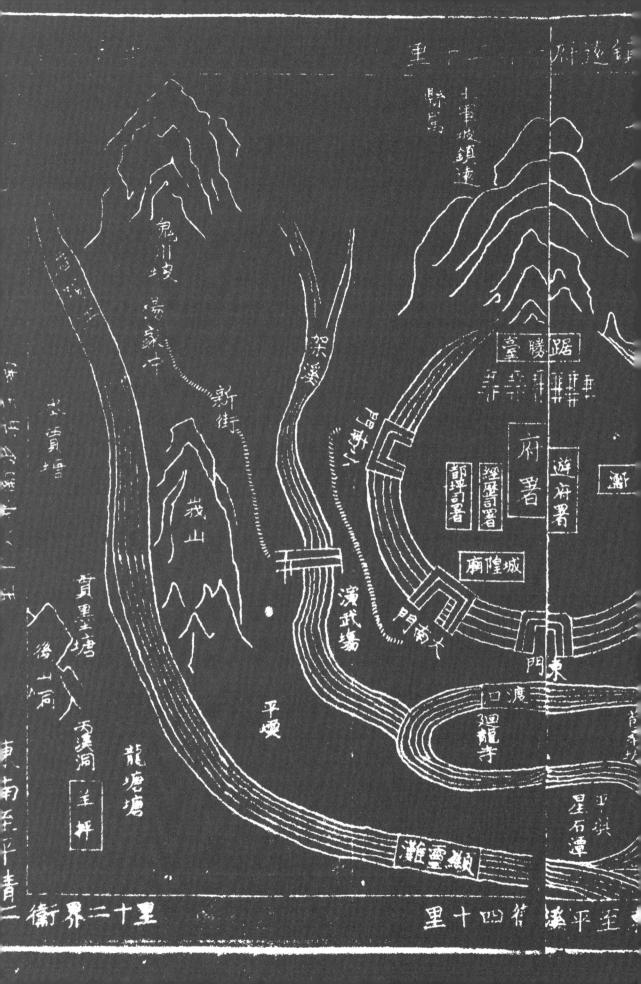

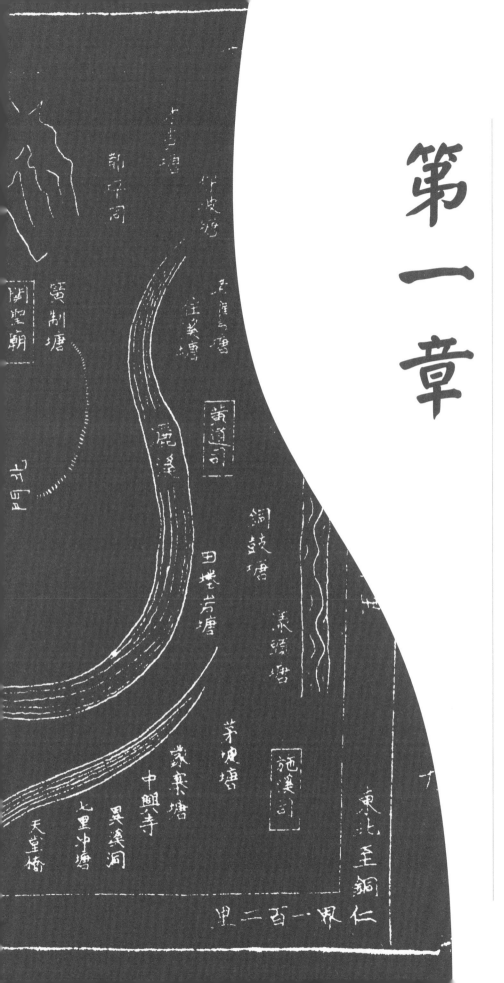

第一章 茶史篇

黔东南苗族侗族自治州 2018 年全州有 475.99 万人，总面积 30282.34km²。茶园面积 28210hm²，可采摘面积 21738hm²，占茶园总面积的 77%。黔东南州位于云贵高原东南边缘，东邻湖南省怀化市，南接广西壮族自治区柳州和河池 2 市，与贵州省黔南、铜仁、遵义市（州）毗邻。

1000 年前，黔东南州这块土地无建置，在秦代属黔中郡和象郡管辖，西汉时期属武陵郡和牂牁郡。隋代属牂牁郡、沅陵郡和治安郡。唐代属黔中道，置有充州、应州、亮州等羁縻州和奖州等经制州。宋代分属荆湖北路、夔州路和广南路，置有邛水县（今三穗县）、安夷县和亮州、古州等羁縻州。元代属四川行省播州宣慰司和湖广行省思州宣慰司，置有麻峡县、黄平府、镇远军民总管府及古州八万洞民总管府。明洪武年间设镇远、清浪（今镇远清溪镇）、铜鼓（今锦屏）、五开（今黎平县）、偏桥（今施秉县）、古州（今榕江县）、清平、兴隆（今黄平县）8 卫。清康熙年间，镇远、偏桥、清平（今凯里炉山）3 卫分别并入镇远、施秉、清平县，兴隆卫并入黄平州。民国二年（1913 年），改府、州、厅为县，设镇远、施秉、青溪、思县（今岑巩县）、邛水、天柱、锦屏、黎平、下江（今从江县一部）、永从（今从江县一部）、榕江、丹江（今雷山县）、台拱（今台江县）、剑河、黄平、炉山、八寨（今丹寨县）、麻哈（今麻江县）共 18 县。1949 年 11 月 15 日，中国人民解放军解放贵州省会贵阳，12 月 26 日贵州省人民政府在贵阳成立。1950 年初设镇远专区，辖区 12 个县。1956 年 4 月 18 日，撤销镇远专区，建立黔东南苗族侗族自治州，原属镇远专区管辖的余庆县划归遵义专区，原属都匀专区所辖的麻江、丹寨、黎平、从江、榕江 5 县划入黔东南州，黔东南州辖 16 个县，州政府驻凯里，是年 7 月 23 日，黔东南苗族侗族自治州正式成立。1983 年 8 月，国务院批准撤销凯里县建立凯里市。自此，黔东南州辖 1 市 15 县。

黔东南州地处低纬度、高海拔、少日照地区，具有气候温和、雨量充沛、多云雾和土壤微酸性等特点，是贵州茶树生长最适宜地区之一。

对黔东南州茶的记载，最早追溯到唐代陆羽在《茶经》中提到的"（黔中）生思州、播州、费州、夷州……"。

第一节　古代茶事

黔东南州是茶树原产地之一，当地各民族群众自古就有种茶、制茶、饮茶的传统。茶产业在黔东南州有着悠久的发展历史，与各族人民的生产生活相互融合，深深地影响着黔东南的经济和文化。

据《茶叶》《农业考古》《贵州茶叶》等文献记述：经对茶树起源、茶树分布和古地理学等方面进行分析和考证，说明黔东南不仅是茶树原产地之一，而且在原始社会时期川黔滇交界山区的少数民族已开始将茶叶作为饮料。汉、唐以前茶的古语音，大多出于川黔滇交界山区的少数民族，如黎平、从江、榕江等县侗族称茶为"谢"，非常接近古代茶字"蔎"的发音。各民族至今仍保留着较为原始的制茶工艺和饮茶习俗，可见，黔东南是一个古老的茶区，黔东南少数民族先民是较早发现茶树和利用茶叶的祖先。由于黔东南建州晚，开发迟，经济落后，地势险阻，交通闭塞，文人墨客来黔甚少，在古书中对茶事的记载不多。最早的历史记载可上溯到汉代。扬雄（公元前53—18年）在《方言》中说："蜀西南人，谓茶曰蔎。"汉代的蜀，包括现在的四川及云南、贵州的部分地区，当然也包括了现在的黔东南州。

唐代，饮茶风俗由南向北推移。陆羽《茶经》（成书于780年）中记有：茶之出黔中，生思州、播州、费州、夷州……往往得之，其味极佳。其中的"思州"包含了今天黔东南州的北部地区，这是黔东南州茶最早见诸文字的记载。唐代"思州茶"系贡品之一。

宋代，今镇远县的羊场及其周边山区茶产量丰富，已有黔东南向朝廷进贡茶叶的记载。北宋年间（960—1127年）著名学者乐史专著《太平寰宇记》载："夷、思、播三州贡茶""夷州土产茶、播州土产生黄茶、思州土茶产"，由此可见思州茶品质之优，成名之早，贡茶之早。

元代，黔东南民间种茶当有发展，但因缺乏产茶记载，故无可考。

明代，黔东南茶类和茶区扩大。明弘治《贵州图经新志》记载："黎平府，洞茶叶大而味美"。其他镇宁州、龙里卫、新添卫、平越卫、清平卫（今凯里市）、永宁卫均产茶。羊场有地名"茶园关"，因茶而得名，羊场"天印雀舌茶"列入贡品。从江西山阳洞司"滚郎茶"、镇远天印茶、黄平浪洞茶、旧州回龙寺茶、凯里香炉山云雾茶均驰名京都，列为朝贡方物之一。明成化年间（1465—1487年），有官商进入贵州对茶叶进行官买官办、禁止私茶出境的记载。

清代，种茶范围扩大，面积、产量增多，黔东南茶叶开始外运。清雍正七年（1729年）设置清江厅（今剑河县），其后在清江（今柳川）、南加堡（今南加）、革东等地已有茶叶交易。清乾隆十七年（1752年）《开泰县志·夏部·风俗志》记载有谷雨采茶，"黎平府，物产，茶。茶之佳品极多，皆由地土所出，亦视乎采取之得时。茶之佳者，采在社前，其次火前、谓寒食前也；其下雨前，谓谷雨前也……然皆叶老方取，以供一啜，非有社前、火前，雨前之美也，但为民间日用所需，故产茶之区，利亦在焉。又有一种名藤茶，价甚贱，夏月饮之宜。"《台江县供销合作社志》记载：台江县清道光年间交密大巫背（地名）试种茶树约1000余株，后扩展到养开黑山（地名）顶。明洪武二十一年（1388年），长期在马溪佛顶山的屯军，种植茶树，生产茶叶，因独特的生长环境，所产的茶叶被称为"长在云端上的茶中贵族"，曾为明清时期贡茶。朝廷也为之设立仓库收贮茶叶，当时上贡朝廷贡茶的五个布政司，这里是其中之一，仅次于浙江，名列第二。清道光十八年（1838年）镇远县江古镇军坡村村口就立有石碑，碑文上写"盖闻朝廷教以栽培供其赋税民间禁桐茶畜木……不惧内外贫富老幼人等概不许偷窃桐茶……"可见，军坡古茶在近代就很有名了。清道光二十五年（1845年）《黎平府志》记载：货之属二十有五，茶：茶之佳品极多，美恶皆由地土，亦视乎采取之及时。其佳者，采在社前。其次火前，谓寒食前也，其下雨前谓谷雨前也。黎郡习俗原不尚茶，东坡诗所谓"初缘厌粱肉，假此雪昏滞"。故阖境皆产茶。尔府属之山西县属之罗槐，永从属之六硐较多，然皆叶老，方取以供一啜，非有社前、火前、雨前之美也，但在民间日用所需。故产茶之区，利亦在焉。又有一种名藤茶，价甚贱，夏月饮之宜。《黎平府志》记载：宾至，主人揖宾就位坐，执事者进茶，主、宾各揖，饮茶，叙语。《黎平府志》记载：顾怃纯《西山茶》诗并序：苗地多以户称，如内千，外五千，二千九，皆以户称第也。西山一千三百户，故其地曰一千三，出茶颇佳。汉人收买定于雨前摘取，牙焙之，宛然旗枪也。苗民则必待四月，连梗摘取，盖贪其多。今卖之众者，苗民恐其不足，不肯让作芽茶，诗以记之。西山烟火一千三，万树茶林绕翠岚。绿叶成荫方摘取，旗枪无分忆江南。《黎平府志》记载："府属之西山有社前、火前、雨前之美也。"

第二节　近代茶事

清道光二十五年（1845年）《黎平府志》记载："府属之西山有社前、火前、雨前之美也。"又载："西山一千三百户，出茶颇佳，雨前摘取焙之，宛然旗抢也，因买之者众。"还以诗记之："西山烟火一千三，万树茶林绕翠岚，绿叶成荫方摘取，旗抢五分忆江南。"可见从江西山种茶之规模。《台江县志》记载：清道光二十八年（1848年）南宫乡交密石灰河大槽沟（地名）自采自播茶种，面积不断发展，方园八公里11个谷地均有茶林。清同治四年（1865年）前，从江滚郎茶随都柳江入广西寻融江，只需大半天工夫船可抵柳州。

清朝年间，浪洞云雾山茶、旧州回龙寺茶、马场茶叶、天印茶，曾长期被作为贡茶，并在当地形成较大产业，种植规模颇大。清朝后期省外商人进黔东南采购茶叶，下江、丙妹等地先后由黔、粤、桂省字号"发隆""顾升昌""民生""协荔泰""泰隆""福隆"

六大名铺收购经营，远销柳州、广州、香港以及东南亚各国和英国。

民国十九年（1930年）毋伯平编纂的《卢山物产志稿》记载："茶、香卢山之云雾，凯里之莺嘴，凯棠旁海之毛尖，远近驰名。"民国二十五年（1936年）《遵义府志》记载："阳宝山在贵定县北十里，绝高耸。山顶产茶，苗云雾中，谓之云雾茶，为贵州茶之冠，岁以充贡。清平之香炉山，遵义之金鼎山亦产茶，几与阳宝山相埒，金鼎亦呼云雾茶。"历史上，凯里香炉山及其周边的万潮、炉山、大风洞、龙场、凯棠等地均盛产香炉山云雾茶。民国二十七年（1938年）镇远县已列入全省17个产茶10t以上的县。民国三十二年（1943年）2月10日，中央茶场贵州省合作委员会镇远熟茶装箱运至上海，并要求出卖之各批毛茶、熟茶、花香、梗子、花乳等都要保留一定样品。民国三十五年（1946年）6月17日，镇远大地乡、都平乡奉令送特产茶叶二封各0.5kg，到省展览。是年，全县推广改良茶树（都坪、大地、龙洞3乡）42792株，面积43hm²，总产10t，平均单产16kg，较本地种1亩产量增加6kg。至民国三十七年（1948年），岑巩、镇远、黄平、从江等重点产茶县各有茶园和自然茶林超过125hm²，产茶200t。

第三节　现代茶事

新中国成立后，党和政府十分重视茶产业，出台一系相关政策，采取一系列有效措施，促进黔东南州茶产业的发展。

纵观黔东南州茶产业70多年的发展，大致经历了平稳发展、较快发展、快速发展3个阶段。

一、平稳发展阶段（1950—1979年）

此阶段，茶叶种植面积、茶叶采摘面积和干茶叶的产量都有不同程度发展。

20世纪50年代，党和政府提出组织恢复与发展地方经济，稳定物价，发展生产，繁荣经济的方针。党和政府从资金和技术上积极扶持茶产业发展。

1951年，国家提高茶叶收购价格，细绿茶每千克1.4元，粗绿茶每千克0.8元；国家发放银行贷款，支持垦复改造老茶园；在镇远专区设立茶叶指导站，配备技术干部，开展茶农培训，指导茶叶生产。1953年4月10日，中国茶叶公司镇远收购站（1957年并入州社筹委会）举办首次茶叶技术训练班，为镇远66个制茶组和各区合作社培训"炒青茶"初制技术骨干81人（其中农民63人）。随后，在龙场、都坪、大地的4个制茶组安装揉茶机8台，提高了制茶功效和质量。1954年3月，镇远专区合办处与茶叶收购站联合举办为期8天的茶叶鉴评学习会，为镇远、岑巩2县培训茶叶生产技术干部15名。是年4月，镇远收购站举办第二期茶叶技术训练班，站长王治云亲自操作、示范歪锅斜灶炒制"炒青绿茶"的初制技术，各制茶组的茶叶质量得到提高，小坝乡蒋孝勋制茶组炒制的"炒青绿茶"一级率达90%。茶叶技术干部陈衡吉，在镇远羊场试制成功木制揉茶工具，提高制茶工效和茶叶质量。是年12月，国家明确镇远茶叶直调北京，提高了镇远专区各县发展茶叶产业信心。专区和各县把茶叶的生产和经营列入中心任务，层层落实到区、乡，直至各制茶组，其中镇远县制茶组112个，参加制茶组的农民达2205户。台江县在省农业厅茶叶专职干部指导下，完成革一乡茶叶播种3.3hm²。1956年后，全州各县除举办培训班对茶农进行技术培训外，还雇请一批有经验的茶农作辅导员，就近分片进行技术指导。至1958年，随即在镇远、黄平、炉山、施秉、三穗、台江、剑河、岑巩、锦屏、黎平、丹寨、雷山12县开办茶叶生产点，搞试验示范，建立茶叶专业户、互助组、生产合作社、国营茶叶示范场（队），同时还实行供应茶农口粮，无偿支援种子苗木，发放预定资金、茶园更新改造资金和专项化肥，促进了各县茶叶的恢复和发展，建成了一批茶叶生产基地，全州茶园面积达101hm²，茶叶产量389t，其中红茶35t、绿茶101t、其他茶253t。

20世纪60年代，针对国内茶叶生产"三紧"（内销紧，出口紧，边销紧）情况和国家增加边销茶生产的要求，采取了3条措施：一是地方财政扶持和社队自筹资金结合，解决茶叶生产经费不足的困难；二是从外地调进优良茶树种试种，提高茶叶单产和质量；三是州供销合作社、外贸部门共同负责茶叶生产的扶持，加快茶叶产业的发展。

1964—1968年，州供销合作社、州外贸局联合发放茶叶预购定金共30.72万元，岑巩县供销合作社与农业部门共同组织力量，对全县40个制茶组进行巡回辅导，并以代发预购定金的方式，帮助茶叶专业队购置揉茶机8台、焙笼37个、炒锅43口、储备木炭3.5t。其间，州供销合作社、州农业局、州外贸局联合发出《关于增加边销茶生产》的决定，对边销茶采取"巩固现有，积极恢复，提高单产，提高质量，有条件大发展"的措施，促进茶叶产业的发展。

1969年，全州茶叶种植面积达721hm²，产干茶483t，其中红茶49t、绿茶49t、其他茶385t。

20世纪70年代，按照贵州省有关茶叶生产的要求，以扩大茶园面积，建立茶叶生产基地为重点，进一步加大对茶叶产业的扶持。1970年，贵州省强调贯彻关于"发展经济，保障供给"和"以后山坡上要多多开辟茶园"的指示，拨出专项经费，大力发展茶叶生产。之后，全州大办茶场，既巩固老茶场，又开辟新茶场。1971—1973年茶叶生产得到发展。茶叶种植面积从959hm²增至1131hm²，茶叶产量从431t增至777t。1974年，全州茶叶生产工作会议在黄平召开，会议就加快茶叶生产、狠抓扩大生产面积和建立茶叶生产基地作了具体的安排和布置。会后，各县掀起种茶热潮。州拨专项资金在雷山县望丰、三角田、公统等地办茶场10个，开垦荒山秃坡种茶131.25hm²。1975年，全州茶叶面积突破2000hm²，达到2238hm²；产干茶突破500t，达589t，其中红茶235t、绿毛茶131t、其他茶223t。施秉县双井区清江公社分销店采购员杨光和，1974—1976年连续3年下到平扒大队蹲点，引导全公社开荒种茶150hm²。1976年，黎平县委、县政府组织全县男女民兵4300余人会战4个多月，开辟了面积为450hm²的桂花台茶场。黄平县供销合作社配合各区、公社奋战2年，在全县办起大小茶场7个，总面积达250hm²。至1979年，全州共建有大小茶场（园）200个，茶叶种植面积达3317hm²。

二、较快发展阶段（1980—2009年）

此阶段，茶园管理得到加强，茶叶种植面积、采摘面积、加工与新产品研制有了较快发展。

20世纪80年代，随着改革开放政策的落实，除边销茶外，内销茶和出口茶均放开经营，新产茶实行指导性收购价格，即：毛茶收购价格可在1979年价格的基础上上浮15%左右，边茶属二类商品仍按1982年收购价格加20%的生产扶持费（减税金额）等。这些政策措施调动茶农的生产积极性，促进了旧茶园的改造、新茶园的建设，以及茶叶的加工和新产品的研发。

1981年后，雷山县利用雷公山独特环境和优越条件，开辟了茶叶生产基地500hm²。

1982年，黔东南州为恢复和扩大茶园茶场，各县（市）针对本地情况采取了不同举措。雷山县对恢复茶园茶场采取办示范场、组织专业队伍承包、专人承包、包干到户等办法，到第二年底，20世纪70年代建立的45个茶场全部垦复，总面积为531.25hm²。在黎平县副县长陈以德带领下，与县供销合作社等部门领导深入7个区13个公社的28个大小茶场进行14天的实地调研，根据不同情况采取不同的解决办法，全县因管理不善而荒芜的茶园先后恢复正常生产。1983年，贵州省民族事务委员会拨款6万元，帮助黔东南州改造旧茶园，建设新茶园。是年，雷山饮料厂，利用雷公山产的茶叶制作"银球茶""天麻茶""云雾翠绿茶"等系列产品。所产茶青内含物丰富，叶片肥厚，以香气持久、滋味鲜浓、回味生津、味道纯正、易于冲泡等特点而出名。雷山茶据中国农业科学院茶叶研究所检测，茶叶的氨基酸、儿茶素、茶多酚等化学成分，比之杭州龙井茶略高。1984年，雷山饮料厂生产的"银球茶""天麻茶""云雾翠绿茶"系列产品全部荣获贵州省"优质产品"奖，尔后又荣获省轻工系统"优秀产品"奖，雷山银球茶载入世界名牌产品中国分册系列丛书。是年，全州茶叶种植面积又有了新的增长，达2369hm²，其中茶叶采摘面积1305hm²，茶叶产量921t。1985—1987年，黔东南州供销合作社、州土产公司等部门继续扶持茶叶产业发展。其间，黎平县土产公司，先后拨给各茶场预购定金1.5万元，县供销合作社和县土产公司支援扶持桂花台茶场资金7万元。雷山县供销合作社一是配备27名职工主抓茶叶生产，与68户、27个茶场签订了承包合同；二是垦复茶园309hm²，建立9个茶叶初制加工点，购进加工机械45台，开展"珍珠茶""云雾茶"加工。镇远县茶叶公司一是自费0.3万元，聘请3名茶叶生产技术辅导员，在产茶区指导生产加工技术；二是以点带面开展"密植速成"茶园，公司用700多元购买茶种1.05t，动员10户农民，播种1hm²新茶园，并供应化肥搞好试点；三是为恢复天印名茶和羊场细毛尖茶生产，又用0.15万元在天印茶生产地——杨柳塘举办有119人参加的生产技术培训班，明确由5名技术人员亲自帮助，加工天印茶和羊场细毛尖1.5t；四是为了支持古楼坪、茶元关等茶场搞好生产，除派人住场帮扶外，公司还借给资金0.95万元支持生产，春夏茶季前，专拨茶叶专用肥45t作茶叶催芽肥。至1987年底，全州茶叶产量突破1000t，达1032t，其中红茶110t、绿茶660t、其他茶262t。镇远县在春旱严重的情况下，仍产茶150t，比上年增产3成以上。1988年，商业部、国家工商行政管理总局要求加大边茶的生产和收购。1989年，黔东南州供销合作社茶叶公司行文分配边茶的收购和调州155t的计划（其中：凯里5t、丹寨10t、黄平30t、施秉5t、镇远20t、三穗10t、天柱10t、锦屏15t、黎平20t、从江10t、剑河10t、岑巩10t），并规定：一是实行茶肥挂钩兑现，专肥专用；二是镇远县茶叶公司计划调州的边茶，可直接调桐梓茶厂，执行公司调拨计划；三是凡没有分配有收购边茶的县，收购的边茶调州公司后按交售100kg边茶，奖售25kg标准化肥的比例兑现。是年，雷山县茶叶公司承包了2个乡镇茶园，发展了1个新茶叶生产基地，当年产各类茶叶1.8t，产值7.1万元，比上年增长1.5倍；支持杨家坟茶场，冽洞乡高山茶场垦复10hm²，新种茶3.33hm²。是年，黔东南州茶叶获丰收，产干茶达1472t。其中雷山县收购茶叶31.73t，比上年增长31.2%；收购额121万元，占全县农副产品收购总额的52.3%。黎平县桂花台茶场产干茶330t，实现总产值120万元，茶叶销售327.3t，交纳税金21万元，全年茶农总收入104.61万元，其中：茶青收入63.22万元，茶叶加工收入11.63万元，边茶收入20万元，448户家庭种植业收入9.76万元，每个劳动力平均收入1717元。

期间，在茶叶加工和新产品的研发方面有不少的亮点。黎平"古钱茶"、黄平东坡"红茶"和岑巩"思州绿茶"年产13.5t，且肉质好，工艺独特，具有色翠，滋味鲜，香高持久，汤色清明，叶底匀亮等特点，远销北京等地。镇远青茶、炒青茶，大宗出口，年产量600~700t。黎平县桂花台茶场添购精制机生产红茶换外汇，第二年出口创汇9606美元。从江"滚郎茶"被贵州省茶叶研究所列为制作红茶、绿茶的优良原料。省外贸将东坡农场和桂花台茶场列为出口商品基地。黎平县桂花台茶场生产的"古钱茶"、雷山县供销合作社茶场生产的"云雾绿茶"被评为贵州省优秀新产品。在全国首届食品博览会上，雷山县民族茶厂生产的"云雾翠绿茶"荣获银质奖，黎平县桂花台茶场生产的"古钱茶"荣获铜质奖。雷山县茶叶公司与县民族茶厂实行"两块牌子，一套人马，统一核算"的产、购、加工、销售一体化经营，产值于1991年突破100万元；"群峰"牌特级云雾翠绿茶1988—1991年连续4年均被评为省、州名优产品，荣获国家"四部一局"颁发的"天马杯"银奖；云雾绿茶系列产品还被评为国家科委"星火计划"银奖，名列全省茶叶行业前茅，产品畅销省内外。

20世纪90年代，茶园的管理有新变化，茶产业的扶持有新亮点，茶叶的加工能力有新增强。

1990年，雷山县供销合作社配备和聘请106名技术骨干，采取租赁承包经营方式，组织农民垦复荒芜茶园217hm²，新种茶园65hm²。雷山县在发展茶叶生产贷款的本金由农户以茶叶收入分期归还，利息由供销合作社负担，并无偿给茶农提供技术服务和培训。1991年，黎平县水口区供销合作社拨出资金3.7万元有偿扶持该区安民茶场，使茶场产量得到了提高，区社收干茶57.43t，金额10.96万元，比上年增长25.9%，仅茶叶一项就占农产品收购总额的57.7%；德凤镇供销合作社拿出化肥等物资折款1.1万元，扶持茶叶生产，收干茶9.64t。镇远县在县委书记胡化民率领下，县供销合作社组织80多名干部职工，苦战半月，新增茶叶基地12.5hm²。此外，镇远县还通过拨磷肥、复合肥、茶种等措施扶持茶产业的发展。雷山县茶叶公司新种茶园6.25hm²，自管茶叶产量达20.3t，比上年增加2.8%，产值77.44万元，比上年增长32.51%，茶叶销售25.59t，比上年增长27.08%，销售额102.97万元，同比增长42.52%。1992年，黎平县桂花台茶厂总产值达152万元，比上年增长27%，所生产的1367.1t烘青茶全部调州土产公司对外销售。是年，全州茶叶种植面积突破4000hm²，达4276hm²。1993年，黎平县供销合作社一是在承办的茶叶生产项目中从县土产茶叶公司、基层社抽出18人进行2次培训后负责项目实施过程的指导监督，当年供应化肥258.55t，茶种13t，完成投资134.5万元，完成新辟380hm²茶园的择地、炼山、整地和下种。二是投产的8个小茶厂开展产前、产中、产后系列服务。黎平县德凤、中潮、岩洞、水口、尚重基层社和县土产茶叶公司均派1~2名技术人员驻场指导，并给予产前所需的资金、物资支持，协助解决生产中的具体困难和问题。据不完全统计，黎平县全年无偿借给小茶厂资金达8.59万元，化肥、农药、机械配件、工具折款1.14万元，交茶后再还款，使小茶厂都能按时开园采茶，保证了产品质量。是年，黎平县桂花台茶厂，注重加强企业管理，提高产品质量，优化产品结构，全年产干茶（不含边茶）263.9t，销售237.9t，产值220万元，上交国家税费34.3万元，实现利润3.9万元，支付茶农茶青款98万元，车间收入16.7万元，各项指标比上年都有较大幅度的增长。是年，雷山县民族茶厂申报的"黄芽茶"研制项目，被省经委列入省级重点开发项目。1994年雷山县银球茶叶公司共建有21个初加工厂（点），产品有银球茶、清明茶、三尖杉和杜仲茶等。黎平县逾千吨，达1559t。1995年，国家实施天然林资源保护工程、退耕还林工程后，各县抓住机遇大力发展茶叶。是年，全州茶叶产量突破2000t，达2275t，其中红茶24t、绿茶906t、其他茶1345t。1996年，全州新建和改造茶园面积发展较快，雷山县的雷公山，黎平县的桂花台、高屯，岑巩县的老鹰岩，黄平县的东坡、旧州、平溪，丹寨县的金钟、扬武，镇远县的羊场等地已形成茶叶商品生产基地。1996—1999年，各产茶县（市）加大了茶叶发展力度。黎平县成立了由县委一名副书记、副县长担任正副组长，供销合作社、农办、扶贫办、林业、农业、财政等部门为成员单位的领导小组，制定了"十五"期间全县茶叶种植面积发展目标，重点发展优良品种，项目建设资金等。黎平县中潮供销合作社仅用60天就建成了33.33hm²高标准福鼎大白茶叶基地。丹寨县烧茶村吴家大坡13.33hm²茶园转给县供销合作社经营，协议签订后，县社抽调一名得力干部任场长，调入职工2名，招聘技术员2名，县社干部集资4.4万元，是年底，共投入茶园资金13万元。

进入21世纪，茶叶基地向优质方面发展，茶叶产品向名优方面推进，茶叶加工向机械化方面转变，茶叶种植面积和产茶量均发展较快。

2000年，黔东南州政府在凯里召开了全州茶叶生产工作会议，州委副书记、常务副州长邓锦洲提出具体要求。会后各地纷纷致力于创建名优茶产品，优质茶叶基地。2001年，黎平县根据"黔东南州茶叶产业化经营发展规划"的要求，在中国农业科学院茶叶研究所的帮助和指导下，按照最新茶叶苗圃建设规范和技术要求，与福建省福安市花木果苗场联合投资50万元，在黎平德凤镇罗团村建成2.3hm²的无性扦插优良茶叶苗圃基地，解决了因苗木运输时间长，成活率偏低等问题。此外，还加强名优品牌研制。在中国茶叶学会第四届"中茶杯"评比中，黎平县桂花台茶厂生产的黎平"侗乡春"雀舌茶和黎平"侗乡春"银针茶分别荣获"特等奖"和"优质奖"。2002年，各县（市）狠抓山区农村坡改梯项目的机遇，加快茶叶产业的发展。黎平县洪州供销合作社利用山区农村坡改梯项目资金发展国家级优良品种龙井43茶园6.67hm²，经黎平县坡改梯检查验收领导小组按照项目技术规范要求进行逐项检查，被评定为优良工程。是年，黎平县供销合作社成立了黎平县供销合作社名优茶开发生产经营部。是年，雷山县茶叶公司选送的"群峰"牌特级云雾翠绿茶经贵州省茶叶专家组和贵州省茶叶质量评审委员会评审，以芽叶肥厚、色泽光润、条索紧密、卷曲露峰、清香味浓、叶底完整、耐泡回甜等优势荣获"贵州省名优茶"荣誉称号。2003年，黎平县供销合作社着力茶叶基地建设。孟彦供销合作社新建 3hm² 龙井 43 茶叶基地。茅贡供销合作社在横跨 100km 到洪州镇租赁荒山 15.33hm²，新建优质龙井 43 茶叶基地。是年，9 个基层社已有 7 个建成具有一定规模和发展潜力的茶叶基地，面积达 366.66hm²。供销合作社新建茶叶基地实现产值 450 余万元，创收 160 万元，利润 135 万元，为农民增收近 200 万元，解决农村剩余劳动力就业 3500 多人次。台江县积极帮扶苦丁茶基地建设，当年种植苦丁茶 400hm²，成活率达 80% 以上。2004年，黎平推广种植的浙江龙井 43 茶叶面积 420hm²，纯福鼎大白 293hm²。丹寨县茶叶面积 690hm²，产干茶 228t，实现产值 540 多万元；丹寨黔丹公司茶叶基地发展到 116.7hm²，生产毛尖绿茶 10t，普通绿茶 400t，产值 300 万元。雷山毛克翕茶叶研究所生产银球茶 17t，产值 170 万元。贵州苗都科技发展有限公司（台江）建茶叶基地 1466.66hm²，生产银角茶叶 20t，产值 640 万元。台江县 1312.5hm² 苦丁茶基地从上年的 0.67hm² 产 90kg 上升到 118kg。黄平兴华东坡茶场茶叶面积发展到 40hm²，生产毛尖、毛峰绿茶 250t，产值 450 万元。岑巩县茶叶公司茶叶基地发展到 333.33hm²，生产普通茶叶 70t，产值 289 万元。2005年，全州茶叶加工企业发展到 88 家，成型的茶叶生产加工企业 12 家，茶叶商标有 50 多个，已注册的有 16 个，主要有雷山"银球""苗家春""毛克翕"，黎平"侗乡春"，丹寨"黔丹"，黄平"飞云"，岑巩"剑雪""卢江"，台江"银角"，贵州紫日公司的"紫日"牌等。其产品主要是雷山银球茶、黎平雀舌茶、丹寨黔丹毛尖茶、黄平飞云毛尖茶、岑巩天仙剑雪茶、"紫日"牌"中华银梭"茶和"中华银螺"茶、台江银角苦丁茶等。是年，拥有杀青、揉捻、烘干、成形、筛选等制茶设备发展到 766 台（套），年加工能力在 4700t 以上。是年，黎平县新发展优质茶园达 150hm²，其中德凤镇矮枧村 13.34hm²，德凤莆洞村 13.34hm²，花坡林场 13.34hm²，中潮镇平坝村 10hm²，二望村 17.72hm²，长春 6.67hm²，高屯镇八舟十二湾 20hm²，秧南村 13.33hm²，敖市镇新寨屯 6.67hm²，水口镇几律村 17.33hm²，雷洞牙双村 13.33hm²，尚重镇美德村 4.66hm²。是年，黔东南州茶园面积 4683hm²，采摘面积 2591hm²，产干茶 2535t。雷山"苗家春茶"、黎平"侗乡春"雀舌茶在"中茶杯"全国名优茶评比中分别荣获金奖，在中国宁波国际茶文化节茶业博览会评比中，荣获"中绿杯"中国名优绿茶评比金奖。2006年，黔东南州政府办公室下发《关于认真抓好茶产业发展调研工作的通知》，黔东南州组织农业、供销等部门对传统产茶县和重点企业开展调研后，形成调研报告，并提出关于加快全州茶产业发展的意见。是年，全州无公害产地认定607hm²，有机认定面积36hm²。黎平县桂花台茶厂茶叶基地已发展到667hm²，茶农1500余人，管理人员32人，年产干茶50余万kg，产值380余万元。2007年，贵州省委、省政府下发了《关于加快茶产业发展的意见》，黔东南州制定了《黔东南州茶产业发展规划》，黎平、雷山、丹寨等县颁发了加快茶产业发展的意见。是年，全州新建茶园面积689hm²，新增无性系育苗基地面积43hm²。全州有大小茶叶加工企业82家，成型的茶叶加工企业12家，有杀青、揉捻、烘干、成形、筛选等制茶设备766台（套），年加工能力4800t以上。2008年，全州通过多渠道争取茶叶基地建设资金总额5732万元，其中省级茶产业专项资金370万元、现代农业（茶产业）发展项目资金1182万元（雷山591万元、丹寨591万元）、其他各类资金4180万元（包含2008年茶叶基地灾后恢复重建资金1250万元、扶贫专项资金500万元、农发项目资金2130万元、石漠化治理资金300万元），投入茶叶基地整地、备肥、订购茶苗和无性系茶园和无性系苗圃建设等。全州新建无性系苗圃基地73.33hm²，品比园23hm²，无性系茶园面积3339hm²。2009年，修编黔东南州关于加快茶叶基地建设实施方案，组织黎平、雷山、丹寨、岑巩、台江、黄平6县申报2009年省级茶产业项目，共获茶产业补助资金382万元。丹寨、雷山、黎平等县新造一批茶园。组织全州50多个品种参加北京、上海的"贵州绿茶·秀甲天下"万人品茗活动。是年5月，黔东南州政府、贵州省茶文化研究会在西江千户苗寨联合主办2009年贵州·雷山天下西江品茶会茶产业推介活动。是年9月，黔东南州政府在丹寨县召开了全州茶产业发展现场会，同时宣布黔东南州茶产业发展联席会议办公室正式成立。是年，全州新建无性系茶园面积1971hm²。是年，全州茶叶总面积首次突破1万hm²，达11572hm²，采摘面积5438hm²；茶叶产量4302t，其中红茶10t、绿茶2621t、其他茶1671t。

三、快速发展阶段（2010—2018年）

此阶段，茶园面积和茶叶产量快速增长，茶叶质量进一步提高，茶叶加工快速发展，茶叶产品名牌增多，推介力度加大，茶叶市场日臻向好。

2010年，新建无性系茶园1992hm²，茶叶总面积上升到13512hm²，采摘面积6530hm²，茶叶产量逾5000t，达5438t，其中红茶5t、绿茶4370t、其他茶1063t。是年，针对2009年冬至2010年春，全州持续干旱，投入各类抗旱资金10299万元。是年，"侗乡福"牌毛尖、"黔丹"牌苗岭御剑（扁形茶）和雷山银球茶在上海国际茶文化节活动中荣获金奖。2011年5月，黔东南州委、州政府在黎平县召开了全州茶产业发展现场会，明确进一步加快茶产业发展的具体措施。是年7月，州内31家茶叶企业和茶叶专业合作组织共计105人参加了农业部和贵州省政府在贵阳金阳共同主办的"2011中国·贵州国际绿茶博览会"。是年11月，州农委、州农业产业化经营联席会议办公室在凯里举行2011黔东南生态特色优势农产品展销暨万人品茗活动。参加活动的茶叶企业36家，展销茶叶品种多达196个，前来品茗的人员达到20000多人次，茶叶销售1.5t，销售额达23.5万元。此外，还组织茶叶企业参加2011年上海、北京、深圳等地"贵州绿茶·秀甲天下"万人品茗活动，雷山银球茶荣获中国（上海）国际茶业博览会——"中国名茶"评比特别金奖，黎平"侗乡福"牌雀舌获银奖。

2012年，黔东南州投入各类资金共计9994万元，新建茶园1370hm²。是年，由黔东南州政府、州农委和凯里市政府在凯里举办了2012黔东南名特优农产品展销暨万人品茗活动，州内40多家茶叶企业参加了此活动。是年，编制《黔东南州2013—2015年茶产业发展规划》和《黔东南州2013—2015年茶产业发展实施方案》。

此外，还组织全州30多家企业参加北京、上海、深圳、贵阳等地的国际茶博会与"贵州绿茶·秀甲天下"万人品茗活动以及茶产品评奖等茶事活动。是年，黎平县桂花台"古钱茶"获得第九届国际名茶评比（世界茶联合会主办）金奖；侗乡媛的"侗乡雀舌茶"荣获中国（上海）国际茶业博览会"中国名茶"银奖；黎平县荣获"全国重点产茶县""全国十大生态产茶县"荣誉称号。

2013年，全州茶叶种植面积首次突破20000hm²，达20223hm²；茶园采摘面积首次突破10000hm²，达11113hm²；茶叶产量8279t。全州共有茶叶企业183家，具有一定生产加工能力茶叶企业有63家，拥有杀青、揉捻、烘干、成形、筛选等制茶成套设备2000多台（套），年加工能力10000t以上。是年，州内29家茶叶企业和茶叶专业合作社参加由贵州省政府主办的中国·贵州国际绿茶博览会，组织贵州敬旺绿野食品有限公司等6家茶叶企业参加北京玉渊潭举办的"贵州绿茶·秀甲天下"万人品茗暨贵州特色农产品展销活动（图1-1）。是年，黎平县桂花台茶厂的"天生桥"牌古钱茶在北京"贵州绿茶·秀甲天下"的茶事活动中，荣获北京"中国名茶"评比金奖。

图1-1 2012年7月9日，贵州敬旺绿野公司装车一角

2014年，茶叶企业发展到304家（包括茶叶初级加工厂），其中省级重点龙头企业12家，州级龙头企业33家，获对外贸易经营资格3家。全州共有茶叶合作社99个，0.33hm²

以上的茶叶家庭农场5783个。茶叶加工点387个，初制加工厂244家。清洁化生产线27条，精制加工企业10家。是年5月，黔东南州农业委员会按照省政府关于《贵州省茶产业提升三年行动计划（2014—2016年）的通知》要求，制定了《黔东南州茶产业提升三年行动方案（2014—2016年）》。是年，黔东南州农业委员会组织黎平、雷山、丹寨等县（市）45家茶叶龙头企业参与北京、贵阳、湄潭、凤岗等地的茶产品展销和"万人品茗"活动。

2015年，黔东南州新增种茶园植面积2395hm^2，茶叶企业新增34家，达338家（包括茶叶初级加工厂），其中省级重点龙头企业新增4家，达16家；州级龙头企业新增5家，达38家；通过工商部门注册登记商标68个；通过QS认证52家；获对外贸易经营资格新增2家，达5家；茶叶合作社新增7个，达106个；0.33hm^{2}以上的茶叶家庭农场新增4736个，达10519个；茶叶加工点新增220个，达607个；初制加工厂新增13家，达257家；清洁化生产线新增5条，达32条；精制加工企业新增11家，达21家。是年，组织完成《雷山银球茶》标准修订，并得到贵州省质监局颁布实施。雷山银球茶获国家地理标志认证产品。是年，毛克翕茶叶发展研究所选送的"雷山银球茶"在贵州省首届春茶斗茶赛中荣获绿茶类组"茶王"称号，雷山县贵州敬旺绿野食品有限公司选送的特级银球茶、一级银球茶分别荣获绿茶类银奖、铜奖。

2016年，茶叶企业发展424家（包括合作社），其中省级重点龙头企业22家，州级龙头企业38家。通过工商部门注册登记商标73个，通过QS认证40家，通过ISO9001、HACCP等认证12家，获对外贸易经营资格5家，茶叶合作社144个（有加工能力的合作社93个，规模以上合作社50个），茶叶加工点721个。电商茶叶销售平台发展到10家，开启了"农户+合作社+公司+互联网"的模式，在天猫平台创建"侗乡福"品牌旗舰店。是年，茶叶实施绿色防控。雷山县建有6个茶叶农药专柜，规范了茶叶安全用药，茶园管理优良率达80%以上，黎平县设立专项资金打造防控示范区与绿色防控区。是年，组织茶企参加"杭州·都市圈优质农产品迎新春大联展""中国·贵州国际茶文化节暨茶产业博览会""中国·贵阳国际特色农产品交易会"，雷公山红茶荣获中国（佛山）茶叶流通协会首届茶王争霸大赛金奖（茶王）。

2017年10月，黔东南州茶园标准化管理、茶叶企业转型升级、提质增效、机械化采摘现场培训会在黎平杨梅井茶叶基地举行。黎平、雷山、丹寨、凯里、镇远、岑巩6县（市）100多家茶叶企业200人参加培训（图1-2）。

2017年11月，黔东南州组团赴港进行茶、旅推介会（图1-3）。2017年，全州通过标准化认定茶园面积9333hm^2，其中无公害茶园面积8933hm^2、有机茶园面积400hm^2。全州有加工能力企业新增35家，达234家，比上年增长17.6%；有加工能力的合作社新增23家，达116家，比上年增长24.7%。茶叶加工点新增84个，达805个，比上年增长11.65%。清洁化生产线新增6条，达43条，比上年增长16.2%。全州初制加工企业新增41家，达306家，比上年增长15.5%。6家获对外贸易经营资格。全州种茶乡镇53个，从业人员达9.3万余人，涉及茶产业的农户11.34万户，茶产业带动贫困农户1.32万户4.71万人，其中脱贫1.06万人，人均增加收入2195元。是年12月，州茶艺文化协会与州茶叶协会在凯里举办了黔东南州首届茶艺师大赛暨"多彩贵州·黔茶飘香"茶艺大赛黔东南州选拔赛。2018年，全州茶叶种植总面积达28210hm²（非茶类茶——苦丁茶、青钱柳茶等不列入统计），茶

图1-2 2017年10月，全州机采茶培训在黎平德凤镇杨梅井茶叶基地举行

图1-3 2017年11月25日，黔东南州组团赴港进行茶、旅推介会

园采摘面积首次突破20000hm²，达21738hm²，茶叶产量14604t。茶叶企业新增88家，达622家，其中茶叶合作社新增36家，达226家。有加工能力企业325家，其中合作社新增38家，达154家，比上年增长32.8%。全州拥有茶叶加工点810个，清洁化生产线新增34条，达77条，比上年增长79.1%。全州初制加工企业305家。省级重点龙头企业23家，州级龙头企业39家，通过工商部门注册登记商标128个，通过SC认证51家，获无公害食品认证117家，获有机农产品认证53家。是年11月，黎平、丹寨2县荣获"2018中国茶业百强县"称号。是年，《雷公山茶 绿茶》《黎平红 红茶》2项地方标准由黔东南州质量技术监督局审核并发布公告。是年，丹寨县华阳茶业有限公司与贵州詹姆斯芬利茶业有限公司达成120t绿茶销售协议，销售额达150万元，直接带动周边333.33hm²茶园300人到基地务工，30户贫困户长期就业。是年，中国·侗乡茶城已完成茶叶交易市场、茶叶商铺、茶博广场、茶文化街、百村集市产品区、茶城核心主体9号楼的建设。63家茶叶企业入驻中国·侗乡茶城。全州新增88家茶叶企业，新增36家茶叶合作社，新增34条茶叶清洁化生产线。是年，在贵州省职业技能大赛"多彩贵州·黔茶飘香"茶艺职业技

能大赛总决赛活动中，黔东南代表队个人茶艺"青白人生"荣获优秀奖，团体赛"苗岭银球香溢四海"荣获优秀奖，州茶艺文化协会荣获最佳组织奖。

黔东南州1949—2018年茶叶生产情况统计见表1-1。

表1-1 黔东南州茶叶生产情况一览表（1949—2018年）

年份	茶叶种植面积/hm²	茶叶采摘面积/hm²	茶叶产量/t	其中/t		
				红茶	绿茶	其他茶
1949	8	—	134	0	133	1
1950	9	—	135	0	132	3
1951	9	—	145	1	140	4
1952	10	—	156	1	150	5
1953	10	—	181	1	122	58
1954	10	—	201	1	128	72
1955	10	—	235	1	152	82
1956	92	—	556	0	171	385
1957	73	—	322	24	134	164
1958	101	—	389	35	101	253
1959	11	—	345	28	84	233
1960	11	—	299	0	89	210
1961	12	—	230	20	85	125
1962	27	—	213	23	75	115
1963	232	—	325	4	139	182
1964	434	—	423	53	74	296
1965	493	—	601	68	96	437
1966	479	—	501	62	64	375
1967	490	—	488	49	43	396
1968	500	—	472	48	50	374
1969	721	—	483	49	49	385
1970	917	—	469	50	101	318
1971	959	—	431	96	115	220
1972	998	—	677	100	149	428
1973	1131	—	777	124	202	451
1974	1645	—	673	166	219	288
1975	2238	—	589	235	131	223
1976	2713	—	662	259	132	271
1977	2664	—	762	402	180	180
1978	2935	—	634	322	166	146
1979	3317	—	738	—	—	—
1980	2693	—	777	138	509	130
1981	2296	—	875	131	565	179
1982	2285	—	842	214	501	127

年份	茶叶种植面积/hm²	茶叶采摘面积/hm²	茶叶产量/t	其中/t		
				红茶	绿茶	其他茶
1983	1634	—	832	169	432	232
1984	2369	1305	922	237	369	316
1985	1457	1266	772	274	266	232
1986	1329	880	996	403	359	234
1987	1717	771	1032	110	660	262
1988	1967	1143	1396	27	929	440
1989	2082	—	1472	165	827	480
1990	2220	—	1321	416	526	379
1991	2229	—	1494	253	797	444
1992	4276	—	1224	29	729	465
1993	3957	—	1266	95	926	245
1994	3437	—	1423	248	710	465
1995	4107	—	2275	24	906	1345
1996	4680	—	2140	2	1119	1019
1997	3889	—	2390	54	1630	706
1998	3920	—	1924	23	1032	869
1999	3152	2014	1615	49	755	811
2000	3540	2428	1926	12	1035	879
2001	3629	2586	1930	36	1198	696
2002	3941	2496	1242	56	798	388
2003	4209	2389	1480	10	781	689
2004	4416	2663	1759	2	1054	703
2005	4683	2591	2535	1	1866	668
2006	5521	2946	2692	21	2101	570
2007	6210	3060	3015	4	2276	735
2008	9549	4715	4112	4	2290	1818
2009	11572	5438	4302	10	2621	1671
2010	13512	6530	5438	5	4370	1063
2011	14799	8146	5844	3	4778	1063
2012	16169	9243	6867	5	5816	1046
2013	20223	11113	8279	380	6953	946
2014	22639	13564	9881	131	7996	1754
2015	25034	14482	10919	170	8871	1878
2016	27679	16594	12710	348	9340	3022
2017	28765	19210	14233	585	10350	3298
2018	28210	21738	14604	545	11656	2403

注：1. 2016—2017 年数据为州统计局和依据第五次全国农业普查数进行修订的数据；
2. 2018 年剔除了非茶类茶（苦丁茶、青钱柳）数据；
3. 数据来源于历年黔东南州统计年鉴。

第二章 茶栽培篇

黔东南州产茶文化历史悠久，在茶树的生长环境、品种以及栽培管理等方面，有一定经验和教训。这些经验和教训也为全州茶叶种植和栽培管理的发展奠定了坚实的基础。

第一节　茶树生长环境

茶树的生长环境，对茶叶的品质有很大的影响，茶叶的味道会随着生长地的土质、水、气候、光照等条件的改变而发生变化。黔东南州自古出好茶，皆因气候条件、土壤条件和地形地貌条件优越。

一、优越的地形地貌条件

黔东南州地跨扬子准台地与华南褶皱带2个一级大地构造单元，地处云贵高原向湘桂丘陵盆地过渡地带，位于贵州省东南部，东邻湖南省怀化市，南接广西壮族自治区柳州、河池2市，西连黔南布依族苗族自治州，北抵遵义、铜仁2市。介于东经107°17′20″~109°35′24″，北纬25°19′20″~27°31′40″。

黔东南州系苗岭山区，境内峰峦起伏、江河纵横、群山叠翠、林木葱茏，森林覆盖率达67.67%。清乾隆十四年（1749年）《黔南识略》记载："郡内自清江以下至茅平二百里，两岸翼云承日，无隙土，无漏荫，栋梁木角之材，靡不具备。"

黔东南州地貌在很大程度上受地质构造控制，山地多为北东或北北东走向。州境总体地势是北、西、南三面高而东部低。中部雷公山（主峰海拔2178.8m）地区及南部与桂北九万大山（海拔1670m）接壤一带地势较高，多为中山地形；北部最高点佛顶山（位于施秉县，海拔1869m）至一碗水（黄平县内）一线为乌江水系与沅江水系（舞阳河）分水岭（乌江流域面积仅占335km²），中山地形分布范围小；西部、西北部主要为喀斯特地形地貌；东部为低中山、低山丘陵区。黔东南州山地有高中山与中山、低中山、低山。

① **高中山与中山：** 深切割构造山地分布在施秉县北部的佛顶山、龙洞坡和丹寨县的龙泉山和雷山县的雷公山、排列坡、脚尧、雷公坪一带，绝对高度一般在1200m以上，相对高度在400~900m，由上板溪群砂岩组成，山地多呈南北向排列。切割侵蚀山地分布于雷公山的外围，包括雷山至凯里挂丁，榕江县的党翁，黄平县重兴、翁坪和旧州西部，舞阳河和支流龙江河的分水岭等地，绝对高度一般在1300~1400m，相对高度大于500m，亦由上板溪群砂岩组成，在剑河一带形成深切割的峡谷区。中山山地面积共有540487.5hm²。

② **低中山：** 深切割构造类分布在黄平县马场街至重安江南部、凯里市的舟溪至情郎一带，绝对高度900~1200m，相对高度200~500m，由古生代砂岩、砂页岩组成。深切割侵蚀类分布于麻江、丹寨的东南部，台江、剑河县的东南部，都柳江的南部和雷公山的东部外围，绝对高度在900~1200m，相对高度400~800m，由上板溪群砂岩和古生代砂页岩组成。中切割构造类分布于岑巩县的小铺以北和榕江县东北部的栽麻至黎平县的茅贡以北一带，绝对高度1000m左右，相对高度300~500m，由上板溪群砂岩、砂页组成。中切割侵蚀类分布于舞阳河流域两岸、凯里市香炉山南部、黎平县的东西两侧，绝对高度800~1000m左右，相对高度300~400m，由上板溪砂页岩、板岩及寒武乡灰岩等组成。浅切割侵蚀类分布于麻江至谷硐、炉山至凯里南部、丹寨东部地区和潕阳河南岸的老岗冲至大坝场一带，绝对高度900~1200m，相对高度300m左右，由古生代的砂岩和灰炭组成。低中山山地面积共有1169618.75hm^2。

③ **低山：** 深切割侵蚀低山山地分布在凯里以西的龙头河、清水江沿岸，锦屏县清水江至从江县都柳江两岸，天柱县墨溪等地，绝对高度700~800m，相对高度300~400m，由寒武系灰岩、白云质灰岩和上板溪群砂页岩组成。在从江县高忙山、月亮山一带，群峰叠嶂，与河谷相对高差大于700m，形成中山向低中山山地过渡。中切割侵蚀低山山地分布于麻江宣威，黎平至锦屏敦寨、铜鼓，三穗至镇远青溪，天柱邦洞、蓝田的南部和北部等地。绝对高度700~900m，相对高度200~300m，由灰岩、砂页组成。浅切割侵蚀低山山地分布于天柱瓮洞清水江两岸和岑巩水尾东北部，绝对高度在700m左右，相对高度200~300m，由板溪群砂页岩和寒武系灰岩组成。喀斯特化低山山地分布于岑巩县的天马至凯本和烂桥至水尾一带，相对高度多在350m以下，由寒武系清虚洞灰岩和娄山关灰岩组成。其间夹有大小不等的溶蚀洼地，地下喀斯特极为发育。低山山地面积共有779075hm^2。

黔东南州山地多，在麻江、丹寨、黄平、凯里占70%~80%；在三穗、台江、雷山、岑巩、施秉、锦屏、镇远、剑河、天柱占80%~85%；在黎平、从江、榕江占85%以上。山地资源丰富，为发展茶叶生长提供了有利条件（表2-1）。

表2-1　黔东南州各县（市）山地比重一览表

县（市）	山地面积比重/%	在全省排序	在州内排序
全州	72.8		
凯里	66.8	34	12
麻江	64.5	40	14
雷山	83.5	2	2
丹寨	74.0	16	8

县（市）	山地面积比重 /%	在全省排序	在州内排序
黄平	64.5	39	13
施秉	74.1	15	7
镇远	71.2	21	9
三穗	68.5	30	11
岑巩	64.2	41	15
天柱	60.8	45	16
锦屏	70.0	25	10
黎平	74.6	13	6
榕江	76.7	6	4
从江	75.4	12	5
台江	81.6	4	3
剑河	86.7	1	1

注：摘自《贵州省地理信息数据集》。

二、优越的土壤条件

黔东南州东西宽220km，南北长240km，总面积30282.61km²。土壤有红壤、黄壤、黄红壤、红色石灰土、黑色石灰土、紫色土、粗骨土、沼泽土、潮土、山地草甸土、水稻土等11个土类、26个亚类、6个土属，222个土种，分属7个土纲。

① **红壤**：主要分布在州境东南部天柱、锦屏、黎平、榕江、从江等县的低山丘陵、盆地和谷地，分布垂直带谱上限为500m。面积为291825hm²（自然土284550hm²，占全州自然土的12.14%；旱作土77760hm²，占全州旱作主的9.01%。有机质含量3.53%~5.57%，全氮含量0.146%~0.245%，速效钾含量127~158mg/L，速效磷含量3~7mg/L。pH值4.7~6.8），占全州总面积的10.26%。

② **黄壤**：主要分布在州内海拔500~1400m之间广大地区。面积为1770500hm²（自然土有1721500hm²，占全州自然土的73.42%；旱作土49000hm²，占全州旱作土的60.74%，是黔东南州主要的旱作土，垦殖率为2.77%。有机质含量3.25%~6.94%，全氮含量0.279%。速效钾含量100~260mg/L，速效磷含量3~10mg/L。质地黏重紧实。pH值4.8~5.9），占全州总面积的62.32%。

③ **黄棕壤**：主要分布在州内中部雷公山区及南部太阳山、月亮山和北部部分高中山山脊。面积为33343.75hm²（自然土有32875hm²，占全州自然土的1.4%；旱作土468.75hm²，占全州旱作土的0.58%。有机质含量10%~10.62%，全氮含量0.3%~0.4%，速

效钾含量238‰~308‰，速效磷含量6‰~8%。pH值4.0~6.3），占全州总面积的1.17%。

④ **紫色土：** 主要分布于黄平县的重安江、旧州，天柱县的邦洞、蓝田，以及施秉等地。面积为31400hm²（自然土28106.25hm²，占全州自然土的1.2%；旱作土3293.75hm²，占全州旱作土的4.09%。有机质含量2.54%~6.46%，全氮含量0.13%~0.28%，速效钾含量168~267mg/L，速效磷含量3~11mg/L。pH值5.3~7.5），占全州总面积1.10%。

⑤ **黑色石灰土：** 主要分布于凯里、黄平、施秉、镇远、丹寨、麻江等县（市）。面积为285543.75hm²（自然土268456.25hm²，占全州自然土的11.46%，旱作土18226.6hm²，占全州旱作土的21.18%，垦殖率5.98%。有机质含量4.88%~8.13%，全氮含量0.234%~4%，速效钾含量93~193mg/L，速效磷含量3mg/L。pH值6.9~7.4），占全州总面积的10.04%。

其他土壤431866.5hm²，占全州总面积的15.11%。

三、优越的气候条件

黔东南州地处中亚热带季风湿润气候地区，属海洋气候过渡区。境内由于地形起伏，沟壑纵横，群峦叠嶂，造成山区气候错综复杂，从而引起水热条件的重新分配，局部气候差异明显。总的气候特点是"四季分明，冬无严寒，夏无酷暑，雨量充沛，湿度较大，热量较丰，雨热同季，日照偏少"。从茶树的生长环境的角度看，属于"丰收型"的气候。加之，贵州省是全国唯一兼备低纬度、高海拔、少日照的茶叶产区。在此基础上，全州境内青山叠翠，森林覆盖率高达67.67%，好山好水，得天独厚。自然资源丰富，为发展生产优质茶叶提供了有利条件。

（一）气 温

黔东南州年平均气温15.8℃，年均最高气温20.9℃，年均最低气温8.3℃。最热7月，平均气温25.8℃，最高气温为30.8℃；最冷1月，平均气温4.1℃。最低气温为2.0℃。春夏秋三季的气温都是极有利于茶树的良好生长，冬季茶树处于休眠期，因冬季温度过低而造成茶树冻害的现象较为少见。

（二）降 水

黔东南州年降水量有5个特点：一是春季（3—5月）平均397.5mm，占年降水量的32.3%；夏季（6—8月）平均479mm，占年降水量的38.9%；秋季（9—11月）平均249mm，占年降水量的20.3%；冬季（12月至次年2月）平均104.1mm，占年降水量的8.5%。全州平均雨季日数197d，雨季期的降水量为991mm，占年降水量的80.4%。二是年均自然降水约合每亩水量818.6m³，降水层厚度一般可满足作物生长需要；平均小雨177d、中雨36.7d、大雨12.2d、暴雨2.5d、大暴雨0.12d、特大暴雨0.1d，降水强度以小雨居多；年降水量之间变率在0.1%~3%之间，平均为0.8%，降水变率较大。三是生长季降水量，全州平均降水量为906.4mm，占年降水量的73.8%。四是全年度降水量或季节性降水量，均随海拔的增高而偏多。五是全州年均蒸发量为1250.2mm，与年均降水量基本相似。黔东南州年降水量1000~1500mm，空气相对湿度为78%~85%，年均相对湿度为81%。全州春夏秋冬四季相对湿度均在81%以上。

（三）日 照

黔东南州太阳辐射值在3339.8~3768MJ/m^2，平均为3647.1MJ/m^2。≥10℃期间的太阳辐射平均为2797.4MJ/m^2，占年总辐射量的76.64%。一年之中，太阳辐射最大值出现在7月，平均为485.2MJ/m^2，最小值出现在1月，平均161.3MJ/m^2。春季太阳辐射值为909.6MJ/m^2，占年总辐射量（下同）的24.9%；夏季为1326.9MJ/m^2，占年总量的36.4%；秋季为923MJ/m^2，占年总量的25.2%；冬季为490.1MJ/m^2，占年总量的13.5%。全州各季光合有效辐射值分别为：454.7MJ/m^2（春）、663.2MJ/m^2（夏）、427.5MJ/m^2（秋）、244.5MJ/m^2（冬）。年均日照时数为1212.0h。其中：春季日照为257.4h，占全年日照时数的21.2%；夏季为479.9h，占39.6%；秋季为311.2h，占25.7%；冬季为164.3h，占13.5%。黔东南州日照特点，夏季随纬度的增高而加长，冬季随纬度的增高而缩短，春秋介于两者之间。

上述3个条件相互关联，相互联系，相互影响。

海拔高度、地形地貌、山坡坡向都影响着气候。如气温的变化，常随着海拔高度的上升而逐渐下降；如昼夜温差，南坡向比北坡向大；日照时间南坡比北坡长；光照温度和有效积温，南坡比北坡强而高；空气湿度则南坡比北坡小。而东西坡向的气温、温差、日照、湿度等均介于南北坡之间。

地形条件不仅影响着气候条件，同时还影响到土壤条件。由于地面起伏的不同，降水量的分布不一致，不同的坡地受降水量、日照、风力等的影响也不同，如在植被和坡度相同的情况下，北向坡地常比南向坡地要潮湿，东西向坡则介于南北坡地之间。正因为这些影响，表现在土壤的形成、土壤的性质、冲刷的程度都不同。

上述3个条件是茶树生育三大因素，此外，还有一些生物的因素。如茶园中防护林、遮阴树的配置，杂草的发生情况，土壤中有益生物的种类与数目，茶树病虫害发生的种类与发生情况，土壤中有益生物的种类与数目，以及茶树病虫害发生的种类等情况都直接或间接地影响着茶树的生育与茶叶品质。

古语云："物竞天择，好山好水出好茶。"从茶树生育对环境条件的要求看，黔东南州优越的气候条件、土壤条件和地形地貌条件，均适宜于茶树的生长，也有利于提高茶叶的香气、滋味和品质。

第二节　茶树品种

云贵高原是世界茶树的原产地，黔东南州是贵州省野生古茶树的集中分布地之一，境内茶树资源丰富，至今仍保存有大量的原生态野生古茶树。凯里、雷山、黎平、丹寨、镇远、岑巩、从江、台江等县（市）不少地方至今仍保存有大量的原生态野生古茶树山野茶树。这些山野茶树株高茂密，大小成片，种类繁多。有灌木、小乔木型，中小叶种，与各地栽培茶树形态特征相同，仅叶片略大略小而已，这说明境内栽培茶树，来源于本地野生茶种。分布于雷公山区的有原始森林内的野生茶树，有古先民遗址种植和目前农民居住地的房前屋后、田边地角栽培的古茶树，清代前后种植的茶园（林）三种形态。其树形、分布海拔及质地、叶形及颜色、芽头大小及持嫩性、花果形态等的特征特性有较为明显的特异性。

一、地方品种

境内栽培的地方品种多为中、小叶型。从树型上分，有灌木型茶种、小乔木型茶种；从叶形上分，有大叶形种、中叶形种和小叶形种，或大叶茶（青秆）、柳叶茶、细叶茶；从发芽期早晚分，有早芽种、特早芽种、中芽种和迟芽种。

地方品种的共同特点是：生长势旺，抗寒性强，叶片大，质肥嫩，芽长而壮，茸毛多。其中，中叶形种茶叶饱满匀长，芽叶肥嫩，有效生长与采摘期长，产量高，适宜制作优质绿茶和红碎茶，是境内主栽品种。小叶种，分布各地，分枝细密，茶芽多而细，开花结籽多，产量低，品质差。

早芽种即"清明种"，特早芽种和中芽种比早芽种分别提早和推迟8~10天出芽。早芽种，栽培面大，3月中旬萌发茶芽，生长快，饱满整齐，质地柔嫩，白毛多，适宜制作优质绿茶和出口红碎茶。清明前开采；采期长、产量高。种特早芽，是贵州东坡茶场在20世纪60年代末期从栽培的早芽种群体中单株育出的一个新品系。该品种经多年扦插繁殖，对比观察表现较好，3月上旬发芽，春分前后开采。芽叶壮实，多白毛，适宜制作优质绿茶，采叶期长，产量高；中芽种，春季茶芽较早芽种迟发8~10天，其余状况与早芽种同；迟芽种，春季茶芽萌发，秋季停止生长早，采叶期短产量低。新中国成立后，已逐年减少栽培。

据黄平、镇远调查分析，重点茶区早芽种占65%，特早芽占15%，中芽种占9%，余为迟芽种。中叶形种占75%~85%，大叶形种和小叶形种占15%~25%。

二、引进品种

清光绪元年（1875年），黄平县回龙寺陈和尚从四川秀山引进6茶种于回龙寺种植，其茶质优，产量高。后传至民国时期，镇远羊场、都平等地引作良种推广。1953年起，省内引进黔湄419和502等品种，省外引进安徽皖南茶。1974年黄平、黎平、锦屏、天柱、雷山、丹寨等县，从湖南桃江等地引进中叶型群体苔茶种，之后又引进浙江义乌茶，其茶早花、多花、产量低；云南大叶茶，耐寒差，易冻死。福建茶和福鼎大白，茶分枝多，部位低，发芽密而迟，适应性广，抗病性差，产量较高，绿茶品质好，适应性强，节间长，芽斗肥，发芽整齐，毛多，抗寒性强，宜作密植茶园品种，制作绿茶味醇，色绿两清。20世纪90年代中期以后，引进较多的是从福建、浙江等省引进的茶，福鼎大白、义乌茶、龙井43、龙井长叶、金观音、福云6号、黔湄809号、黄金桂、金观音、红心观音、迎霜、中茶108、鄂茶1号、安吉白茶等。2000年，黎平县杨梅井茶场从浙江引进优质龙井43、龙井长叶茶试种获成功后，黎平县建成龙井43茶园50hm²。2006年，丹寨县南皋乡竹留村种植乌牛早809茶叶20hm²，龙泉镇五里村种黔湄809茶叶28hm²。2009年，受政策的引领，天柱县欧阳章权到丹寨兴仁镇排佐村种植金观音茶叶227hm²，至2014年已带动全县种植达400hm²。2007年以后，黎平、雷山、丹寨等县逐步建有无性系育苗基地，黎平、雷山、丹寨、岑巩、台江等县新建无性系茶园，其主要品种有福鼎大白、龙井43、龙井长叶、安吉白茶、金观音和黄金贵等。至2018年，黎平县茶叶品种主要有：福鼎大白（2493hm²，占总面积33.8%，其中群体品种800hm²）、龙井43（4178hm²，占总面积40.6%）、龙井长叶（393hm²，占总面积3.8%）、黄金桂（400hm²，占总面积3.9%）、安吉白茶（1027hm²，占总面积9.9%）、金观音（553hm²，占总面积5.3%）、铁观音（73hm²，占总面积0.7%）等。雷山县福鼎大白（9527hm²，占总面积88%）、龙井43（758hm²，占总面积7%）、龙井长叶（216hm²，占总面积2%）、安吉白茶（216hm²，占总面积2%）、迎霜品种和乌牛早等（108hm²，占总面积1%）。龙井43及系列品种主要分布在雷山海拔900m区域，福鼎大白主要分布在雷山海拔1000m以上区域。丹寨县福鼎大白（5786hm²，占总面积78%）、金观音和安吉白茶等（1667hm²，占总面积22%）。

第三节　栽培管理

栽培管理应重点抓好选地播种、植茶修剪定型、茶树采摘、病虫害防治、茶园管理、茶叶质量安全管控6个方面：

一、选地播种

1949年前，黔东南州内农村种茶，都是用田边地角，菜园四周，屋前房后，沟垄溪坎，荒山林隙，随地辟园种茶，坡度20°~60°不等，面积极零星分散。新中国成立后，开辟新茶园，一般在山坡上，茶行多为丛播。1960年以后，黄平、天柱、三穗、岑巩等县茶园多选在海拔500~1000m缓坡丘陵地，坡度在15°以上、30°以下，土层深60~70cm，底层无硬盘层，pH值4.5~6.5的地段，垦辟成水平梯土茶园。黎平县、雷山县按此原则，统一规划，统一施工，园、林、路、水、房、电综合治理，连片建园，效果很好。20世纪70年代，州内大建茶园，一些社队建造的茶场（园），未严格高标准建园而失败。全州在这一时期建造的成片大小茶园0.3万 hm^2。多为单条播植。1980年后为三条播植或单播植，使茶园早封行。播种前，亩施厩肥1800~2000kg，磷肥15~20kg，钾肥5~10kg。黄平、黎平、雷山、丹寨常规茶园采用株距30~35cm，行距1.5m，单行条式等高种植，每穴播种56粒，覆土3cm；密耕茶园取大行距1.8m，小行距0.4m×0.3m，排列4个小行密植。免耕茶园在茶园封行后停止中耕除草，实行免耕。

进入21世纪，黔东南州成片建设无性系良种茶园，都选种在500~1300m海拔的半坡上。这些地方森林植被丰富，水分充足，山高雾日多，湿度大，对茶叶生长发育极为有利。

二、植茶修剪定型

常规茶园分3次修剪定型，密植茶园实行2次修剪定型。20世纪80年代以后，推行科学采茶；绿茶常规以1芽2、3叶为标准；优质高档茶则以1芽1叶、1芽2叶初展采摘。对幼嫩茶树以养为主，春夏采新梢留1~3叶，采高留低，采中留边，扩大树冠；青壮年茶园以采为主，春夏采新梢1~3叶；老年茶园春夏集中采摘，只留鱼叶，秋叶不采，留叶养蓬。对需要改造的老茶园，采取春茶重采，夏季改造。

三、茶叶采摘

20世纪60年代以前，采1芽3~4叶。70年代，采摘嫩度稍有提高，春茶有10%的芽叶，夏秋茶有50%的芽叶达到采摘标准时即开采，采1芽2~3叶。80年代，采摘偏早，春茶有5%~10%的芽叶，夏秋有40%的芽叶达到标准时，即开园撩头。丹寨金钟茶场对幼林茶园以养为主，春夏采新梢留1~3叶，采高留低，采中留边，以扩大树冠，形成采摘面。对壮老年茶园以采为主。壮年茶园春夏采茶留鱼叶，夏秋采茶留真叶；老年茶园春夏集中采摘，只留鱼叶，秋茶不采，留叶养蓬。对需要改造的老茶园，采取春茶重采，夏季改造。对已更新的茶园，以培养树冠为主，一季或一年不采；第二年春定型修剪，采夏茶留2~3叶，采秋茶留1~2叶；第三年春茶留2叶，夏茶留1叶，秋茶留鱼叶；第四年春要鱼叶，夏茶留真叶。对更新茶园不宜过早采摘，待树势恢复后开采为宜（图2-1）。

图 2-1 雷山银球茶的采摘

四、病虫害防治

1969年以前，州内茶树虫害有茶蚜、茶毛虫、袋袋虫等。病害有茶煤病、云纹叶枯病等。1970年后，新增加盲蝽象、小绿叶蝉、茶橙瘿螨等害虫。1980年后，又增加黄刺蛾、茶叶斑蛾等害虫。一般采用敌百虫、敌敌畏、鱼藤精、棉油皂等药剂防治。各地茶农将病虫防治纳入常规工作。1973年夏，镇远、三穗、岑巩、天柱、黄平茶毛虫大发生，州县组织力量用松脂合剂等农药突击扑灭，挽救了茶园。20世纪90年代以来，一些茶园逐步采用综合防治的办法，即在农业防治的基础上，结合运用保护、培养释放天敌的生物防治和用灯光诱杀害虫成虫的物理防治方法，只对一些爆发性的害虫如茶毛虫、黏虫、茶尺蠖等采用化学农药及时扑灭，尽量降低了农药残留存量，提高了茶叶品质。21世纪以来，普遍推广使用生物农药，以及太阳能杀虫和黄板诱杀和发展生态茶园、有机茶园，保护生物多样性，营造天敌生存环境，抑制害虫，减少病源，现茶园普遍实行绿色防控，茶叶食品质量安全有了保障。

五、茶园管理

重点推广"深中耕松土，深沟压绿改土，增施有机肥料，分季追氮、磷、钾化肥，移蔸补缺，修剪整形"等技术管理措施。为提高茶叶品质，有的茶园实行冬种绿肥，减少化肥用量。少数免耕茶园在茶园封行后停止中耕除草，实行免耕。21世纪以来，全州在品种、茶园基地选址、整地施肥、种植密度、种苗规格上统一技术标准，进一步优化茶园布局和品种结构，集成推广茶叶专用肥、病虫害绿色防控机械化管护采摘一体的绿色高效生产技术。

六、茶叶质量安全管控

黔东南州一直重视茶叶质量安全，尤其是进入21世纪以来，全州着力"生态茶、绿色茶、健康茶"建设。一是狠抓"三品""两标"建设。1987—2018年，全州获茶叶无公害食品认证143家，获有机食品认证56家，获SC认证52家，获工商注册商标121家，获农产品地理标志2家。此外，2015年10月，雷山县成功创建了国家级出口食品茶叶质量安全示范区，21家获得QS认证的茶企全部设立了茶产品质量检测室（表2-2~表2-6）。二是狠抓茶树的病虫害绿色防控。在茶园基地，特别是核心保护区、茶旅基地、张贴黄蓝板、杀虫灯、性诱剂，开展病虫害统防统治。2017年，雷山县累计投入防控专项资金64万元，有效地预防和控制386.67hm²茶园的茶小绿叶蝉、茶毛虫成虫、黑刺粉虱、茶蚜和赤星病、茶饼病、炭疽病等病虫害发生和危害。三是加大茶园标准化建园建设。至2018年，全州在有效期范围内标准化认定的茶园有27719hm²，其中无公害茶园面积26660hm²、有机茶园面积1060hm²。四是建茶园绿色防控示范样板。2018年黔东南州农业农村局制定了《黔东南州生态茶园绿色防控示范点创建实施方案》，在黎平县、雷山县、丹寨县茶企的相对连片茶园中5个示范点实施。五是对茶园管理投入品进行管控。一方面，茶叶主管部与茶园所有者签订茶园生产质量安全承诺书；另一方面，定期抽样检查。2018年州县农产品质量安全检测站、执法队分季度对各地的茶叶样品、茶园土样、鲜叶等进行农残、重金属抽检，产品均达标，均未检出农残和重金属超标。

表2-2 黔东南州茶叶获地理标志统计表（1987—2018年）

序号	持有人	名称	颁发机关	颁发时间	备注
1	黎平县茶叶产业协会	黎平雀舌	国家市场监督管理总局	2018.04	地理标志证明商标
2	雷山县政府	雷山银球茶	国家质检总局	2014.09	地理标志产品保护

表2-3 黔东南州茶叶获注册商标统计表（1987—2018年）

序号	单位名称	注册商标	颁发时间
		黎平县 54 项	
1	贵州黎平黎缘春茶叶有限公司	黎缘春、侗妹绿芽、碧龙珠、苗侗翠龙乡、扁翠	
2	黎平县侗乡媛茶厂	侗乡雀舌、黔东、黔东绿、侗乡茗翠、侗寨香叶、球金金球、黔甘露、金球	
3	黎平县桂花台茶厂	天生桥	
4	黎平县侗乡春茶业有限公司	侗乡春	
5	黎平县森绿茶业对外贸易投资有限公司	森绿	
6	黎平县侗乡福生态茶业有限公司	侗乡福、黔行者、侗姑、聚鼓楼、行歌坐月	
7	黎平县侗乡呀啰耶生态茶业有限公司	呀啰耶	

序号	单位名称	注册商标	颁发时间
8	黎平雀舌茶业有限公司	侗家佬、老侗家、侗都龙芽、黄冠、黄中王、吉峰、花茗公主、侗乡茶农、茗侗天下	
9	中潮村茶叶农民专业合作社	黎香绿茶	
10	黎平县侗乡佳绿茶业有限公司	佳所、再思茶	
11	黎平县富春茶叶苗木有限公司	侗乡红	
12	黎平县生态茶业贸易有限责任公司	鸬鹚架	
13	黎平县云岭春茶业有限公司	黔亘香、云岭春	
14	黎平县侗乡观音生态茶业有限公司	黔球	
15	黎平山水茶业开发有限责任公司	原生山水、八舟河	
16	黎平侗乡天籁茶场	侗乡天籁	
17	黎平源森茶业开发贸易有限责任公司	黔贵源森、源森黔贵	
18	黎平县侗乡山水茶叶农民专业合作社	侗乡山水	
19	黎平县天益茶厂	欧帮根	
20	黎平县天锅塘生态茶业有限公司	天锅塘	
21	黎平县九潮茶叶农民专业合作	扇子坡	
22	黎平县侗民生态茶业有限公司	侗民	
23	黎平县筑梦乡村发展有限公司	侗乡茶语	
24	黎平县富春农业发展有限公司	侗韵红	
25	黎平县农林产业科技农民专业合作社	黎农御茶	
26	黎平县侗乡通衢茶场	通衢	
27	黎平县敖市镇蒙村国参茶场	归星	
28	黎平盛竹联创木通农业发展有限公司	娜依额	
29	贵州百佳青钱农业科技有限公司	蒲侗青钱	
30	黎平县闻品源茶业有限公司	闻品源	
31	黎平县侗乡黔韵茶厂	桂花台	
32	黎平县农业产业协会	黎平雀舌	
33	黎平县永晟茶业有限公司	侗家秀春	
34	贵州森泰灵宝实业有限公司	化香虫茶	
35	贵州省黎平侗乡茶城有限公司	古道侗乡、侗印、以茶共舞、侗韵打油茶	
36	黎平县太平山野生茶开发有限公司	六背山	

序号	单位名称	注册商标	颁发时间
37	黎平县蝉之声农文旅发展有限公司	吴川平、卣卣、侗情时光、蝉之声	
38	贵州蓝天农旅科技有限公司	蓝天美壮茶	
39	黎平县南泉茗茶业发展有限公司	扁魁	
40	黎平县坝寨乡高场茶场	含笑春	
41	黎平县孝武古树茶开发有限公司	黄孝武	
42	黎平县一丹茶业有限公司	侗鼎峰	
43	黎平县仪环茶业贸易有限公司	仪环茶	
44	黎平县肇兴高山云雾茶叶加工厂	六倍山	
45	黎平县佳韵种养殖农民专业合作社	黔陈茶业	
46	黎平县德蒿生态农场	秀月归	
47	黎平县侗家佬茶叶农民专业合作社	侗家佬谢昌明	
48	黎平金钟生态农业专业合作社	侗乡人茗	
49	黎平县新山传统种养殖专业合作社	黎平虫茶、侗乡虫茶	
50	黎平长佳茶业发展有限公司	古钱茶	
51	贵州递依源投资有限公司	递依黔茗	
52	黎平八舟春晓农林土特产有限公司	林阿妹	
53	黎平县花桥春茶叶专业合作社	岩侬爽	
54	黎平县鸿福茶叶加工厂	侗响茗	

雷山县 41 项

1	雷山县茶叶协会	雷公山	2002.01
2	贵州省雷山县脚尧茶业有限公司	脚尧	2000.11
3	贵州省雷山县脚尧茶业有限公司	脚尧味道	2018.03
4	贵州省雷山县脚尧茶业有限公司	脚尧	2018.05
5	贵州省雷山县毛克翕茶叶发展研究所	机讲、千户苗寨、DINBJANGL	2010.05
6	贵州省雷山县毛克翕茶叶发展研究所	天下苗寨	2010.06
7	贵州省雷山县毛克翕茶叶发展研究所	天下西江	2010.11
8	贵州省雷山县毛克翕茶叶发展研究所	陶尧	2011.07
9	贵州省雷山县毛克翕茶叶发展研究所	毛克翕	2013.02
10	贵州雷公山银球茶业有限公司	银球	1992.08

序号	单位名称	注册商标	颁发时间
11	贵州雷公山银球茶业有限公司	雷山球	2017.09
12	贵州雷公山银球茶业有限公司	雷公山圆球	2017.09
13	贵州雷公山银球茶业有限公司	雷山圆	2017.09
14	贵州雷公山银球茶业有限公司	圆球	2017.09
15	贵州省雷山县苗家春茶业有限公司	高康杯杯香	2012.01
16	贵州省雷山县苗家春茶业有限公司	苗家春	2015.06
17	贵州省雷山县绿叶香茶业有限责任公司	绿烨香	2011.11
18	贵州雷山合兴生态产品开发有限公司	多彩黔红	2017.09
19	贵州雷山合兴生态产品开发有限公司	忆野情野	2018.12
20	贵州雷山合兴生态产品开发有限公司	奔野	2019.01
21	贵州雷山合兴生态产品开发有限公司	情醉苗岭	2019.02
22	贵州雷山茗丹福茶叶专业合作社	茗丹福	2017.03
23	贵州雷山千里香脚尧秀文茶业有限公司	岭源	2014.12
24	贵州雷山千里香脚尧秀文茶业有限公司	尧硒香	2014.12
25	贵州雷山千里香脚尧秀文茶业有限公司	脚尧	2015.07
26	贵州雷山千里香脚尧秀文茶业有限公司	脚尧树叶	2015.08
27	贵州雷山千里香脚尧秀文茶业有限公司	翠尧	2016.08
28	贵州雷山千里香脚尧秀文茶业有限公司	苗岭	2017.03
29	贵州雷山千里香脚尧秀文茶业有限公司	脚尧	2017.11
30	贵州雷山鑫球农业发展有限公司	鑫球	2010.01
31	贵州苗岭醉美人茶业有限公司	茶香醉美人	2017.06
32	贵州省雷山县清心茶业有限责任公司	营上	2014.04
33	贵州省雷山县清心茶业有限责任公司	风动兰香	2018.04
34	贵州省雷山县西江镇杨树生态茶叶专业合作社	雷公坪	2010.06
35	雷山县脚尧富祥农业专业合作社	黔山露原	2017.05
36	雷山县望丰乡乌江村茶叶专业合作社	美山最美村官	2017.08
37	雷山县乌尧康源茶叶专业合作社	乌尧	2014.10
38	雷山县雾生茶业有限公司	交腊茶乡	2019.02
39	任亚平	打乐	2010.04

序号	单位名称	注册商标	颁发时间
40	雷山县福尧茶叶有限公司	秀忠	2012.11
41	贵州雷山大龙德毅生态茶业有限公司	雷大龙德毅	2014.05
丹寨县 13 项			
1	丹寨县华阳茶业公司	苗缘	2015.02
2	黔丹硒业有限责任公司	黔丹	
3	传福茶业有限公司	云沐天香	
4	安信茶业有限责任公司	春情帝茗	
5	滔滔生态农业开发公司	向阳草	
6	锦鸡生态茶叶开发公司	供福	
7	诗源茶业有限公司	温香阁	
8	小草茶业公司	小草	
9	丹寨县凌云茶庄种养殖家庭农场	香红香绿	
10	旭鑫农业开发有限公司	丹锦	
11	三泉茶业有限公司	三泉	
12	添香园硒锌茶厂	添香园	
13	荣龙茶业有限公司	九黎茗香	
岑巩县 5 项			
1	贵州思州茶业有限责任公司	思州	2009.08
2	贵州思州茶业有限责任公司	思州绿茶	2017.07
3	黔东南天壹茶业有限责任公司	玉钦	2014.09
4	岑巩县和协天然野生茶厂	岑丰	2015.03
5	岑巩县青岭茶叶有限公司	高山客楼	2016.10
台江县 3 项			
1	贵州台江高原生态茶业有限公司	姊妹茗株（红、绿茶）	2014.05
2	台江县苦丁茶厂	"银角"牌苦丁茶	1992.11
3	台江县东海茶业有限公司	苗岭剑眉	2009.09
镇远县 2 项			
1	镇远县天印贡茶加工	天印	2007.02
2	镇远舞阳茶厂	舞阳	2011.03

序号	单位名称	注册商标	颁发时间
	榕江县 1 项		
1	榕江县继武茶业有限责任公司	两汪	2015.07

表 2-4　黔东南州茶叶获无公害食品认证统计表（1987—2018 年）

序号	单位名称	获无公害食品认证	颁发机关	颁发时间
	黎平县 82 项			
1	黎平县侗乡佳绿茶业有限公司	WNCR-GZ14-00088	贵州省农业委员会	2014.03
2	黎平县中潮镇中潮村茶叶农民专业合作社	WNCR-GZ11-0074	贵州省农业委员会	2015.07
3	贵州省黎平雀舌茶叶有限公司	WNCR-GZ11-0075	贵州省农业委员会	2015.07
4	贵州省黎平县侗乡媛茶厂	WNCR-GZ11-00213	贵州省农业委员会	2015.07
5	贵州省黎平县侗乡春茶业有限公司	WNCR-GZ11-00229	贵州省农业委员会	2015.07
6	贵州省黎平县森绿茶叶对外贸易有限公司	WNCR-GZ11-00447	贵州省农业委员会	2015.07
7	贵州省黎平县桂花台茶厂	WNCR-GZ15-01177	贵州省农业委员会	2015.09
8	贵州省黎平县侗乡春茶业有限公司	WNCR-GZ15-01178	贵州省农业委员会	2015.09
9	贵州省黎平县侗乡福生态茶业有限公司	WNCR-GZ15-01455	贵州省农业委员会	2015.12
10	贵州省黎平侗乡天籁茶业有限责任公司	WNCR-GZ15-01456	贵州省农业委员会	2015.12
11	贵州省黎平县侗乡媛茶厂	WNCR-GZ15-01457	贵州省农业委员会	2015.12
12	黎平县九潮镇高寅村茶叶农民专业合作社	WNCR-GZ15-01458	贵州省农业委员会	2015.12
13	黎平县侗乡永晟茶业有限责任公司	WNCR-GZ15-01459	贵州省农业委员会	2015.12
14	黎平县兴源茶叶农民专业合作社	WNCR-GZ15-01460	贵州省农业委员会	2015.12
15	黎平县敖市镇盈春台茶业有限责任公司	WNCR-GZ15-01461	贵州省农业委员会	2015.12
16	高屯镇佳茗茶厂	WNCR-GZ15-01462	贵州省农业委员会	2015.12
17	黎平县佳美茶厂	WNCR-GZ15-01463	贵州省农业委员会	2015.12
18	黎平县坝寨乡高场茶场	WNCR-GZ15-01464	贵州省农业委员会	2015.12
19	黎平县洪州镇新科茶场	WNCR-GZ15-01465	贵州省农业委员会	2015.12
20	黎平县敖市镇侗乡山水茶叶农民专业合作社	WNCR-GZ15-01466	贵州省农业委员会	2015.12
21	黎平县黎泉生态茶叶加工厂	WNCR-GZ15-01467	贵州省农业委员会	2015.12
22	贵州春来早茶业有限公司	WNCR-GZ15-01468	贵州省农业委员会	2015.12
23	黎平县侗乡黔韵茶厂	WNCR-GZ15-01469	贵州省农业委员会	2015.12
24	贵州黎平茶缘春茶叶有限公司	WNCR-GZ15-01470	贵州省农业委员会	2015.12
25	黎平山水茶业开发有限责任公司	WNCR-GZ15-01471	贵州省农业委员会	2015.12
26	黎平县天益家庭农场	WNCR-GZ15-01472	贵州省农业委员会	2015.12

序号	单位名称	获无公害食品认证	颁发机关	颁发时间
27	黎平县侗乡通衢茶场	WNCR-GZ15-01473	贵州省农业委员会	2015.12
28	黎平县炳和茶叶加工厂	WNCR-GZ15-01474	贵州省农业委员会	2015.12
29	黎平县中潮镇上黄村茶叶农民专业合作社	WNCR-GZ15-01475	贵州省农业委员会	2015.12
30	黎平县中潮镇枫树弯茶场	WNCR-GZ15-01476	贵州省农业委员会	2015.12
31	黎平县花桥春茶叶加工厂	WNCR-GZ15-01477	贵州省农业委员会	2015.12
32	黎平县洪州镇云香茶叶加工厂	WNCR-GZ15-01478	贵州省农业委员会	2015.12
33	黎平县正磊茶叶加工厂	WNCR-GZ15-01479	贵州省农业委员会	2015.12
34	黎平侗乡呀啰耶生态茶业有限公司	WNCR-GZ15-01480	贵州省农业委员会	2015.12
35	贵州省黎平县侗乡管团生态茶业有限公司	WNCR-GZ15-01481	贵州省农业委员会	2015.12
36	黎平县芳玉茶场	WNCR-GZ15-01482	贵州省农业委员会	2015.12
37	黎平县肇兴乡皮林金牛茶场	WNCR-GZ15-01483	贵州省农业委员会	2015.12
38	黎平县德冠生态茶业有限责任公司	WNCR-GZ15-01484	贵州省农业委员会	2015.12
39	黎平县慧涛茶叶加工厂	WNCR-GZ15-01485	贵州省农业委员会	2015.12
40	黎平县德顺乡地青村茶叶农民专业合作社	WNCR-GZ15-01486	贵州省农业委员会	2015.12
41	黎平县映春茶叶种植农民专业合作社	WNCR-GZ15-01487	贵州省农业委员会	2015.12
42	黎平县山水间茶厂	WNCR-GZ15-01488	贵州省农业委员会	2015.12
43	黎平县德化乡高海拔茶场	WNCR-GZ15-01489	贵州省农业委员会	2015.12
44	黎平县高坡猪场茶叶种植加工基地	WNCR-GZ15-01490	贵州省农业委员会	2015.12
45	黎平县森源茶业开发贸易有限责任公司	WNCR-GZ15-01491	贵州省农业委员会	2015.12
46	黎平县鸿福茶叶加工厂	WNCR-GZ15-01492	贵州省农业委员会	2015.12
47	黎平博远生态农业科技有限公司	WNCR-GZ15-01493	贵州省农业委员会	2015.12
48	黎平县茅贡乡登阡茶叶农民专业合作社	WNCR-GZ15-01494	贵州省农业委员会	2015.12
49	黎平潭溪三元家庭农场	WNCR-GZ15-01495	贵州省农业委员会	2015.12
50	黎平县顺化乡高岑茶叶示范基地	WNCR-GZ15-01500	贵州省农业委员会	2015.12
51	贵州省黎平雀舌茶业有限公司	WNCR-GZ15-01501	贵州省农业委员会	2015.12
52	贵州省黎平县生态茶业贸易有限责任公司	WNCR-GZ15-01502	贵州省农业委员会	2015.12
53	黎平县农林产业科技农民专业合作社	WNCR-GZ15-01503	贵州省农业委员会	2015.12
54	黎平县丽香茶场	WNCR-GZ16-01187	贵州省农业委员会	2016.11
55	黎平县茗鑫茶叶专业合作社	WNCR-GZ16-01191	贵州省农业委员会	2016.11
56	黎平县下温广佛茶叶加工厂	WNCR-GZ16-01193	贵州省农业委员会	2016.11
57	黎平县大青山茶叶农民专业合作社	WNCR-GZ16-01179	贵州省农业委员会	2016.11
58	黎平县鑫潭茶厂	WNCR-GZ16-01194	贵州省农业委员会	2016.11

第二章 茶栽培篇

序号	单位名称	获无公害食品认证	颁发机关	颁发时间
59	黎平县洪州镇鹏源种植专业合作社	WNCR-GZ16-01184	贵州省农业委员会	2016.11
60	黎平县高屯镇盆寨茶场	WNCR-GZ16-01183	贵州省农业委员会	2016.11
61	黎平县水口镇智珍茶叶加工厂	WNCR-GZ16-01192	贵州省农业委员会	2016.11
62	黎平县姜二茶叶加工厂	WNCR-GZ16-01185	贵州省农业委员会	2016.11
63	黎平县绿香春茶业有限公司	WNCR-GZ16-01190	贵州省农业委员会	2016.11
64	黎平县德蒿生态农场	WNCR-GZ16-01180	贵州省农业委员会	2016.11
65	黎平县中潮镇豪海油茶厂	WNCR-GZ16-01198	贵州省农业委员会	2016.11
66	黎平县干田坳茶场	WNCR-GZ16-01182	贵州省农业委员会	2016.11
67	黎平县博朗种养殖农民专业合作社	WNCR-GZ16-01178	贵州省农业委员会	2016.11
68	黎平县银龙茶叶加工厂	WNCR-GZ16-01196	贵州省农业委员会	2016.11
69	贵州省黎平富春农业发展有限公司	WNCR-GZ17-01273	贵州省农业委员会	2017.09
70	黎平县侗乡鸿福茶场	WNCR-GZ17-01275	贵州省农业委员会	2017.09
71	黎平县洪州镇大山茶场	WNCR-GZ17-01276	贵州省农业委员会	2017.09
72	黎平县洪州镇花园种养农民专业合作社	WNCR-GZ17-01277	贵州省农业委员会	2017.09
73	黎平县慧涛茶叶加工厂	WNCR-GZ17-01278	贵州省农业委员会	2017.09
74	黎平县黎泉生态茶叶加工厂	WGH-GZ01-1801949	贵州省农业委员会	2018.12
75	贵州省黎平侗乡天籁茶业有限责任公司	WGH-GZ01-1801878	贵州省农业委员会	2018.12
76	黎平县天益家庭农场	WGH-GZ01-1801822	贵州省农业委员会	2018.12
77	贵州省黎平县侗乡佳绿茶业有限责任公司	WGH-GZ01-1801684	贵州省农业委员会	2018.12
78	黎平县天益家庭农场	WGH-GZ01-1801545	贵州省农业委员会	2018.12
79	贵州省黎平县桂花台茶厂	WGH-GZ01-1801401	贵州省农业委员会	2018.12
80	高屯镇佳茗茶厂	WGH-GZ01-1801342	贵州省农业委员会	2018.12
81	黎平县侗乡黔韵茶厂	WGH-GZ01-1801220	贵州省农业委员会	2018.12
82	黎平县下温广佛茶叶加工厂	WGH-GZ01-1800561	贵州省农业委员会	2018.09
雷山县 15 项				
1	贵州省雷山县脚尧茶业有限公司	WGH-09-09081	贵州省农业农村厅	2017.05
2	贵州省雷山县清心茶业有限责任公司	WGH-17-06865	贵州省农业农村厅	2017.08
3	贵州省雷山县金伟苗族创意有限公司	WGH-17-04161	贵州省农业农村厅	2017.07
4	贵州省雷山县黔兴原生态茶叶加工厂	WGH-17-04160	贵州省农业农村厅	2017.07
5	雷山县雾生茶业有限公司	WGH-17-04165	贵州省农业农村厅	2017.07
6	贵州苗岭醉美人茶业有限公司	WGH-GZ01-1800156	贵州省农业农村厅	2018.09
7	贵州省雷山县脚尧茶业有限公司	WGH-GZ01-1800269	贵州省农业农村厅	2018.09

序号	单位名称	获无公害食品认证	颁发机关	颁发时间
8	贵州省雷山县苗家春茶业有限公司	WGH-GZ01-1800650	贵州省农业农村厅	2018.09
9	雷山县南猛村共济乡村旅游专业合作社	WGH-GZ01-1800266	贵州省农业农村厅	2018.09
10	雷山县大坪山守峰茶叶加工厂	WGH-GZ01-1800007	贵州省农业农村厅	2018.09
11	贵州省雷山县清心茶业有限责任公司	WGH-GZ01-1800310	贵州省农业农村厅	2018.09
12	贵州省雷山县蚩荣茶业有限公司	WGH-GZ01-1800459	贵州省农业农村厅	2018.09
13	贵州雷山茗丹福茶叶专业合作社	WGH-GZ01-1800434	贵州省农业农村厅	2018.09
14	贵州省雷山县黔兴原生态茶叶加工厂	WGH-GZ01-1801750	贵州省农业农村厅	2018.12
15	雷山县洪发业生态种养殖专业合作社	WGH-GZ01-1801379	贵州省农业农村厅	2018.12
丹寨县 34 项				
1	丹寨县虹霖茶叶种植基地		贵州省农业委员会	2015.12
2	丹寨县新华茶场		贵州省农业委员会	2015.12
3	丹寨县龙荣茶业有限公司		贵州省农业委员会	2015.12
4	丹寨县黔中泉硒锌茶叶专业合作社		贵州省农业委员会	2015.12
5	丹寨县夺鸟高山白茶种植专业合作社		贵州省农业委员会	2015.12
6	丹寨县浩彪茶叶基地		贵州省农业委员会	2015.12
7	丹寨县成彪茶叶基地		贵州省农业委员会	2015.12
8	丹寨县再友茶叶种植家庭农场		贵州省农业委员会	2015.12
9	丹寨县华阳茶业有限公司		贵州省农业委员会	2015.12
10	黔东生态产业有限公司		贵州省农业委员会	2015.12
11	丹寨县锦鸡生态茶叶开发有限责任公司		贵州省农业委员会	2015.12
12	丹寨县小草白茶有限公司		贵州省农业委员会	2015.12
13	丹寨县三泉茶业有限公司		贵州省农业委员会	2015.12
14	丹寨县安信茶业有限责任公司		贵州省农业委员会	2015.12
15	丹寨县黔丹硒业有限责任公司		贵州省农业委员会	2015.12
16	贵州省丹寨县添香园硒锌茶厂		贵州省农业委员会	2015.12
17	贵州省丹寨县传福茶业有限公司		贵州省农业委员会	2015.12
18	丹寨县华阳茶业有限公司		贵州省农业委员会	2015.12
19	贵州丹寨县东德来食品有限责任公司		贵州省农业委员会	2015.12
20	贵州省丹寨县君盛茶叶有限责任公司		贵州省农业委员会	2015.12
21	丹寨县茂红茶厂		贵州省农业委员会	2015.12
22	丹寨县朵往颂创新农业专业合作社		贵州省农业委员会	2015.12
23	丹寨县鸿福生态茶叶种植专业合作社		贵州省农业委员会	2015.12

序号	单位名称	获无公害食品认证	颁发机关	颁发时间
24	丹寨县雅灰乡送陇白鸟绿茶专业合作社		贵州省农业委员会	2015.12
25	丹寨县玉才茶叶基地		贵州省农业委员会	2015.12
26	丹寨县通智硒锌茶叶基地		贵州省农业委员会	2015.12
27	丹寨县铭翔茶业有限公司		贵州省农业委员会	2015.12
28	丹寨县华铭茶叶种植场		贵州省农业委员会	2015.12
29	丹寨县金泰茶业有限公司		贵州省农业委员会	2015.12
30	贵州滔滔生态农业有限公司		贵州省农业委员会	2015.12
31	丹寨县石飘云雾茶基地		贵州省农业委员会	2015.12
32	贵州省丹寨县汇龙种养殖专业合作社		贵州省农业委员会	2015.12
33	丹寨县荣创生态铁皮石斛系列产品开发有限公司		贵州省农业委员会	2015.12
34	丹寨县旭鑫农业开发有限公司		贵州省农业委员会	2015.12
岑巩县6项				
1	贵州思州茶业有限责任公司		贵州省农业委员会、农业部农产品质量安全中心	2010.12 2011.10
2	黔东南州天壹茶业有限责任公司		贵州省农业委员会	2015.12
3	贵州天然农业发展有限公司		贵州省农业委员会	2016.11
4	岑巩县三农和种植专业合作社		贵州省农业委员会	2017.09
5	岑巩县柏豪农业发展有限公司		贵州省农业委员会	2018.09
6	岑巩县青岭茶叶有限公司		贵州省农业委员会	2018.10
台江县2项				
1	贵州台江高原生态茶业有限公司		贵州省农业农村厅	2014.12
2	台江县东海茶业有限公司		贵州省农业农村厅	2010.11
镇远县2项				
1	镇远县天印农夫茶种植农民专业合作社	WNCR-GZ18-02139	贵州省农业委员会	2018.12
2	镇远县吉泰茶叶种植专业合作社	WNCR-GZ01-1800344	贵州省农业委员会	2018.08
榕江县2项				
1	黔东南尖尖帽壹乐生态发展有限公司		贵州奥博特认证有限公司	2017.12
2	榕江县盛本有机黄金芽茶叶农民专业合作社		贵州省农业委员会	2018.10
剑河县1项				
1	剑河县平岑茶业有限公司		贵州省农业委员会	2012.12

表 2-5　黔东南州茶叶获有机农产品认证统计表（1987—2018 年）

序号	单位名称	获有机农产品认证标	颁发机关	颁发时间
黎平县 5 项				
1	贵州省黎平县森绿茶业对外贸易有限公司	001OP1500133	中国质量认证中心	2015.10
2	贵州省黎平县侗乡福生态茶叶有限公司	001OP1300155	中国质量认证中心	2016.10
3	黎平县天益家庭农场	00IOP1800289	中国质量认证中心	2017.12
4	黎平县源森茶叶开发贸易有限责任公司	00IOP1800027	中国质量认证中心	2018.12
5	黎平县互友农民专业合作社	134OP1800086	南京国环有机产品认证中心	2018.04
雷山县 38 项				
1	贵州省雷山县脚尧茶叶有限公司		浙江公信认证有限公司	2014.09
2	贵州敬旺绿野食品有限公司		杭州中农质量认证有限公司	2013.07
3	贵州省雷山县苗家春茶业有限公司		杭州中农质量认证有限公司	2010.06
4	贵州省雷山县绿叶香茶叶有限责任公司		浙江公信认证有限公司	2014.07
5	贵州雷山合兴生态产品开发有限公司		中国质量认证中心	2015.09
6	雷山县福尧茶叶有限公司		中国质量认证中心	2015.11
7	贵州省雷山县满天星茶叶科技发展有限公司		贵州奥博特认证有限公司	2018.01
8	雷山县金伟苗族创意有限公司		贵州奥博特认证有限公司	2018.01
9	贵州雷山千里香脚尧秀文茶叶有限公司		贵州奥博特认证有限公司	2018.01
10	贵州省雷山县蚩荣茶叶有限公司		贵州奥博特认证有限公司	2018.01
11	雷山县茗聚园茶叶专业合作社		贵州奥博特认证有限公司	2018.01
12	雷山县望丰乡乌江村茶叶专业合作社		贵州奥博特认证有限公司	2017.12
13	贵州雷山茗丹福茶叶专业合作社		贵州奥博特认证有限公司	2018.02
14	贵州省雷山县黔山香茶叶有限责任公司		贵州奥博特认证有限公司	2018.01
15	雷山县大坪山守封茶叶加工厂		贵州奥博特认证有限公司	2018.01
16	雷山县达地兴鑫茶叶加工厂		贵州奥博特认证有限公司	2018.01
17	贵州苗岭醉美人茶叶有限公司		贵州奥博特认证有限公司	2018.01 2016.12
18	贵州省雷山县毛克翕茶业有限公司		贵州奥博特认证有限公司	2017.12
19	贵州苗岭醉美人茶叶有限公司		贵州奥博特认证有限公司	2017.12
20	雷山县大塘镇隆兴生态农业专业合作社		贵州奥博特认证有限公司	2017.12
21	雷山县江源种植基地		贵州奥博特认证有限公司	2017.12
22	雷山县苗岭朝阳茶叶有限公司		贵州奥博特认证有限公司	2017.12
23	雷山县安德生态茶叶开发基地		贵州奥博特认证有限公司	2017.12

序号	单位名称	获有机农产品认证标	颁发机关	颁发时间
24	雷山县春雪茶叶有限责任公司		贵州奥博特认证有限公司	2017.12
25	贵州省雷山县脚尧茶叶有限公司		贵州奥博特认证有限公司	2017.12
26	雷山县交腊雷源蔬菜专业合作社		贵州奥博特认证有限公司	2017.12
27	雷山县乔兑村久久香农业专业合作社		贵州奥博特认证有限公司	2017.12
28	贵州省雷山县脚尧茶叶有限公司		浙江公信认证有限公司	2017.06
29	贵州敬旺绿野食品有限公司		杭州中农质量认证有限公司	2010.07
30	贵州省雷山县苗家春茶业有限公司		杭州中农质量认证有限公司	2010.06
31	贵州省雷山县绿叶香茶叶有限责任公司		浙江公信认证有限公司	2017.06
32	雷山县福尧茶叶有限公司		中国质量认证中心	2015.11
33	雷山县金伟苗族创意有限公司		贵州奥博特认证有限公司	2018.01
34	贵州雷山千里香脚尧秀文茶叶有限公司		贵州奥博特认证有限公司	2018.01
35	贵州省雷山县蚩荣茶叶有限公司		贵州奥博特认证有限公司	2018.01
36	贵州雷山茗丹福茶叶专业合作社		贵州奥博特认证有限公司	2018.02
37	贵州苗岭醉美人茶叶有限公司		贵州奥博特认证有限公司	2018.01
38	贵州贵茶雷公山有限公司		中国质量认证中心	2015.11
	丹寨县 3 项			
1	丹寨县传福茶业有限公司		杭州万泰认证公司	2012.05
2	丹寨县黔丹硒业有限责任公司		中国质量认证中心	2017.01
3	黔丹硒业有限责任公司		中国质量认证中心	2018.03
	岑巩县 5 项			
1	岑巩县猴子坡生态产业综合开发有限公司		北京中绿华夏有机食品认证中心	2017.03
2	贵州思州茶叶有限责任公司		贵州奥博特认证有限公司	2017.07
3	黔东南州天壹茶业有限责任公司		首次：中国质量认证中心，后转为贵州奥博特认证有限公司	2014.01
4	岑巩县青岭茶叶有限公司		贵州奥博特认证有限公司	2018.09
5	贵州省岑巩县雪松茶业有限公司		贵州奥博特认证有限公司	2017.12
	台江县 1 项			
1	贵州台江高原生态茶业有限公司		中国质量认证中心	2018.12
	榕江县 1 项			
1	黔东南尖尖帽壹乐生态发展有限公司		贵州奥博特认证有限公司	2017.12

表 2-6　黔东南州茶叶获食品生产许可证统计表（1987—2018 年）

序号	单位名称	获食品生产许可证	颁发机关	颁发时间
		黎平县 14 项		
1	黎平县森绿茶业对外贸易投资有限公司	QS522614010316	黎平县市场监督管理局	
2	黎平县侗乡春茶业有限公司	SC11452263100022	黎平县市场监督管理局	2016.03
3	黎平雀舌茶业有限公司	SC11452263100047	黎平县市场监督管理局	2017.01
4	贵州省黎平侗乡茶城有限公司	SC11452263100186	黎平县市场监督管理局	2019.01
5	黎平县农林产业科技农民专业合作社	SC11452263100014	黎平县市场监督管理局	2016.01
6	黎平县侗乡福生态茶业有限公司	SC1145226310135	黎平县市场监督管理局	2018.06
7	贵州省黎平富春农业发展有限公司	SC11452263100098	黎平县市场监督管理局	2017.09
8	黎平县侗乡佳绿茶业有限公司	SC11452263100080	黎平县市场监督管理局	2017.07
9	黎平侗乡天籁茶业有限公司	SC11452263100143	黎平县市场监督管理局	2018.07
10	贵州黎平黎缘春茶叶有限公司	QS522614010290	黎平县市场监督管理局	2018.07
11	黎平县天益家庭农场	SC11452263100071	黎平县市场监督管理局	2017.07
12	黎平源森茶业开发贸易有限公司	SC11452263100194	黎平县市场监督管理局	2019.01
13	黎平县潘嘎佬茶业服务有限公司	SC11452263100178	黎平县市场监督管理局	2018.12
14	黎平县德蒿生态农场	SC11452263100233	黎平县市场监督管理局	2019.12
		雷山县 22 项		
1	贵州省雷山县毛克翕茶业有限公司	SC11452263400017（QS522614010008）		2016.01
2	贵州省雷山县脚尧茶业有限公司	SC11452263400113（QS522614010004）		2017.01
3	贵州省雷山县绿叶香茶业有限责任公司	QS522614010292		2014.07 2017.11
4	贵州省雷山县苗家春茶业有限公司	SC11452263400076（QS522614010250）		2016.11
5	贵州敬旺绿野食品有限公司	SC11452263400025（QS522614010227）		2016.04
6	雷山县福尧茶叶有限公司	QS522614010010		2017.10
7	雷山县茗聚园茶叶专业合作社	QS522614010005		2017.06
8	贵州雷山千里香脚尧秀文茶业有限公司	SC11452263400156 QS522614010001		2017.06
9	贵州省雷山县满天星茶业科技发展有限公司	QS522614010300		2017.12
10	雷山县金伟苗族创意有限公司	QS522614010014		2017.12
11	贵州雷山苗圣雷公山乌东茶叶厂	SC11452263400068（QS522614010408）		2016.09

序号	单位名称	获食品生产许可证	颁发机关	颁发时间
12	贵州雷山合兴生态产品开发有限公司	SC11452263400033（QS522614010398）		2016.05
13	贵州省贵茶雷公山有限公司	QS522614010027		2015.09
14	贵州省雷山县蚩荣茶业有限公司	QS522614010028		2015.09
15	贵州雷山茗丹福茶叶专业合作社	SC11452263400050		2016.07
16	贵州省雷山县黔山香茶业有限责任公司	SC11452263400084		2016.11
17	雷山县大坪山守峰茶叶加工厂	SC11452263400105		2017.01
18	贵州省雷山县清心茶业有限责任公司	SC11452263400121		2017.03
19	贵州雷山鼎盛银球茶业集团有限公司	SC11452263400130		2017.04
20	贵州苗岭醉美人茶业有限公司	SC11452263400164		2017.06
21	雷山县陶尧世美茶叶加工厂	SC11452263400172		2017.09
22	雷山县望丰乡三角田村永康种养殖专业合作社	SC11452263400228	雷山县市场监督管理局丹江分局	2018.03

丹寨县 9 项

序号	单位名称	获食品生产许可证	颁发机关	颁发时间
1	华阳茶业有限公司	SC11452263600132	丹寨县市场监督管理局	2017.04
2	三泉茶业有限公司	SC11452263600124	丹寨县市场监督管理局	2017.01
3	黔丹硒业有限责任公司	SC11452263600010	丹寨县市场监督管理局	2018.05
4	丹寨县旭鑫农业开发有限公司	SC11452263600108	丹寨县市场监督管理局	2018.10
5	丹寨县黔东生态产业有限公司	SC11452263600149	丹寨县市场监督管理局	2017.05
6	贵州省丹寨县添香园硒锌茶厂	SC11452263600204	丹寨县市场监督管理局	2018.03
7	贵州悟馨茶业有限公司	SC11452263600116	丹寨县市场监督管理局	2018.10
8	丹寨县安信茶业有限责任公司	SC1145226360018	丹寨县市场监督管理局	2018.01
9	贵州省丹寨县传福茶业有限公司	SC11452263600028	丹寨县市场监督管理局	2016.04

岑巩县 5 项

序号	单位名称	获食品生产许可证	颁发机关	颁发时间
1	贵州思州茶叶有限责任公司	SC11452262600017	岑巩县市场监督管理局	2005.04
2	贵州省岑巩县雪松茶业有限公司	SC11452262600033	岑巩县市场监督管理局	2017.10
3	岑巩县白岩坪茶场	QS52262614010293	黔东南州质量技术监督局	2011.11
4	岑巩县和协天然野生茶厂	QS52262614010566	黔东南州质量技术监督局	2012.12
5	黔东南州天壹茶业有限责任公司	QS522614010009	黔东南州质量技术监督局	2015.09

序号	单位名称	获食品生产许可证	颁发机关	颁发时间
	台江县 2 项			
1	贵州台江高原生态茶业有限公司		贵州省质量技术监督局	2017.04
2	台江县东海茶业有限公司		贵州省质量技术监督局	2012.11

第三章

茶区篇

第一节　茶区（茶叶产量）分布

黔东南州茶叶种植面广，凯里、麻江、丹寨、黄平、施秉、镇远、岑巩、三穗、天柱、锦屏、黎平、榕江、从江、雷山、台江、剑河16个县（市）都有种植（图3-1）。

图 3-1　黔东南州茶区分布示意图

以下是部分代表年份茶区（茶叶产量）分布（表3-1、表3-2）：

1960年，当年全州产干茶236.22t，分布在16个县（市），其中镇远县、岑巩县分别占当年产量的33.72%和12.13%。

1970年，当年全州产干茶406.95t，分布在16个县（市），其中镇远县、黄平县、麻江县分别占当年产量的14.45%、32.99%和10.04%。

1980年，当年全州产干茶854.2t，分布在16个县（市），其中黄平县、镇远县、黎平县分别当年产量的46.01%、9.80%和16.85%。

1990年，当年全州产干茶叶1132.45t，分布在16个县（市）（凯里、麻江、丹寨、黄平、施秉、镇远、岑巩、三穗、天柱、锦屏、从江、榕江、雷山、台江、剑河），其中黄平县、镇远县、黎平县分别占当年产量的37.75%、11.05%和32.96%。

2000年，当年全州产干茶1939t，分布在15个县（市）（凯里、丹寨、麻江、黄平、施秉、镇远、岑巩、三穗、锦屏、黎平、从江、榕江、雷山、台江、剑河），其中黄平县、镇远县、岑巩县、黎平县分别占当年产量的18.93%、6.14%、5.93%和60.65%。

2010年，当年全州产干茶4988t，分布在13个县（市）（凯里、麻江、丹寨、黄平、施秉、镇远、岑巩、三穗、锦屏、黎平、雷山、台江、剑河）。其中丹寨县、黎平县、雷山县、台江县分别占当年产量的7.72%、54.57%、15.16%和12.81%。

2015年，当年全州产干茶10919t，分布在15个县（市）（凯里、丹寨、麻江、黄平、施秉、镇远、岑巩、三穗、锦屏、黎平、从江、榕江、雷山、台江、剑河），其中丹寨县、黎平县、雷山县、台江县分别占当年产量的14.49%、46.89%、25.91%和8.98%。

2016年，当年全州产干茶12710t，分布在15个县（市）（凯里、丹寨、麻江、黄平、施秉、镇远、岑巩、三穗、锦屏、黎平、从江、榕江、雷山、台江、剑河），其中丹寨县、黎平县、雷山县、台江县分别占当年产量的15.10%、48.26%、23.96%和7.73%。

2017年，当年全州产干茶14233t，分布在15个县（市）（凯里、丹寨、麻江、黄平、施秉、镇远、岑巩、三穗、锦屏、黎平、从江、榕江、雷山、台江、剑河），其中丹寨县、黎平县、雷山县、台江县分别占当年产量的14.00%、52.71%、20.69%和6.93%。

2018年，当年全州产干茶14603t，分布在15个县（市）（凯里、丹寨、麻江、黄平、施秉、镇远、岑巩、三穗、锦屏、黎平、从江、榕江、雷山、台江、剑河），其中丹寨县、黎平县、雷山县分别占当年产量的13.75%、52.04%和26.74%。

表3-1　部分代表年份茶区（茶叶产量）分布表（一）

县（市）	1960年 茶叶产量/t	1970年 茶叶产量/t	1980年 茶叶产量/t	1990年 茶叶产量/t	2000年 茶叶产量/t
凯里	4.45	40.00	72.00	24.80	16.00
麻江	6.75	40.85	60.00	9.36	12.00
丹寨	3.00	10.00	27.85	6.00	44.00
黄平	7.85	134.25	357.65	427.49	367.00
施秉	7.60	8.50	11.40	9.63	20.00
镇远	79.65	58.80	76.15	125.15	119.00
岑巩	28.65	26.25	12.90	19.84	115.00
三穗	16.55	8.45	15.50	14.10	4.00
天柱	6.65	6.15	5.20	23.00	—
锦屏	25.00	30.00	11.40	13.82	1.00
黎平	4.57	0.25	131.00	373.22	1176.00
榕江	2.90	1.50	3.50	25.06	4.00
从江	20.50	24.40	33.00	1.82	4.00

县（市）	1960 年 茶叶产量 /t	1970 年 茶叶产量 /t	1980 年 茶叶产量 /t	1990 年 茶叶产量 /t	2000 年 茶叶产量 /t
雷山	1.00	0.20	19.50	57.49	23.00
台江	0.60	5.00	7.50	0.36	33.00
剑河	20.50	12.35	9.65	1.31	1.00

表 3-2　部分代表年份茶区（茶叶产量）分布表（二）

县（市）	2010 年 茶叶产量 /t	2015 年 茶叶产量 /t	2016 年 茶叶产量 /t	2017 年 茶叶产量 /t	2018 年 茶叶产量 /t
凯里	4.00	5.00	5.00	3.00	44.00
麻江	34.00	30.00	31.00	29.00	30.00
丹寨	385.00	1582.00	1919.00	1993.00	2008.00
黄平	257.00	2.00	2.00	3.00	75.00
施秉	22.00	43.00	43.00	44.00	30.00
镇远	70.00	87.00	236.00	247.00	253.00
岑巩	86.00	190.00	249.00	272.00	400.00
三穗	4.00	17.00	28.00	28.00	13.00
天柱	—	—	—	—	—
锦屏	1.00	2.00	3.00	3.00	3.00
黎平	2722.00	5120.00	6134.00	7502.00	7600.00
榕江	—	6.00	6.00	11.00	111.00
从江	—	5.00	6.00	6.00	6.00
雷山	756.00	2829.00	3045.00	3087.00	3905.00
台江	639.00	980.00	983.00	986.00	100.00
剑河	8.00	21.00	20.00	19.00	25.00

第二节　茶特色优势产业区（茶叶产量）分布

境内生产绿茶的有凯里、麻江、丹寨、黄平、施秉、镇远、岑巩、三穗、天柱、锦屏、黎平、榕江、从江、雷山、台江、剑河 16 个县（市）（图 3-2）。

生产红茶的有黎平、雷山、台江、黄平、镇远、施秉县。

以下为部分代表年份茶特色优势产业区（茶产量）分布（表 3-3~表 3-5）：

1985 年，凯里、丹寨、黄平、施秉、岑巩、黎平、从江、雷山 8 县（市）产绿茶，总产量 23.79t，其中施秉县、镇远县、黎平县分别占当年产量 25.01%、15.89% 和 43.80%。

黄平、镇远、雷山3县产红茶，总产量27.6t，其中黄平县占当年产量99.64%。

1990年，凯里、丹寨、黄平、镇远、锦屏、黎平、从江、雷山8县（市）产绿茶，总产量53.2t，其中黄平县、黎平县分别占当年产量46.62%和37.03%。黄平、雷山2县产红茶，总产量41.3t，其中黄平县、雷山县分别占当年产量41.88%和58.12%。

1995年，凯里、麻江、丹寨、黄平、施秉、镇远、岑巩、三穗、锦屏、黎平、从江、雷山、台江、剑河14县（市）产绿茶，总产量906t，其中黄平县、黎平县分别占当年产量33.66%和44.81%。黄平、镇远、雷山、黎平、剑河5县产红茶，总产量24t，其中镇远县、黎平县、雷山县分别占当年产量41.67%、33.33%和12.50%。

图3-2 黔东南州茶特色优势产业区分布示意图

2000年，凯里、丹寨、黄平、施秉、镇远、岑巩、黎平、从江、雷山、剑河10县（市）产绿茶，总产量1039t，其中黄平县、岑巩县、黎平县分别占当年产量33.88%、6.64%和49.37%。黄平、施秉、镇远3县产红茶，总产量12t，其中黄平县、施秉县、镇远县分别占当年产量8.33%、8.33%和83.34%。

2005年，凯里、丹寨、黄平、施秉、镇远、岑巩、黎平、雷山、剑河9县（市）产绿茶，总产量1864t，其中丹寨县、黄平县、黎平县分别占当年产量20.49%、8.64%和60.94%。施秉县产红茶1t。

2010年，凯里、丹寨、黄平、施秉、镇远、岑巩、黎平、雷山、台江、剑河10县（市）产绿茶，总产量4370t，其中丹寨县、黎平县、雷山县分别占当年产量13.18%、52.84%和17.30%。黎平、台江2县产红茶，总产量5t，其中黎平县、台江县分别占当年产量60%和40%。

2015年，施秉、镇远、岑巩、锦屏、剑河、台江、黎平、雷山、丹寨9县产绿茶，总产量8871t，其中黎平县、雷山县、丹寨县分别占当年产量45.95%、30.61%和16.48%。台江、黎平、雷山3县产红茶，总产量170t。其中台江县、黎平县、雷山县分别占当年产量7.65%、25.29%和67.06%。

2017年，丹寨、施秉、镇远、岑巩、锦屏、黎平、雷山、台江、剑河9县产绿茶，总产量10350t，其中丹寨县、黎平县、雷山县分别占当年产量12.67%、51.74%和28.74%。黎平、雷山、台江3县产红茶，总产量585t，其中黎平县、雷山县、台江县分别当年产量78.45%、19.15%和2.40%

2018年，丹寨、施秉、镇远、岑巩、锦屏、黎平、雷山、剑河8县产绿茶，总产量11592t，其中丹寨县、黎平县、雷山县分别占当年产量17.32%、46.41%和32.61%。黎平、雷山2县产红茶，总产量545t，其中黎平县、雷山县分别占当年产量77.06%和22.94%。

表3-3　部分代表年份茶特色优势产业区（茶叶产量）分布表（一）

县（市）	1985年		1990年		1995年	
	绿茶产量/t	红茶产量/t	绿茶产量/t	红茶产量/t	绿茶产量/t	红茶产量/t
凯里	0.74	—	2.00	—	14.00	—
麻江	—	—	—	—	3.00	—
丹寨	0.95	—	0.60	—	47.00	—
黄平	5.95	27.5	24.80	17.30	305.00	2.00
施秉	3.78	—	—	—	6.00	—
镇远	—	0.07	1.00	—	1.00	10.00
岑巩	0.79	—	—	—	47.00	—
三穗	—	—	—	—	2.00	—
天柱	—	—	—	—	—	—
锦屏	—	—	0.08	—	1.00	—
黎平	10.42	—	19.70	—	406.00	8.00
榕江	—	—	—	—	—	—
从江	0.78	—	0.02	—	8.00	—
雷山	0.38	0.03	5.00	24.00	64.00	3.00
台江	—	—	—	—	1.00	—
剑河	—	—	—	—	1.00	1.00

表 3-4　部分代表年份茶特色优势产业区（茶叶产量）分布表（二）

县（市）	2000 年		2005 年		2010 年	
	绿茶产量 /t	红茶产量 /t	绿茶产量 /t	红茶产量 /t	绿茶产量 /t	红茶产量 /t
凯里	16.00	—	9.00	—	4.00	—
麻江	—	—	—	—	—	—
丹寨	19.00	—	382.00	—	576.00	—
黄平	352.00	1.00	161.00	—	247.00	—
施秉	14.00	1.00	17.00	1.00	12.00	—
镇远	26.00	10.00	30.00	—	60.00	—
岑巩	69.00	—	64.00	—	56.00	—
三穗	—	—	—	—	—	—
天柱	—	—	—	—	—	—
锦屏	—	—	—	—	—	—
黎平	513.00	—	1136.00	—	2309.00	3.00
榕江	—	—	—	—	—	—
从江	2.00	—	—	—	—	—
雷山	23.00	—	60.00	—	756.00	—
台江	—	—	—	—	347.00	2.00
剑河	5.00	—	5.00	—	3.00	—

表 3-5　部分代表年份茶特色优势产业区（茶叶产量）分布表（三）

县（市）	2015 年		2017 年		2018 年	
	绿茶产量 /t	红茶产量 /t	绿茶产量 /t	红茶产量 /t	绿茶产量 /t	红茶产量 /t
凯里	—	—	—	—	—	—
麻江	—	—	—	—	—	—
丹寨	1462.00	—	1311.00	—	2008.00	—
黄平	—	—	—	—	—	—
施秉	23.00	—	24.00	—	24.00	—
镇远	69.00	—	78.00	—	18.00	—
岑巩	158.00	—	236.00	—	355.00	—
三穗	—	—	—	—	—	—
天柱	—	—	—	—	—	—
锦屏	2.00	—	3.00	—	2.00	—
黎平	4076.00	43.00	5355.00	459.00	5380.00	420.00
榕江	—	—	—	—	—	—
从江	—	—	—	—	—	—
雷山	2715.00	114.00	2975.00	112.00	3780.00	125.00
台江	348.00	13.00	352.00	14.00	—	—
剑河	18.00	—	16.00	—	25.00	—

第三节　古茶树分布

1953—2018年，经黔东南州各县（市）有关林业和农业部门曾组织相关人员对古茶树进行多次调查，发现黔东南州境内有雷山大树茶、灌木茶、黎平老山界茶、榕江灌木茶、从江大丛树茶、丹寨雅灰大树茶、镇远大树茶、岑巩灌木茶等，以雷公山和月亮山野生古茶树种较多，古茶树资源十分丰富。

据不完全统计，黔东南州还存留有明清至民国时期栽种的茶树群（园）1310.27hm²，100年以上的古茶树27.35万株，主要分布在黔东南州南部（含黎平、从江、榕江）、中部与西部（含凯里、丹寨、雷山、剑河、台江）和北部（含黄平、施秉、镇远、岑巩）（图3-3）。

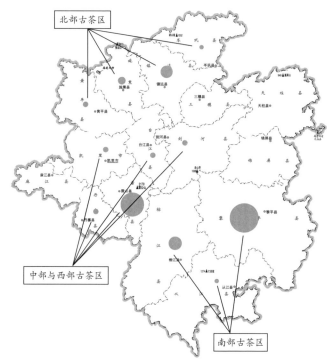

图 3-3 古茶树分布示意图

一、南部古茶区

黔东南州南部古茶区介于东经108°04′~109°31′，北纬25°16′~26°08′，年平均气温16~18.4℃，年平均日照约1300h，降水量1200~1325.9mm，土壤为黄壤、红壤等，土层深厚，有机质和全氮含量较为丰富。境内与桂北九万大山（海拔1670m）接壤一带地势较高，多为中山地形，坡大，谷深，常年云雾缭绕。据调查，已发现的古茶群（园）759.67hm²，100年以上古茶树3.1万株。

① **黎平县**：地处贵州、广西、湖南3省（自治区）交界及云贵高原向江南丘陵过渡地区。是中国28个重点林区县和国家11个退耕还林示范县之一，森林覆盖率78%。黎平是茶叶原生地之一，境内仍保存有近325hm²的野生古茶树和古茶树群（园），共有100年以上野生古茶树3万株以上。全县25个乡镇均保存有一定数量的古茶树，尤其是以雷洞、水口、龙额、地坪、顺化、肇兴、德顺、尚重、德凤、高屯、洪州等地多，村寨边、田边地角随处可见。德化乡老山界、地坪乡弄相山、德顺乡太平山、高屯五龙山等有666.67hm²的古茶树群（园），其中地坪镇有古茶树群（园）约80hm²，古茶树2200余株，最老的古茶树达到600年树龄。还有其他乡镇村寨也分布有少量的古茶树。黎平县的古茶树主要生长在海拔400~1400m的村寨的田边地角、房前屋后、次原始森林处，少数生长在杉木林、杂木林中。为便于人们采摘方便，人们常将生长在村寨的田边地角、房前屋后处的古茶树进行砍高留矮，使古茶树基围粗壮、分枝多而枝条不高（图3-4）。黎平县数雷洞乡古茶树最多，该乡古茶树群（园）有100年以上的古茶树1万余株，且15个村寨均有分布。黎平古茶树资源开发利用较少，仅有黎平古树红茶、白茶、毛峰等6个产品。

图3-4 黎平县侗族姑娘采摘古茶树
（摄于2018年）

② **从江县**：位于贵州、广西、湖南3省（自治区）交界处。有跨省的自然保护区——月亮山，区内森林茂密，翠里乡一棵高10m的大茶树仍生长茂盛。从江县农业农村局组织对全县的古茶树及古茶树群（园）进行普查，共发现有古茶树群（园）13个，面积7hm²。古茶树680株，分布在6个乡镇，其中斗里镇387株、翠里乡198株、西山镇80株、加鸠镇7株、丙妹镇6株、秀塘乡2株。古茶树共分为1科，1属，3种。其红茶671株、白茶6株、灌木茶3株。从古茶树枝、叶、干、树冠、生长状况和病虫害等情况看，树势一般生长旺盛，枝繁叶茂，树冠较完整，无空洞，病虫害少或无的有659株；长势一般，树干局部有空洞，枝叶稀疏，有少量枯枝，树冠尚完整，病虫害较轻的有20株；生势弱，树干有空洞，枝叶稀疏，树冠不完整，病虫害严重的有1株。

③ **榕江县**：旧时称古州，与黎平、雷山、从江、黔南州三都县毗邻。2018年4月榕江县在开展古茶树资源调查，发现境内的计划乡、水尾乡零星分布有突肋茶59株，主要分布在月亮山自然保护区海拔1200~1300m的山谷人烟稀少地区，全部为野外自然生长状

态，面积86hm²。这些突肋茶生长在野外，未受到人为因素的破坏，其生长环境和生长状况均特别良好。突肋茶是山茶科山茶属小乔木植物，生长于海拔850m以上湿润山地地区。突肋茶为天然优质的茶叶品种，有开发潜力。

二、中部与西部古茶区

黔东南州中部与西部古茶区介于东经107°44′~108°34′，北纬26°05′~26°52′。年平均气温12.6~17.2℃，年平均日照1225~1236h，年均降水量1220~1508.4mm，土壤为黄红壤、黄壤、黄棕壤、山地草甸土，土层深厚，有机质和全氮含量较为丰富。地处于扬子准地台贵定南北向构造变形区与华南褶皱带的过渡带和云贵高原湘桂丘陵盆地过渡的斜坡地带，最高点为雷公山主峰，海拔2178.8m，有国家级自然保护区、国家森林公园雷公山，有黔阳第一山——凯里香炉山（老鸦山）。据调查，已发现的古茶群（园）436hm²，100年以上古茶树18.35万株。

① 雷山县：雷公山，苗岭之巅，为贵州苗岭山脉东段总称，主峰海拔2178.8m，雷公山位于雷山县城东北面，距县城30km。雷公山区是贵州省古茶树的主要分布区域之一，该县8个乡镇的山野林中、田边地角、房前屋后均有古茶树的分布。尤其是雷公山腹地东北面的方祥乡、西江镇，东南面的永乐镇、达地乡，西南面的大塘镇、望丰乡分布面积广，群体众多。

据《雷山县志》记载，1955年前全县14个乡有茶树13万多株，其中百株以上成片的有140处，面积约105hm²。2017年雷山县茶叶协会初步调查，仅方祥乡雀乌、格头、毛评等村就分布有100年已上树龄的古茶树300余株（系）。雷山县方祥乡、永乐镇、大塘镇背靠雷公山主峰，海拔1100~1700m地段是野生型和半野生型古茶树的集中分布区域（图3-5）。其他乡镇和1100m海拔以下地段的古茶树，则以栽培100年以上的古茶树为主。古茶树的类型主要有野生型、半野生型、半驯化栽培型、驯化栽培型和栽培型，硕果多为三室呈三角形，树形多为野生灌木型、小乔木大丛型和藤型，品种为中小种、中叶种和小叶种，鲜芽有毛和无毛2种。叶型为中叶型、小叶型、柳叶型、椭圆型，叶缘有锯齿且明显，叶色有深绿色、绿色、淡黄色、紫红色、紫色。生长最高海拔地段在1700m以下。野生茶树生长地带植被为原始森林地和次

图 3-5 雷山县古茶树
（摄于 2018 年）

生林地。古茶树径粗一般在5~10cm，树高3~5m不等。茶芽颜色有绿色和紫红色2种，有单株和丝生2种类型。雷山县古茶树具有抗逆性强，适应性广，个别单株具有发芽早、芽头壮、叶片肥厚、清香持久、汤色黄绿明亮、耐冲泡等优良特点。据中华全国供销合作总社杭州茶叶研究院检测，雷公山古茶树游离氨基酸总量为2%，水溶性总糖为3.57%，茶多酚22.4%，咖啡碱4.5%，水浸出物44.2%，水溶性果胶1.75%，极具开发价值。雷山大树茶可制各种类型的绿茶、红茶，也可以制雷山银球茶。从2008年起，雷山县政府组织县内的有关科技人员，开展对雷公山古茶树的保护与开发利用的科研工作。已建成方祥乡雀鸟村雷公山野生古茶树移植母本园6hm²，其中：移植来自5个乡镇雷公山区26处176株（丛）分株成1175穴古茶树近3hm²；抚育较为成片的雷公山野生古茶树林近4hm²。2017年6月贵州省茶叶协会等单位在都匀举办"都匀毛尖·贵台红杯"首届贵州古树茶斗茶大赛，"雷公山古树绿茶"被评为优质奖。

② **凯里市：** 历史上凯里香炉山及其周边的万潮、炉山、大风洞、龙场、凯棠等乡镇均盛产香炉山云雾茶（图3-6）。2009年，经凯里市茶产业发展办公室调查，香炉山云雾茶原生古茶树还存留有2000多株，多数分布在香炉山主峰（老鸦山）及周边的山区，是贵州省特有小叶种茶的主产区之一。

图 3-6 凯里市香炉山石茶树（摄于 2018 年）

③ **丹寨县：** 东与雷山县接壤，东部的牛角山主峰，海拔1693m。古茶树资源集中于牛角山，分布区域2hm²，为人工栽培型茶园，最大茶树直径40cm，树高6m，树龄逾200年。此外还发现丹寨县四方山山顶有近百年的古茶树数棵

④ **剑河县：** 系雷公山中山地貌向湘桂丘陵过渡的斜坡台地，整个地势自西南向东北倾斜，以低山、低中山为主，最高海拔1623.3m。剑河县野生茶叶全县13个乡镇（街道）200余个村寨均有分布，多数以在田边地角栽种和野生采集为主。

⑤ **台江县：** 位于云贵高原东部苗岭主峰雷公山北麓，境内地形地貌奇特，高山、盆地、河谷错落有致，相辅相存，最高海拔1980m。该县茶产业发展和茶文化历史悠久。

图 3-7 台江县交密古茶树（摄于 2018 年）

据《台江县志》和《台江县供销合作社志》记载，台江县清道光年间交密大巫背（地名）试种茶树约1000余株，后扩展到养开黑山（地名）顶（图3-7）。清道光二十八年（1848年）南宫乡交密石灰河大槽沟（地名）自采自播茶种，面积不断发展，方园八公里11个谷地均有茶林。现台江交密大巫背和交密石灰河大槽沟及养开黑山等村寨的山区森林地中仍存有众多树径15~25cm、高12~15m、茶树幅度6~10m不等的古茶树。这些古茶树的主要特点为：生长茂盛，抗逆性强，茶青1芽3~4叶的嫩叶多为青紫或紫红色。

三、北部古茶区

黔东南州北部古茶区介于东经107°35′~109°03′，北纬26°43′~27°32′。年平均气温14~17.1℃，年平均日照994~1197h，降水量1060~1307.9mm，土壤为黄壤、红壤、黄红壤、红壤石类土、黄棕壤、石灰土、紫色土、水稻土、潮土等，土层深厚，机质和全氮含量较为丰富。处黔中丘陵向黔东低山丘陵过渡地带、黔东低山丘陵中部地带和云贵高原向湘西过渡的斜坡地带，境内山峦重叠，云台山、轿顶山、佛顶山终日云雾缭绕。已发现的古茶群（园）114.6hm²，100年以上古茶树5.9万株。

① **镇远县**：古茶树主要分布在都坪镇天印村和江古镇军坡村2处。都坪镇天印村属中亚热带季风湿润气候地区，境内平均气温16.6℃，平均湿度15.4℃，地形处于高原向丘陵过渡的二至三级梯面的过渡带上，平均海拔740m。优越的地里环境，所生产的"天印贡茶"早在唐代就已成为全国的名茶之一。至今都坪镇天印片区仍有树龄100年以上的古茶树2.5万株，其中在天印村一处向阳的斜坡上的黄泥火镰石地上，生长有1棵高5.6m，枝叶覆盖面积21m²，主干直径约0.6m，树龄上千年的古茶树（图3-8）。江古镇军坡村，原名军屯村，距镇远县城50km，清道光十八年（1838年）江古镇军坡村村口就立有石碑，碑文上写"盖闻朝廷教以栽培供其赋税民间禁桐茶畜木……不惧内外贫富老幼人等概不许偷窃桐茶……"，军坡古茶，因古时盛产并用作朝贡之用而得名，因为村民对茶树的护佑，军坡村至今仍有树龄100年以上的古茶树2.3万余株散布在山间。

图3-8 镇远县古茶树（摄于2018年）

② **岑巩县**：古名思州，盛产茶叶。思州茶名世极早，在初唐即已名传和产销于世。宋代茶专著《太平寰宇记》有"夷、思、播三州贡茶"之述。由此可见思州茶品质之优，成名之早。思州古茶的原产地在镇远县江古镇军坡村（镇远历史上属思州辖区），如今与

镇远县江古镇军坡村接壤的岑巩县注溪乡中寨村和岑巩县思旸镇岑丰村也有零星古茶树。

③ **施秉县**：古茶树主要分布马溪乡王家坪村，位于省级自然保护区佛顶山的山脚。相传，马溪佛顶山古树茶为明朝时期驻扎在马溪佛顶山的屯军种植，距今已有600多年，其矿物质含量高，茶叶品质极佳，被称为"长在云端上的茶中贵族"，曾为明清时期贡茶。明洪武二十一年（1388年），朝廷设立仓库收贮茶叶，当时上贡朝廷贡茶的5个布政司，这里是其中之一，仅次于浙江，名列第二。该村因原生态植被多样性保存完好，土壤有机质丰富，高海拔、日照足、云雾浓、湿度大，茶树生长环境良好，至今完整保留有连片成规模的古茶树群（园）26.66hm²，满山绿色的古茶树，从山脚铺到山腰，再铺到山顶。

④ **黄平县**：在佛教圣地——黔南第一洞天飞云崖等众多风景名胜区中，由于砂页岩风化形成的砂质黄壤众多，气候温和，常年云雾萦绕，生长着许多古茶树，且产茶历史悠久。明清时期，浪洞云雾山茶、旧州回龙寺茶、马场茶叶，曾作为贡品。上塘乡云居山古庙附近、重安江镇马场街周家山至今仍有古茶树生长。旧州回龙寺旧址上仍零星分布有树径约20cm的古茶树。

第四章　茶崛起篇

"问渠那得清如许？为有源头活水来。"黔东南州茶产业的崛起，得益于党和政府的指引、扶持和以联产承包经营责任制为主的一系列重大改革。

第一节　改革开放促发展

中共十一届三中全会以后，在农村推行以联产承包经营责任制为主的一系列重大改革给农村注入了强大的动力，极大地调动了农民种茶的积极性，推动了黔东南州茶产业的发展。

一、农村经济体制改革调动发展茶产业积极性

1979年以来，黔东南州委、州政府认真贯彻落实中央部署和贵州省委《关于加快贵州农业发展速度的意见》等一系列方针政策，奋力推进农业生产承包责任制的落实和完善，建立健全农业技术服务体系，促进了生产力解放，使广大农村在初步解决温饱问题后，也开始着力改变只抓粮食生产的单一发展模式，一些乡村，也开始因地制宜，种植茶叶，增加收入，从而全州农村茶产业得以起步，为黔东南州发展茶产业、改善群众民生、营造生态环境，建设生态环境，乃至脱贫致富奔小康，找到一条新的途径。为茶产业大县及示范区、茶产业重点乡镇（街道）及村、茶叶农民专业合作社和省、州级茶业重点龙头企业的出现创造了条件。

二、农业产业结构调整推动茶产业发展

1993年，黔东南州委、州政府提出调整和优化农村产业结构，大力发展高产优质高效农业。2000年，黔东南州委、州政府制发《关于我州调整农业生产结构的意见》。意见指出："我州是以种植业为主的州，要提高种植业的比较效益，就必须根据我州实际，在稳定粮食生产的前提下，积极发展多种经营，要在改良品种，提高质量上下功夫，建优质农产品基地。""要坚持兼顾生态农业建设和可持续发展的原则。在大力抓好常规农业生产的同时应兼顾抓好生态农业建设，积极实施好坡改梯工程，保护好耕地，25°以上的坡地逐步退耕还林、还草，使农业生产和保护生态环境进入良性循环的发展轨道，实行可持续发展战略。""2000年新建优质茶园和改造低产茶园3666.67hm²，其中黎平2000hm²，雷山533.33hm²，丹寨333.33hm²，岑巩266.66hm²，台江200hm²，黄平133.33hm²，镇远、锦屏、剑河各66.66hm²，力争到'十五'期末，优质茶叶基地达1.4万hm²以上。另外，在岑巩、台江等县开发地方特色苦丁茶生产基地66.67hm²，年加工优质

苦丁茶系列产品50t以上。"按照黔东南州委、州政府的部署,各产茶县均将茶产业作为农业产业结构调整的一项支柱产业来抓,并大力推广种植和发展。2002年,雷山县建立茶叶发展服务中心、果品发展服务中心、畜牧发展服务中心、山野菜发展服务中心。力争把雷山县茶产业种植规模、茶产品产量推向全州首位。黎平县经过对县情的重新剖析,决定依托比较优势,抢抓新一轮发展机遇,将发展生态茶产业作为全县经济结构战略性调整的重中之重,加紧打造以茶产业为主的有机农业大格局,推进县域经济跨越式发展。根据这一战略构想,县里提出了建设1.67万hm²"中国侗乡绿色生态茶海"的奋斗目标,制订了茶产业发展规划,出台了茶产业发展鼓励政策,成立了以县长为组长的茶产业发展领导小组,新设县茶产业发展局,各相关乡镇成立了相应机构。随着农业产业结构调整力度的加大,黔东南州已经老化的茶园得到更新改造,茶叶种植面积和茶叶产量得到快速增长。凯里、丹寨、黄平、镇远、岑巩、锦屏、黎平、榕江、雷山、台江10县(市)均不同程度地建成茶叶基地,为茶产业上规模、上档次奠定了基础。

三、退耕还茶工程加快"两山"(金山银山)建设步伐

2002年,国家明确退耕还林必须遵循的原则:坚持生态效益优先,兼顾农民吃饭、增收以及地方经济发展;坚持生态建设与生态保护并重,充分尊重农民的意愿。贵州省委、省政府提出"念好山字经、种好'摇钱树',打好特色牌,发展山上经济、林下经济,让生态美起来,百姓富起来"。根据国家和贵州省委、省政府的指示精神,结合全州的实际情况,黔东南州充分利用25°以上陡坡进行退耕还林、还草、还茶。2001年,黎平县苦李井被列为国家林业局退耕种茶科技示范点。2003年8月,丹寨县委、县政府在《关于加快茶叶产业化生产的决定》中明确指出:充分利用25°以上陡坡进行退耕还林(草)的有利条件,加快茶叶项目建设规划,坚持户为基础,区域开发,远期成片,逐步提高产品档次,建立茶叶品牌参与市场竞争,坚持每年新增茶园面积233.33hm²以上。是年,丹寨县新建茶园200hm²,其中种植无性系良种茶园124.67hm²,全县茶园规模累计达1300hm²。雷山县委、县政府以"扶强一个企业,叫响一个品牌,培育一个市场,形成一大产业"的发展思路,紧紧抓住国家实施退耕还林的政策机遇,实施退耕还茶,把茶叶绿色产业作为富民强县的支柱产业来抓。至2010年,全州已发展优质高效经果林13.76万hm²,其中优质茶叶基地1.2万hm²。是年,黔东南州委、州政府在黔东南州林业发展"十二五"规划中,作出了经济林地面积27.29万hm²的安排。其中在锦屏、台江、黎平、雷山、丹寨和麻江6县建设20000hm²生态茶园基地。

2002—2018年,黔东南州依托退耕还林政策,实施退耕还茶发展茶叶产业,把原本

粮食生产低而不稳的坡耕地变成郁郁葱葱的森林茶园，全州森林覆盖率增加到达67.67%。"茶区变景区、茶园变公园、茶山变金山"，黔东南州通过退耕还茶，谱写出生态建设、绿色发展的经典篇章。

四、茶叶产业扶贫工程助力茶产业迈上新台阶

1987年以来，全州各级党委、政府不断加大了扶贫工程力度，各产茶县（市）结合本地情况，抢抓机遇，狠抓落实。

岑巩县抢抓机遇，积极利用西部大开发和扶贫贷款资金发展茶叶生产。1992—1993年，利用西部大开发扶贫资金177万元引入福鼎大白茶种子发放给天马镇、天星乡、龙田镇的下岑、思旸镇的岑丰村、白岩坪林场等地种植；建成了茶叶加工厂8座。1997年，投入了40万元茶园管理资金加大对茶园的管理，茶叶种植面积达322hm²，干茶总产84t。1999年，岑巩县出台小额贷款扶持茶产业发展政策。2000—2001年用小额扶贫贷款建成农户茶园22hm²。其中天马镇细山村引进福云6号无系性茶苗，建成农户茶园6.67hm²；思旸镇岑丰村采取福鼎大白茶种子直播方式，建农户茶园10hm²；天星乡天星村、山岗村新建直播茶园，实际投产5.33hm²。

2008年，丹寨县境内的茶产业被列入全省"中央财政资金茶产业项目试点县"，中央财政直接扶持600万元，地方整合各项农项目资金2000多万元。2009年中央财政直接扶持1200万元。全县除种植福鼎大白外，还引进安吉白茶种植86.67hm²、金观音种植100hm²。2010年，国家林业局组织有关专家对黔湄809、福鼎大白现场验收，采收茶青37825.50kg，平均每亩产茶青250.5kg。其中：优质茶6175.90kg，平均每亩产40.90kg；大宗茶31649.60kg，平均每亩产209.60kg。销售收入31.40万元，实现利润10.83万元，并为基地附近农村剩余劳动力提供劳务费20.57万元。

雷山县将茶叶作为主导产业，除了挤出县级财政的有限资金以外，还积极争取国家、省、州有关部门的项目支持和银行部门的贷款扶持。2008年，雷山县被列为贵州省茶产业发展重点县，连续7年获扶持资金共10875万元。至2015年从县级财政，银行和上级各项专款用于茶叶生产基地建设、茶叶产品加工企业建设以及茶叶产品营销市场建设等茶叶产业发展资金达14169.9万元。其中，1988—1996年扶贫和技改贷款投入552.8万元，2006—2015年投入茶产业的资金就达13617.1万元。

1987年以来，黎平县政府捆绑涉农资金（扶贫资金，农办的坡改梯资金，小水窖工程资金，退耕还林资金，土地整治、坡改梯资金，茶叶发展专项资金）、政府发展资金和社会扶贫资金，扶持茶产业发展。至2011年，25个乡镇不同规模地增种了部分茶叶，全

县新建了高标准无性系茶园 0.9 万 hm^2，产干茶 4300t，产值为 2.6 亿元，为山区 4 万户 20 万人受益，助农增收 1.5 亿元以上，茶产业成为黎平县及毗邻周边县群众增收的富民产业。自此，黎平县茶产业发展步入了快车道。

第二节　茶产业大县与示范区

黔东南州在现代茶产业发展的历程中，不少县（市）茶产业的发展已从过去的茶产业资源大县发展到茶产业强县。至 2018 年，黎平县茶园面积发展到 10181 hm^2，茶园采摘面积 8753 hm^2，产干茶 7600t；雷山县茶园面积发展到 10147 hm^2，茶园采摘面积 6687 hm^2，产干茶 3905t；丹寨县茶园面积发展到 3422 hm^2，茶园采摘面积 2612 hm^2，产干茶 2008t。黎平、雷山、丹寨 3 县已名副其实地成为黔东南州茶产业强县。

一、黎平县发展概述

中国名茶之乡——黎平，位于黔东南州南部，湘、黔、桂 3 地边陲之交，是贵州茶园较集中连片的产茶大县之一。境内山清水秀、松杉苍翠，绿树成荫，植被深厚，森林覆盖率 72.73%，生态植被良好，具有冬无严寒、夏无酷暑、雨热同季、多云雾、少日照、昼夜温差大等气候特征。是茶树的最佳繁衍之地，茶树原生广布，至今仍保存有近 1875 hm^2 的野生古茶树（德化老山界、德顺太平山、地坪弄相山等地），多为中小叶种，单丛生长，品质优良，是建设原生态、高品质、有机茶园的最适宜区之一。

黎平县茶叶生产历史悠久。新中国成立后，黎平县茶叶生产步入了新的历史时期。1955—2018 年，大体经历了稳定发展、较快发展、快速发展 3 个阶段。

（一）稳定发展阶段（1955—1999 年）

此阶段，全县加强茶园管理，大力开展茶叶生产示范带动，茶叶种植面积、茶叶生产基地建设、干茶生产加工和茶叶新产品的开发均得到发展。

20 世纪 50 年代末至 80 年代，全县认真贯彻落实国家从资金和技术上积极扶持茶叶生产政策，狠抓茶叶生产的示范带动。

自 1955 年起，黎平县政府都把茶叶的生产和经营列入中心任务，开办茶叶生产点，建立茶叶专业户、互助组、生产合作社、国营茶叶示范场（队），供应茶农口粮，无偿支援种子苗木，发放预定资金、茶园更新改造资金、专项化肥，并建成茶叶生产基地，促进了茶叶的恢复和发展。1958 年，产干茶 0.5t，1959 年增加到 3t，1961 年又增加到 4.57t。1962—1976 年干茶产量在 0.15~5.57t。1976 年，黎平县组织全县民兵团（区为营、公社为连、大队为排、生产队为班）共4300余人，汇集高屯，开垦荒山，大种茶叶，历时18个月，建成了以高屯桂花台为中心，包括苦李井、六寨、新屯所、黄土田、少寨、汉寨、乌鸦、古顿、洪家庄、陆寨、绞变、狗扒岩等地在内的"八一茶场"，茶园面积450hm²。此后，德凤民胜的包仰坪、马家坟、罗寨兰花岭、黎明小学兰家屋地、黎平寨干田坳、中潮潘老的长岭、坐湾，顺化的几南坡、敖市的慢坡、毛贡的登千、岩洞的高棉、水口的三角塘、大稼的岑趸等地也开始小规模的进行茶园建设。1979年，茶叶种植面积发展到567.27hm²。1980年，茶叶产量突破100t，达131t，其中绿茶128.45t、其他茶2.55t。1985年，黎平县"古钱茶"因叶质好，工艺独特，具有色翠，滋味鲜，香高持久，汤色清明，叶底匀亮等特点，远销北京等地。黎平县桂花台茶场以LTP锤切工艺及转子机工艺生产的红碎茶（以"三套样"精制）通过广州白沙口岸，一度出口东南亚，创外汇50余万美元。1986年，茶叶产量突破500t，达820t，产值为82.8万元，税利19万元。其中桂花台茶场215t，产值72.7万元，税利17万元，出口创汇71424美元。1988年，桂花台高屯已形成茶叶商品生产基地，研制出了"古钱茶"、"龙须白"、乌龙茶、名优绿茶、亮江新翠、凤泉茶、金银花茶、银杏保健茶等。金银花茶荣获广州、上海等国内、国际食品博览会金奖，贵州地方名优茶奖，产品畅销两湖、两广、北京、上海、浙江、江苏、山东等地。此外，桂花台茶场受广西三江县及本省从江县的邀请，选派技术人员到广西阳溪，从江加鸠宰便等地，指导当地的茶叶生产。是年，"黎平古钱茶"荣获"贵州省地方名茶"称号。是年，黎平县土产公司，先后拨给各茶场预购定金1.5万元，县供销合作社和县土产公司支援扶持黎平县桂花台茶场资金7万元。黎平县桂花台茶场已建成第一个集中连片免耕密植速成高产、具有先进水平的茶园。

20世纪90年代，进一步加大了茶叶生产的扶持，茶叶种植面积、干茶生产与加工都得到了发展。

1991年，黎平县水口区供销合作社拨出资金3.7万元有偿扶持该区安民茶场，使茶场产量得到了提高，区社收干茶57.43t，金额近10万元，仅茶叶一项就占农产品收购总额的57.7%；德凤镇供销合作社拿出化肥等物资折款1.1万元，扶持茶叶生产，收干茶9.635t。是年，全县共收干茶608.75t，"黎平古钱茶"荣获"贵州省地方名茶"称号。1992—1998年，黎平县供销合作社从4个方面扶持茶叶生产：提供技术帮助；有偿出资480万元，支持全县乡镇、村组、点大力发展茶园；供销合作社回收茶产品；组织茶叶种子及肥料的供给，在德凤（杨梅井、黎明寨、黎平所、龙坪、罗寨、汪家庄）、中潮（坐弯、仙山、潘老的二望坡、长岭、佳所的枫树湾、廖湾的西冲）、永从（望城坡、顿洞坡、顺化的几南坡）、顺洞（岑穴）、敖市（慢坡、天堂、坝寨西牛坡）、九潮（四象坡、王头破、营盘坡）、茅贡（登千）、水口（安民、棉花地）、龙额（唐面）、罗里（墨门山）、梦彦（岑湖便比）、岩洞（新洞）、大稼（岑嶐）等地进行小区域开发。至1998年底，累计投入资金1284.6余万元，建成"密植免耕，速成高产"的茶园570hm²。其间，黎平县桂花台茶厂1992年总产值达152万元，比上年增长27%，生产的683.55t烘青茶全部调黔东南州土产公司对外销售。黎平县供销合作社在承办的茶叶生产项目中，从县土产茶叶公司、基层社抽出18人进行2次培训后，负责项目实施过程的指导监督，当年供应化肥258.55t，茶种130t，完成投资134.5万元（总投资379.3万元），完成茶园381hm²，新辟茶园的择地、炼山、整地和下种，超茶叶生产项目45hm²。黎平县供销合作社已投产的8个茶厂开展产前、产中、产后系列服务，德凤、中潮、岩洞、水口、尚重基层社和县土产茶叶公司均派1~2名技术人员驻场指导，并给予产前所需的资金、物资支持，协助解决生产中的具体困难和问题。据统计，全年无偿借给茶厂资金达8.6万元，化肥、农药、机械配件、工具折款1.13万元。1995年，黎平县抓住国家实施天然林资源保护工程、退耕还林工程的机遇推进茶产业的发展，茶叶种植面积达突破1000hm²，达1337hm²，采摘面积522hm²，茶叶产量突破1000t，达1559t，其中红茶8t、绿毛茶406t、其他茶1145t。"黎平古钱茶"荣获"贵州省地方名茶"称号。1999年，黎平县成立了由县委一名副书记、副县长担任正副组长，供销合作社、农办、扶贫办、林业、农业、财政等部门为成员单位的领导小组，制定了"十五"期间全县茶叶种植面积发展目标，重点发展优良品种，项目建设资金等。是年，黎平县茶叶种植面积796hm²，采摘面积575hm²。是年，黎平县中潮供销合作社仅用60天就建成了33.33hm²高标准福鼎大白茶叶基地。

（二）较快发展阶段（2000—2009年）

此阶段，全县大力投资兴办茶叶基地建设，茶叶加工，茶叶种植面积、采摘面积、干茶产量和茶叶新产品开发都得到较快发展。

2001年，孟彦供销合作社建成6.67hm²福鼎大白茶叶基地。是年7月，黎平县桂花台茶厂生产的黎平"侗乡春"雀舌茶和黎平"侗乡春"银针茶，在"中茶杯"全国名优茶评比中，分别荣获"优质奖"和"特等奖"。是年，黎平县供销合作社在中国农业科学院茶叶研究所的帮助和指导下，按照新茶叶苗圃建设规范和技术要求，与福建省福安市花木果苗场联合投资50万元，在黎平德凤镇罗团村建成一个2.3hm²无性扦插优良茶叶苗圃基地，解决了苗木因运输时间长，成活率偏低等问题。从2001年起，黎平县每年选派2~3名技术人员到杭州茶叶研究科所学习深造，先后培训出具有农艺师、助理农艺师管理水平人员10人，茶叶加工技术人员600余人。茶叶技术人员经劳动部门考试，获劳动和社会保障部认可的茶叶专业技术人员职业资格证书。2002年，黎平县供销合作社成立了黎平县供销合作社名优茶开发生产经营部，是年12月成立贵州省黎平县侗乡春茶业有限公司。是年，黎平县洪州供销合作社以抓好山区农村坡改梯项目为基础，发展国家级优良品种龙井43茶园6.67hm²，经黎平县坡改梯检查验收领导小组，按照项目技术规范要求进行逐项检查，被评为优良工程。2003年，黎平县中潮供销合作社茶叶基地全面投产，实现销售收入16.56万元，利润3.32万元。是年，孟彦供销合作社新建2.3hm²龙井43优质茶叶基地。茅贡供销合作社在横跨约100km到洪州镇租赁荒山15.33hm²，新建优质龙井43茶叶基地。至此，全县9个基层社已有7个建成具有一定规模和发展潜力的茶叶基地366.67hm²。是年，生产各类名、特、优、大宗茶产品共913t，其中"侗乡春"雀舌茶1t、机制龙井茶0.1t、"侗乡春"扁形茶1.5t、独芽茶5.4t、其他茶905t。2004年，黎平县在杭州茶叶研究科所的指导下，采摘龙井43茶叶加工扁形"侗乡春"雀舌茶，连续4年荣获中国茶叶学会举办的"中茶杯"两届特等奖、一届一等奖、一届金奖和中国宁波国际茶叶博览会荣获"中绿杯"中国名优绿茶金奖。2005年，黎平县新发展优质茶园138hm²，其中德凤镇矮枧村13.33hm²，德凤莆洞村13.33hm²，花坡林场13.33hm²，中潮镇平坝村10hm²，二望村16.67hm²，长春村6.67hm²，高屯镇八舟十二湾20hm²，秧篮村13.33hm²，敖市镇新寨屯6.67hm²，水口镇几律村6.67hm²，雷洞牙双村13.33hm²，尚重镇美德村4.67hm²。产各类干茶已上升到432.3t，其中"侗乡春"雀舌茶2.8t、芽荣0.865t、青茶16.737t。2006年，黎平县桂花台茶厂已发展667hm²，茶农1500余人，管理人员32人，年产干茶500t，产值380余万元。2007年，黎平县"侗乡春"牌雀舌茶在中国茶叶学会"中茶杯"全国名优茶评比中获金奖。2008年，茶叶种植面积突破2000hm²，达2073hm²。2009年，茶叶加工企业8家，其中省级龙头企业1家、州级龙头企业4家，产干茶1858t，产值1.3亿元，涉茶农户1.8万户，受益12万人，帮助农民增收8000万元。开发了雀舌茶、翠针茶、毛尖、香茶、白茶等10多个知名茶叶品牌。是年，贵州省茶叶协会年会在黎平县召开。

（三）快速发展阶段（2010—2018年）

此阶段，全县对茶叶生产进行标准化管理，茶叶品质逐年提升，种植面积与茶叶加工能力快速增长。茶叶加工能力与工艺、茶叶产品的销售与推介等都有了新的突破。

2010年，茶叶种植面积突破3000hm²，达3672hm²；茶产量突破2000t，达2708t。是年荣获"全国重点产茶县""中国名茶之乡"称号。2011年，黎平县高屯镇荣获"贵州最美茶乡"称号，"侗乡福"牌雀舌在中国（上海）国际茶业博览会上荣获银奖。2012年，茶园无性系栽培占种植面积的92%，茶叶种植覆盖全县24个乡镇，134个村，217个点。是年，茶叶产量突破3000t，达3201t。是年，黎平县桂花台"古钱茶"获第九届国际名茶评比（世界茶联合会主办）金奖；侗乡媛的"侗乡雀舌茶"荣获中国（上海）国际茶业博览会"中国名茶"银奖；黎平县荣获"全国重点产茶县""全国十大生态产茶县"称号。2013年，茶叶种植面积突破6000hm²，达6691hm²；茶叶产量突破4000t，达4228t。是年"天生桥"牌黎平古钱茶获"中国名茶"评比金奖，"森绿"牌白茶、"森绿"牌雀舌茶、"黔东"牌侗乡雀舌茶、"黔贵源森"牌黎平雀舌茶分别荣获"中茶杯"一等奖，黎平县荣获"中国茶叶产业发展示范县"称号。2014年，全县拥有茶叶加工厂（点）580多个，注册有茶企业（茶叶合作社）155家，其中省级龙头企业5家，州级龙头企业16家。是年，黎平县荣获"中国西部最美茶乡"称号。是年，全县无性系茶园占茶叶种植面积的96%。2015年，黎平县茶叶产量突破5000t，达5117t。全县拥有注册茶企业（茶叶合作社）170家，其中新增省级龙头企业2家，发展到7家，州级龙头企业19家，茶叶合作社59家。标准化清洁加工厂10家，年生产干茶能力1000t以上。全县茶叶企业生产销售效果明显，其中黎平雀舌茶业有限公司销售400t，产值3500万元；黎平县侗乡春茶业有限公司销售500t，产值3800万元；黎平县侗乡媛茶厂销售380t，产值2800万元；黎平县森绿对外贸易茶业有限公司销售350t，产值3600万元；桂花台茶厂销售1000t，产值5500万元；黎平侗乡天籁茶业有限责任公司销售280t，产值2400万元；黎平县侗乡福生态茶业有限公司销售500t，产值4000万元。是年，县茶叶局、县环保局、县科协、县茶协等部门成立茶叶清洁化检查专项工作小组，加大加工厂环保、清洁化加工检查力度，生产期内月抽检10家，非生产期月抽检3家。同时开展了黎平县生态茶园丰产管理及绿色防控技术培训、黎平县生态茶园丰产管理及绿色防控技术培训，培训500人次。是年，黎平县被授予"全国重点产茶县"称号。2016年，茶叶产量突破6000t，达6134t，其中红茶224t、绿茶4272t、其他茶1638t。是年，全县注册有茶企业（茶叶合作社）230家，其中省级龙头企业9家，州级龙头企业18家，茶叶合作社83家。全县茶叶加工厂（点）650多个，标准化清洁加工厂10家。主要由企业与合作社加工，农户参与生产的方式组织生产。机械化加工已经普及，采摘方式以手工采摘为90%以上。全县茶叶企业生产稳步推进，其中黎平雀舌茶业有限公司生产400t，产值350万元；黎平县侗乡春茶业有限公司生产500t，产值3800万元；黎平县侗乡媛茶厂生产380t，产值2800万元；黎平县森绿对外贸易茶业有限公司生产350t，产值3600万元；桂花台茶厂生产1000t，产值5500万元；黎平侗乡天籁茶业有限责任公司生产280t，产值2400万元；黎平县侗乡福生态茶业有限公司生产500t，产值4000万元，全县茶叶销售效果明显。茶叶产品主销往北京、上海、湖南、广东、浙江、青岛和贵阳等10多个地区，其销售形式主要以批发、零售店为主，电商为辅。全年销售额约为4.8亿元，其中春茶总产量1200t，销售额达2.9亿元；夏秋茶产量9000余t，销售额达1.9亿。黎平雀舌茶销售额5200余万元，黎平白茶销售额7800万元，黎平扁形茶销售额11000万元，黎平红茶销售额6700万元，黎平香绿茶销售额7800万元，其他茶（边茶、株茶等）销售额约为9500万元。是年，中国茶叶流通协会授予黎平茶叶综合交易市场"中国·侗乡茶叶城"称号。是年，第五届茶业经济年会上，贵州省政协领导代表中国茶叶流通协会为黎平茶叶综合交易市场授牌，黎平县委书记王茂才代表黎平县接牌。2017年，茶园获有机茶园认证75.5hm²，茶叶产量突破7000t，达7502t，其中红茶459t、绿茶5355t、其他茶1688t。是年，新增茶叶企业25家（其中茶叶合作社13家），累计注册有茶企业266家（茶叶合作社96家），其中省级龙头企业9家，新增州级龙头企业1家，达19家，全县茶叶加工厂（点）650余个，标准化清洁加工厂13家。是年，引进盾安集团（全国500强）和联合利华集团（世界500强），为夏秋茶的开发利用，延长茶产业链迈出了坚实的步伐。是年，侗乡观音茶在"都匀毛尖·贵台红杯"首届贵州古茶树斗茶大赛荣获古树红茶金奖，"侗韵红"牌红茶荣获"黔茶杯"评比一等奖，"高岩红茶"荣获"黔茶杯"评比二等奖。2018年，黎平县无公害认证茶园新增1000hm²，茶叶种植面积突破10000hm²，达10181hm²。新增茶叶企业28家（其中合作社18家），累计注册有茶企业294家（茶叶合作社114家），其中省级龙头企业11家，州级龙头企业17家，全县茶叶加工厂（点）660余个，标准化清洁加工厂26家。是年11月，中国·侗乡茶叶城已完成茶叶交易市场、茶叶商铺、茶博广场、茶文化街、百村集市产品区、茶城核心主体9号楼的建设，63家茶叶企业入驻中国侗乡茶城。是年，黔东南州制订《黎平红 红茶》地方标准（DB5226/T210—2018），标准《黎平红 红茶》经黔东南州质量技术监督局审核并发布公告。是年，黎平县荣获"2018中国茶业百强县"称号。

黎平县1949—2018年茶叶生产情况见表4-1。

表4-1　黎平县茶叶生产情况一览表（1949—2018年）

年份	茶叶种植面积 /hm²	茶叶采摘面积 /hm²	茶叶产量 /t	其中 /t		
				红茶	绿茶	其他茶
1949	—	—	—	—	—	—
1950	—	—	—	—	—	—
1951	—	—	—	—	—	—
1952	—	—	—	—	—	—
1953	—	—	—	—	—	—
1954	—	—	—	—	—	—
1955	—	—	—	—	—	—
1956	—	—	—	—	—	—

续表

年份	茶叶种植面积/hm²	茶叶采摘面积/hm²	茶叶产量/t	其中 /t		
				红茶	绿茶	其他茶
1957	—	—	—	—	—	—
1958	—	—	0.50	—	—	0.50
1959	—	—	3.00	—	—	3.00
1960	—	—	4.57	—	4.00	0.57
1961	—	—	0.55	—	0.55	—
1962	—	—	3.10	—	2.00	1.10
1963	—	—	2.65	—	—	2.65
1964	—	—	3.75	—	—	3.75
1965	—	—	2.90	—	—	2.90
1966	—	—	3.25	—	—	3.25
1967	—	—	0.15	—	—	0.15
1968	—	—	0.15	—	—	0.15
1969	—	—	—	—	—	—
1970	—	—	0.25	—	—	0.25
1971	—	—	1.10	—	—	1.10
1972	—	—	2.00	—	—	2.00
1973	—	—	4.85	—	—	4.85
1974	—	—	2.75	—	—	2.75
1975	—	—	3.40	—	—	3.40
1976	—	—	5.75	—	—	5.75
1977	—	—	4.75	—	—	4.75
1978	—	—	27.15	—	—	27.15
1979	567.27	—	69.25	—	—	69.25
1980	281.00	—	131.00	—	128.45	2.55
1981	510.87	—	154.70	0.20	140.25	14.25
1982	533.93	—	217.35	2.10	201.15	14.10
1983	462.87	—	234.95	8.25	165.75	60.95
1984	375.47	233.12	262.40	—	214.55	47.85
1985	180.20	—	133.80	—	104.20	29.60
1986	—	—	820.00	—	300.00	520.00
1987	178.80	134.67	262.00	7.00	200.00	55.00
1988	360.00	—	433.00	—	390.00	43.00

第四章 茶崛起篇

069

年份	茶叶种植面积 /hm²	茶叶采摘面积 /hm²	茶叶产量 /t	其中 /t		
				红茶	绿茶	其他茶
1989	353.34	253.34	477.00	1.00	441.00	35.00
1990	—	—	373.00	—	197.00	176.00
1991	360.00	313.34	548.75	242.20	—	306.55
1992	—	—	517.50	—	517.50	—
1993	467.00	364.00	509.00	67.00	272.00	170.00
1994	616.00	434.00	705.00	166.00	167.00	372.00
1995	1337.00	522.00	1559.00	8.00	406.00	1145.00
1996	818.00	604.00	1384.00	—	556.00	828.00
1997	911.00	691.00	871.00	54.00	456.00	361.00
1998	798.00	573.00	1026.00	22.00	471.00	533.00
1999	796.00	575.00	1387.00	32.00	537.00	818.00
2000	1024.00	690.00	1163.00	—	513.00	650.00
2001	1076.00	706.00	1231.00	—	741.00	490.00
2002	1122.00	713.00	638.00	—	441.00	197.00
2003	1138.00	724.00	913.00	8.00	471.00	434.00
2004	1141.00	823.00	1002.00	—	565.00	437.00
2005	1241.00	840.00	1468.00	—	1138.00	330.00
2006	1515.00	856.00	1772.00	—	1429.00	343.00
2007	1717.00	799.00	1858.00	—	1344.00	508.00
2008	2073.00	1184.00	1889.00	—	1377.00	512.00
2009	2821.00	1383.00	1858.00	—	1475.00	383.00
2010	3672.00	1673.00	2708.00	—	2300.00	408.00
2011	3689.00	2069.00	2776.00	—	2366.00	410.00
2012	3695.00	2811.00	3201.00	—	2871.00	330.00
2013	6691.00	4299.00	4228.00	354.00	3664.00	210.00
2014	6911.00	4694.00	4497.00	37.00	3568.00	892.00
2015	8310.00	5440.00	5117.00	41.00	4076.00	1001.00
2016	8968.00	5954.00	6134.00	224.00	4272.00	1638.00
2017	9974.00	8415.00	7502.00	459.00	5355.00	1688.00
2018	10181.00	8753.00	7600.00	420.00	5380.00	1800.00

注：1. 2016—2017 年数据为黔东南州统计局和依据第五次全国农业普查数进行修订的数据；

2. 2018 年剔除了非茶类茶（苦丁茶、青钱柳）数据；

3. 数据来源于历年黔东南州统计年鉴。

二、雷山县发展概述

雷山县位于黔东南州西南部的雷公山，雷公山山脉最高海拔2178.8m，最低海拔474m，纵横200km，是清水江、都柳江流域的主要发源地。森林覆盖率达90%以上。

雷山县以亚热带季风湿润气候为主，又具云贵高原高山森林气候特征，县境内月平均气温＞10℃，年平均气温12~15℃，年际气温变化不大，四季分明，气候温和，冬无严寒，夏无酷暑，昼夜温差大。雷山县土壤均属微酸性砂质黄壤，土壤酸碱度pH值4.5~5.5，地表层矿产资源极少，土层肥沃，土层有机含量较高，土层为黑泥、黄泥、风化石团粒结构。土层深厚，质地疏松，自然肥力高，常年云雾缭绕。

上述条件十分有利于茶树生长发育和氨基酸、咖啡碱等营养元素的合成与积累。特定的自然环境造就出雷山茶叶的独特品质，主要体现在：茶叶肥硕柔软、色泽光润、碧绿，栗香浓醇，耐于冲泡；内含茶多酚、儿茶素以及微量元素硒、铁等多种营养成分，其中含硒量高达2.00~2.02μg/g，是一般茶叶平均含硒量的15倍。赢得了"高山出好茶"的美誉。

雷山县茶叶种植历史悠久。据史料记载，雷山县早在清代，县内乔兑、桃江、达地大坪山等地已有人种植茶叶，品茶的习俗，距今已有300余年的历史。目前，在雷公山北麓方祥乡毛坪、雷公坪等地发现有上千年的野生古茶树。

新中国成立后，雷山县茶叶生产得到了国家从资金和技术上的大力扶持，县茶叶生产步入新的历史时期。1955—2018年，雷山县茶叶大体经历了平稳发展、较快发展、快速发展3个阶段。

（一）平稳发展阶段（1955—1999年）

此阶段，全县加强茶园管理，大力开展茶叶生产示范带动，茶叶种植面积、茶叶生产基地建设、干茶生产加工和茶叶新产品的开发得到发展。

1955年，贵州省对外贸易局、省茶叶公司派员到雷山县指导茶叶生产，当年产干茶3.55t。1958年，雷山县通过开办茶叶生产点，搞试验示范，建立茶叶专业户，建互助组、生产合作社、国营茶叶示范场（队），以及采用供应茶农口粮，无偿支持种子苗木，发放预定资金、茶园更新改造资金、专项化肥等，大力推进茶叶生产基地建设。全县茶叶种植面积得到恢复和发展。1965年，产干茶4.85t，其中红茶0.1t、绿茶1.4t、其他茶3.35t。1972—1974年，雷山县相继建成了脚散、公统、大坪山、大坪子、三角田等茶场，面积达266.67hm²。1974年州拨专项资金在雷山县望丰、三角田、公统等地办茶场10个，开垦荒山秃坡种茶140hm²，为"银球茶基地"奠定了基础。1976年，茶叶种植面积362.33hm²。1982年，雷山县对恢复茶园茶场采取办示范场、组织专业队伍承包、专人承包、包干到户的办法，茶园茶场得到恢复和发展。至1983年底，将20世纪70年代建立的45个茶场全部垦复。从1983年起，雷山饮料厂，利用雷公山产的茶叶制作"银球茶""天麻茶""云雾翠绿茶"等系列产品。所产茶产品内含物丰富，叶片肥厚，以"香气持久，滋味鲜浓，回味生津，味道纯正，利于冲泡"等特点而出名。雷山茶据中国农科院茶叶研究所检测，茶叶的氨基酸、儿茶素、茶多酚等化学成分，比之杭州龙井茶略高。1984—1985年，雷山饮料厂生产的"银球茶""天麻茶""云雾翠绿茶"等系列产品先后荣获贵州省"优质产品"奖和省轻工系统"优秀产品"奖。"银球茶"载入世界名牌产品中国分册系列丛书。1986年，雷山县明确全县茶叶由县供销合作社主管。1987年，县供销合作社配备27名职工主抓茶叶生产，与68户、27个茶场签订了承包合同，垦复茶园300hm²，建立9个茶叶初制加工点，购进加工机械45台，开展"珍珠茶""云雾茶"加工。是年，全县茶叶种植面积达323.60hm²。1988年，雷山县茶叶公司一是承包了2个年年亏损的茶园，发展了1个新茶叶生产基地，共计41.6hm²。二是承包茶园已扭亏为盈，当年产各类茶叶18t，产值7万元，比上年增长1.5倍。三是支持杨家坟茶场，高山茶场垦复10hm²，新发展茶园3.33hm²。是年，全县建设成密植免耕新茶园面积13.33hm²。是年雷山县茶叶公司（县民族茶厂）生产的"群峰"牌特级云雾翠绿茶，被评为贵州省和黔东南州"名优产品"。1989年，雷山县新建茶园面积176hm²。1990年，雷山县供销合作社配备和聘请106名技术骨干，采取租赁承包经营方式，组织农民垦复荒芜茶园300hm²，新建茶园66.67hm²。发展茶叶生产的贷款，本金由农户以茶叶收入分期归还，利息由县供销合作社负担，并无偿给茶农提供技术服务和培训。是年，采摘面积突破400hm²，达480hm²。公司生产的"群峰"牌特级云雾翠绿茶被评为省、州名优产品，荣获国家"四部一局"颁发的"天马杯"银奖，云雾绿茶系列产品被评为国家科委"星火计划"银奖。1992年，雷山县民族茶厂实现税利17.84万元。1993年，雷山县茶叶公司申报的"黄芽茶"研制项目，被省经委列入省级重点开发项目，并拨出开发资金1万元。1994年，茶叶种植面积达突破1000hm²，达1113hm²；采摘面积突破500hm²，达665hm²。1996年，茶叶种植面积突破2000hm²，达2192hm²。1997年7月，雷山县首次制定了该县茶叶商品生产的发展规划、实现规划的战略方针及目标。

（二）较快发展阶段（2000—2009年）

此阶段，全县大力投资兴办茶叶基地建设，无性系良种茶园比例提高，茶叶加工、茶叶种植面积、采摘面积和干茶产量得到较快发展。

2000—2005年，茶叶种植面积在533~792hm²，茶叶采摘面积在110~454hm²，产干茶在23~60t。2006年，雷山县争取国家茶叶专项资金6930万元，县政府每年投入茶产业发展资金500万元，年整合项目资金4000万元以上，用于发展茶产业，加大对茶园基地建设的投入，茶园面积迅速扩大。是年，茶叶种植面积突破900hm^2，达922hm^2，茶叶产量突破100t，达103t。2007年，茶叶种植面积达1285hm^2。2009年，雷山县政府出资25万元购买"雷公山"注册商标作为县内公共品牌，由雷山县茶叶协会管理与使用。是年，茶叶种植面积突破2000hm^2，达2707hm^2；茶叶产量突破200t，达214t。全县茶叶加工企业10家，获QS认证企业达10家，获州级龙头企业4家，茶叶年生产能力900t以上。

（三）快速发展阶段（2010—2018年）

此阶段，对茶叶生产进行标准化管理，茶叶品质逐年提升，种植面积与茶叶加工能力快速增长。

2010年，茶叶种植面积跃上4000hm^2；茶叶采摘面积突破1000hm^2，达1720hm^2；茶叶产产量突破700t，达756t。是年，通过茶园无公害认证达1000hm^2，有机茶认证达146.67hm^2。获QS认证企业11家，初级加工厂44家，全县年加工能力在900t以上。是年，投资100余万元完成了茶叶产品质量安全检测中心的建设。2011年，先后制定了《雷公山银球茶、清明茶产地环境技术》《雷公山清明茶鲜叶与加工技术规范》《雷公山银球茶、清明茶销售门店规范》等6个县级地方标准和《雷公山银球茶》省级地方标准，建成了茶叶产品质量安全检验检测中心。是年，雷山银球茶在中国（上海）国际茶业博览会荣获"中国名茶"特别金奖。2012年，茶叶种面积突破5000hm^2，达5200hm^2；茶叶采摘面积突破2000hm^2，达2813hm^2；茶叶产产量突破1000t，达1387t。2013年，茶叶种植面积突破6000hm^2，达6533hm^2；茶叶采摘面积突破3000hm^2，达3016hm^2。是年，建成了雷山茶城。是年，中国国际茶文化研究会授予雷山县为"中国茶文化之乡"，雷公山银球茶为"中华文化名茶"称号。2014年，完成了"地理标志产品·雷山银球茶标准体系"编制和修订，并经贵州省质监局颁布实施。同时，为有效保护雷山银球茶地理标志产品，县政府制定出台了《雷山银球茶地理标志产品保护管理办法》。是年，招引外资茶企6家，通过他们加工销售该县茶产品，出口德国、香港等市场，红茶出口香港市场43.7t，创汇210万美元，占全省茶叶出口的43%。雷公山茶城年实现利润收入70.35万元，西江景区涉茶行业年销售利润额超200万元以上。雷山银球茶荣获"中绿杯"金奖，2014年9月获国家地理标志产品保护。是年，茶园面积突破8000hm^2，达8180hm^2；采摘面积突破4000hm^2，达4600hm^2；茶叶产产量突破2000t，达2376t。2015年，实现红茶出口创汇500万美元。茶叶加工大小企业98家，其中，QS认证企业21家，省级龙头企业4家，州级龙头企业4家，州级示范性合作社1家，茶叶行业组织31个，家庭农（茶）场35个，加工厂房15550m^2，加工机具500余台（套），年加工能力3000t，从业人员1600余人。是年，

28家茶叶企业、4家农副产品店入驻雷公山茶城，支持与引导并通过他们的销售网络和电子商务平台，连接北京、上海、广州、贵阳等10多个地区茶叶销售市场，销售额突破3000万元。是年，动工建设的茶叶初级加工厂有10个、茶青交易市场4个，引导茶叶企业和初加工厂点与雷山县信用合作社、农行、邮政和贵阳银行等多家金融部门合作协调贷款资金3000多万元和38家茶叶企业贷款贴息。是年，成功争取雷山县2015年中央财政现代农业生产发展资金项目（茶产业）资金1000万元，其中30%的资金用于新建初级加工厂建设贴息。完成制订茶青收购指导价、增设全县茶青临时收购点12个，积极协调安排500万茶青收购流动资金发放给87家茶叶企业及茶叶初加工厂点，占全县加工厂点的90.6%。是年，完成《雷公山清明茶标准体系》编制，建成雷山县有机食品示范县，国家级出口茶叶质量安全示范区。是年，"雷山银球茶"荣获贵州首届春茶斗茶大赛绿茶类金奖茶王、百年世博中国名茶金奖，雷山县生态茶叶示范园区被列为全省32个高效农业产业示范园之一。2016年，雷山县无公害认证面积8437.5hm²，有机茶认证面积193.75hm²。茶叶种植面积突破10000hm²，达10800hm²；采摘面积突破5000hm²，达5667hm²；茶叶产量突破3000t，达3045t。是年，获QS认证企业21家，年加工能力已达3500t多。茶叶企业逐步壮大，其中省级龙头企业5家，州级龙头企业6家。茶叶市场逐步完善，主要市场有：北京、天津、上海、南京、贵阳、凯里、浙江、江苏、广州、新疆、山东、黑龙江和日本等地，雷山茶叶主要核心品牌是"雷公山"牌茶、"雷山银球茶""雷公山清明茶"。2017年，新建茶园基地41hm²，完成低产茶园改造面积817hm²，完成茶叶无公害产地认定1912hm²，有机茶园认证完成40hm²，有机茶叶面积达177hm²。是年，完成茶产品质量检验检测样品106个，投入茶产业基地病虫防治专项资金16.645万元，实施茶叶病虫害绿色防控面积达400hm²，有效地预防和控制茶小绿叶蝉、茶毛虫、成虫、黑刺粉虱、茶蚜和赤星病、茶饼病、炭疽病等病虫害发展率和危害率。全县注册茶叶企业发展到156家，其中具有加工能力达84家，电商23家，茶楼茶馆6家，专卖市场2个。获QS认证企业21家，省级龙头企业5家，州级龙头企业7家，州级示范社1家，获对外贸易经营资格2家，新建初级茶叶加工厂9家，初级加工厂达63家，茶叶检测机构2家，清洁化生产线15条，年生产能力达4000t。是年，积极组织茶叶企业外出参加茶博会和农交会，先后参加了湄潭、杭州、重庆、成都、太原、西安、西宁、贵阳等推荐活动8次，参与企业73家，完成现场交易额150万元。2018年，茶叶采摘面积达6687hm²。是年，完成了茶叶加工企业的布局，全县注册茶叶企业156家，获SC认证企业21家，省级龙头企业5家，州级龙头企业8家，有茶叶检测机构2家，清洁化生产线15条。年加工能力4000t以上。是年，制定完成了《雷公山银球茶标准体系》和《雷公山清明茶标准体系》等，并得到贵州省质量技术监督局的颁布实施。创建有机食品示范县工作和建立国家级标准示范区工作有条不紊地开展。

雷山县1949—2018年茶叶生产情况见表4-2。

表4-2　雷山县茶叶生产情况一览表（1949—2018年）

年份	茶叶种植面积 /hm²	茶叶采摘面积 /hm²	茶叶产量 /t	其中 /t		
				红茶	绿茶	其他茶
1949	—	—	—	—	—	—
1950	—	—	—	—	—	—
1951	—	—	—	—	—	—
1952	—	—	—	—	—	—
1953	—	—	—	—	—	—
1954	—	—	—	—	—	—
1955	—	—	3.55	—	—	3.55
1956	—	—	1.40	—	—	1.40
1957	—	—	1.85	—	—	1.85
1958	—	—	1.50	—	—	1.50
1959	—	—	2.60	—	—	2.60
1960	—	—	1.00	—	—	1.00
1961	—	—	0.85	—	—	0.85
1962	—	—	0.20	—	0.10	0.10
1963	—	—	3.25	—	—	—
1964	—	—	4.70	—	0.25	4.45
1965	—	—	4.85	0.10	1.40	3.35
1966	—	—	1.00	0.05	0.75	0.20
1967	—	—	0.90	—	—	0.90
1968	—	—	1.00	—	—	1.00
1969	—	—	0.05	—	—	0.05
1970	—	—	0.20	—	—	0.20
1971	—	—	6.75	—	—	6.75
1972	—	—	0.30	—	—	0.30
1973	—	—	2.90	—	—	2.90
1974	—	—	0.45	—	—	0.45
1975	—	—	0.35	—	—	0.35
1976	362.33	—	0.70	—	—	0.70

年份	茶叶种植面积/hm²	茶叶采摘面积/hm²	茶叶产量/t	其中/t		
				红茶	绿茶	其他茶
1977	596.47	—	0.70	—	—	0.70
1978	596.47	—	3.20	—	—	3.20
1979	504.87	—	6.40	—	—	6.40
1980	617.20	—	19.50	2.75	12.05	4.25
1981	588.93	—	7.95	0.45	3.15	4.35
1982	416.20	—	8.30	0.35	7.25	0.70
1983	234.60	—	6.10	—	5.40	0.70
1984	225.70	179.00	42.50	0.05	40.90	1.10
1985	274.27	—	41.70	3.00	38.00	0.70
1986	261.07	233.60	14.00	13.00	—	1.00
1987	323.60	260.67	15.00	13.00	—	2.00
1988	507.80	308.40	41.00	1.00	23.00	17.00
1989	562.00	274.00	49.00	—	43.00	6.00
1990	653.34	480.00	57.49	1.62	50.65	5.22
1991	766.67	533.34	92.56	1.13	90.69	0.74
1992	706.67	526.67	10.00	—	—	1.00
1993	875.00	596.00	95.02	0.08	94.44	0.50
1994	1113.00	665.00	92.00	—	92.00	—
1995	1108.00	655.00	89.00	3.00	64.00	22.00
1996	2192.00	660.00	89.00	1.00	44.00	44.00
1997	1200.00	1125.00	80.00	—	31.00	49.00
1998	1200.00	51.00	80.00	—	80.00	—
1999	690.00	430.00	38.00	—	38.00	—
2000	792.00	454.00	23.00	—	23.00	—
2001	568.00	357.00	30.00	—	30.00	—
2002	533.00	348.00	40.00	—	40.00	—
2003	569.00	167.00	44.00	—	44.00	—
2004	602.00	170.00	51.00	—	51.00	—
2005	613.00	110.00	60.00	—	60.00	—
2006	922.00	421.00	103.00	—	103.00	—
2007	1285.00	524.00	137.00	—	137.00	—
2008	1655.00	669.00	160.00	—	160.00	—

年份	茶叶种植面积/hm²	茶叶采摘面积/hm²	茶叶产量/t	其中/t		
				红茶	绿茶	其他茶
2009	2707.00	940.00	214.00	—	214.00	—
2010	4000.00	1720.00	756.00	—	756.00	—
2011	4200.00	2387.00	804.00	—	804.00	—
2012	5200.00	2813.00	1387.00	—	1387.00	—
2013	6533.00	3016.00	1602.00	11.00	1571.00	20.00
2014	8180.00	4600.00	2376.00	82.00	2294.00	—
2015	9552.00	4960.00	2829.00	114.00	2715.00	—
2016	10800.00	5667.00	3045.00	110.00	2935.00	—
2017	10800.00	5670.00	3087.00	112.00	2975.00	—
2018	10147.00	6687.00	3905.00	125.00	3780.00	—

注：1. 2016—2017年数据为黔东南州统计局和依据第五次全国农业普查数进行修订的数据；
　　2. 2018年剔除了非茶类茶（苦丁茶、青钱柳）数据；
　　3. 数据来源于历年黔东南州统计年鉴。

三、丹寨县发展概述

丹寨县位于黔东南州西部，地处长江、珠江水系清水江、都柳江流域上游分水岭，土地面积940km²，属亚热带季风湿润气候，年均气温14.9℃，冬无严寒，夏无酷暑，年降水量达1230mm，相对湿度83%，无霜期290d，年平均日照1321.65h，雨量充沛。森林覆盖率达70.68%，有"云上丹寨"的美誉，适宜茶叶生长。

据记载：民国时期丹寨县各地均有零星茶叶种植，多种于房前屋后和地边土坎。新中国成立后，丹寨县茶产业大致经历了稳定发展、较快发展、快速发展3个阶段。

（一）稳定发展阶段（1956—1999年）

此阶段，全县茶叶种植面积和干茶的产量得到增长。

20世纪50年代末至70年代，丹寨县开始集中连片发展茶叶基地，先后建成了金钟、烧茶、竹留和牛角山等农场，茶叶种植面积得到发展。茶叶种植面积在1.47~166hm²，茶叶产量在0.6~27.2t。期间，1965年国家投资扶持烧茶乡烧茶村种植3.33hm²。1969年全县茶叶面积达166hm²，产干茶25t。1979年茶叶种植面积117.27hm²，产干茶22.95t。

20世纪80年代，国家进一步加大茶叶生产的扶持力度。1980年，国家投资2.3万元支持龙泉区、加配公社，金钟公社高要大队、扬武公社五一大队等地建设茶园50hm²。是年，全县产干茶28.85t。1985年，面积较大而连片的有金钟农场茶园、加配公社牛角山茶场和龙泉区、中营茶场。

20世纪90年代，丹寨县抓住国家实施天然林资源保护工程、退耕还林工程等机遇，积极争取农业发展项目，大力发展茶叶。1992年和1994年分2期对已经老化的茶园进行更新改造和扩大种植规模。1993年，茶叶种植面积突破200hm²，达到205hm²；茶叶采摘面积突破100hm²，达到105hm²。1995年，茶叶采摘面积134hm²，产干茶47t。1999年，茶叶种植面积280hm²。

（二）较快发展阶段（2001—2009年）

此阶段，全县大力投资兴办茶叶基地建设，无性系良种茶园比例提高，茶叶加工基本上使用清洁化、机械化工艺，茶叶种植面积、采摘面积得到较快发展。

2001—2002年发展了种子直播茶园400hm²。2003年，丹寨县委、县政府印发了《关于加快茶叶产业化生产的决定》，要求：充分利用25°以上陡坡进行退耕还林（草）的有利条件，加快茶叶项目建设规划，坚持户为基础，区域开发，远期成片，逐步提高产品档次，建立茶叶品牌参与市场竞争。坚持每年新增茶园面积233.33hm²以上。是年，种植无性系良种茶园133.33hm²。2003年以后，丹寨县从政策措施和资金扶持上引导茶农和企业使用无性良种茶苗建茶园。全县无性系良种茶园面积逐年增加，茶叶无性系良种率达到90%。2005年，黔丹公司茶叶基地发展到116.7hm²，年产毛尖绿茶10t，普通绿茶400t，产值300万元。2006年，丹寨县委、县政府印发了《关于加快茶产业加工企业发展的意见》，对全县投资兴办茶叶加工企业给予大力扶持。是年，全县投入到茶叶基地建设中的资金1150余万元，茶叶种植面积突破1000hm²，达1104hm²。是年，丹寨县设立了"茶叶产业化办公室"专门机构。2007年，丹寨县被列为第一批10个实施中央财政现代农业生产发展资金项目（茶产业）县，贵州省第一批20个茶叶生产重点县。2008年，县境内的茶产业被列入全省"中央财政现代化农业生产发展资金项目（茶产业）试点县"后，中央财政直接扶持近600万元，地方整合各涉农项目资金2000多万元倾斜扶持茶产业。2008年以后，在中央财政现代农业生产发展资金项目（茶产业）资金、茶产业扶贫项目资金的扶持下，茶产业已成为继水稻之后的第二大农业产业。2009年，成立丹寨县茶产业中心，正科级事业单位，归口县农业局管理。是年，贵州省财政厅、省农业厅根据县境内上年项目实施情况，决定再分配给丹寨县2009年的中央财政资金1200万元用于发展茶产业。是年4月，丹寨县成立了振兴担保有限责任公司，按1∶8的比例为茶农申请3年期茶产业贷款资金8000万元，扶持茶产业大户发展生产，并进行贷款贴息，确保茶产业项目的实施。是年，全县累计发放茶叶行业贷款资金2700万元。

（三）快速发展阶段（2010—2018年）

此阶段，全县茶叶标准化示范区的深入推进，茶叶品质逐年提升，种植面积与茶叶加工能力稳步增长。

2010年，丹寨县委、县政府印发《关于茶叶产业发展政策的若干意见》，出台了一系列奖励措施和鼓励政策，大力鼓励农户、企业和县外资金投入茶叶产业项目建设，对建设成就突出者给予奖励，加快茶叶产业的发展。是年7月，国家林业局组织有关专家对引种黔湄809、福鼎大白进行现场验收，采收茶青37825kg，平均每亩产茶青250kg。其中：优质茶6175kg，平均每亩产40.9kg；大宗茶31649.6kg，平均每亩产209.6kg。销售收入31.4万元，实现利润10.83万元，并为基地附近农村剩余劳动力提供劳务费20.57万元。是年9月，丹寨县在县城召开茶产业工作会议，兑现2009年度茶叶产业项目奖励补助资金41万元，有2家茶叶品牌开发企业、4户种植大户和2家茶苗培育基地获得了奖励。是年，全县茶叶加工企业发展到7家，其中年制茶生产能力400t加工厂2家，精制茶年生产能力200t加工厂2家，名优加工厂3家。是年，"黔丹"牌苗岭御剑茶在"中国名茶"评选中荣获金奖；"添香园"牌硒峰翠绿茶荣获"中绿杯"中国名优绿茶评比银奖。2011年，茶叶种植面积突破2000hm^2，达2406hm^2；茶叶采摘面积突破1000hm^2，达1123hm^2；茶叶产量突破1000t，达1060t。是年，丹寨县被评为"全国重点产茶县"。2012年，丹寨县茶叶产业入围中央和省级财政现代农业（茶产业）生产发展项目资金支持重点县，获项目资金800万元。排佐茶叶基地获全省首个茶叶GAP认证，并通过有机转换认证。是年，完成新建茶叶基地面积720hm^2，其中：龙泉镇180hm^2、兴仁镇186.67hm^2、扬武乡46.67hm^2、南皋乡113.33hm^2、排调镇86.67hm^2、长青乡53.33hm^2、雅灰乡53.33hm^2。2013年，丹寨县完成新建茶园1334hm^2，主要分布在龙泉、兴仁等6个乡镇。是年，传福茶叶有限公司213.33hm^{2}茶叶基地通过杭州万泰认证有限公司GAP认证，获贵州省企业首张良好农业规范认证证书。是年，全县建设投资在200万元以上茶叶清洁标准化加工生产企业3家。是年6月，在贵州省农委、省旅游局主办的第二届"贵州最美茶乡"评选活动中，丹寨县兴仁镇获"贵州最美茶乡"称号。2014年，茶叶加工企业发展到35家，其中省级龙头企业2家，州级龙头企业2家，欧盟有机认证1家。建设投资上200万元以上茶叶清洁标准化加工生产企业3家。是年，丹寨县引进了青露农业综合开发有限公司，用夏秋茶加工黑茶主销湖南、北京等省份。是年，丹寨县完成州产业结构调整项目（排佐村"美丽乡村"新建茶园22.5hm^2），完成5个茶青交易市场建设（南皋乡湾寨村2个，兴仁镇排佐村2个，雅灰乡夺鸟村1个）。是年，丹寨县举办了"五一""九九"品茗活动，共接待品茗游客8.5万人次，促销茶叶350kg，销售金额14万元。2015年，丹寨县茶产业中心与县农产品质量安全检测站、县质检局、县工商局密切配合，对茶园引进的肥料、茶苗、农药等进行抽样检测，并将全县企业加工的茶产品、茶园土壤抽样送贵州省分析测试研究院进行农残、微量元素、重金属等指标的检测，未检出农残和重金属超标。是年，丹寨县在"五一"和国庆节期间，分别组织"相遇多彩贵州、相遇贵州茶乡"为主题的品茗活动，游客达10万人次，茶叶销售总额15.5万元。2016年，按照无公害食品和有机食品的标准完成新建茶园33.33hm²，低产茶园改造966.66hm²。全县拥有茶叶注册企业35家，其中：企业24家、茶叶专业合作社11家，省级龙头企业3家，州级龙头企业5家，欧盟有机认证企业1家。建设投资在200万元以上茶叶清洁标准化加工生产企业3家。是年，全县茶叶种植面积突破3000hm²，达3391hm²。2017年，全县茶叶企业23家、茶叶专业合作社12家，省级龙头企业4家，州级龙头企业5家，年加工能力达2000t以上。2018年，丹寨县茶叶产量突破2000t，达2008t。完成产业结构调整改种茶园32hm²，完成茶园提质增效625.2hm²。全县茶叶注册企业发展到50家，其中：企业22家，茶叶专业合作社28家，家庭农场8家，省级龙头企业6家，州级龙头企业4家，欧盟有机认证企业1家。全县有"黔丹""添香园""传福""阳瑶玉叶""三泉""供福""春情帝茗""黔岭春""向阳草""漫香阁"等13个注册商标。2009—2017年丹寨县连续9年被评为"全国重点产茶县"2018年，丹寨县荣获"中国茶业百强县"称号。

丹寨县1949—2018年茶叶生产情况见表4-3。

表4-3　丹寨县茶叶生产情况一览表（1949—2018年）

年份	茶叶种植面积/hm²	茶叶采摘面积/hm²	茶叶产量/t	其中 /t		
				红茶	绿茶	其他茶
1949	—	—	—	—	—	—
1950	—	—	—	—	—	—
1951	—	—	—	—	—	—
1952	—	—	—	—	—	—
1953	—	—	—	—	—	—
1954	—	—	—	—	—	—
1955	—	—	—	—	—	—
1956	—	—	8.75	—	—	8.75
1957	—	—	3.05	—	—	3.05
1958	—	—	8.20	0.25	—	7.95
1959	—	—	1.80	—	—	1.80
1960	—	—	1.50	—	—	1.50
1961	—	—	0.60	—	—	0.60
1962	—	—	0.90	—	—	0.90
1963	—	—	1.50	—	—	1.50

年份	茶叶种植面积/hm²	茶叶采摘面积/hm²	茶叶产量/t	其中/t		
				红茶	绿茶	其他茶
1964	1.47	—	3.00	—	0.85	2.15
1965	1.47	—	5.50	—	1.05	4.45
1966	—	—	9.00	—	0.85	8.15
1967	—	—	9.00	—	—	9.00
1968	—	—	10.00	—	—	10.00
1969	166.00	—	25.00	—	—	25.00
1970	166.00	—	10.00	—	2.00	8.00
1971	166.00	—	1.35	—	—	1.35
1972	166.00	—	19.25	—	—	19.25
1973	166.00	—	27.20	—	—	27.20
1974	133.30	—	3.00	—	—	3.00
1975	133.30	—	2.95	—	—	2.95
1976	134.00	—	20.55	—	—	20.55
1977	113.53	—	17.05	—	—	17.05
1978	117.27	—	19.80	—	—	19.80
1979	117.27	—	22.95	—	—	22.95
1980	66.67	—	28.85	—	28.85	—
1981	53.33	—	27.90	—	27.65	0.25
1982	44.67	—	28.95	—	28.55	0.40
1983	53.33	—	29.35	—	29.35	—
1984	56.27	53.73	26.50	—	—	—
1985	56.26	—	11.55	0.25	3.80	7.50
1986	—	—	9.00	—	9.00	—
1987	64.07	34.07	5.00	—	5.00	—
1988	72.80	33.34	1.00	—	1.00	—
1989	123.60	33.34	6.00	—	6.00	—
1990	73.33	33.34	6.00	—	6.00	—
1991	73.33	33.34	8.19	—	7.91	0.28
1992	66.67	33.34	5.70	—	—	5.70
1993	205.00	105.00	3.61	—	1.44	2.17
1994	235.00	82.00	11.00	—	10.00	1.00

年份	茶叶种植面积 /hm²	茶叶采摘面积 /hm²	茶叶产量 /t	其中 /t		
				红茶	绿茶	其他茶
1995	237.00	134.00	47.00	—	47.00	—
1996	196.00	147.00	38.00	—	38.00	—
1997	236.00	144.00	41.00	—	34.00	7.00
1998	206.00	182.00	48.00	—	42.00	6.00
1999	280.00	141.00	66.00	—	63.00	3.00
2000	250.00	173.00	44.00	—	19.00	25.00
2001	320.00	166.00	44.00	8.00	28.00	8.00
2002	857.00	317.00	28.00	—	20.00	8.00
2003	719.00	326.00	45.00	—	38.00	7.00
2004	690.00	305.00	228.00	—	207.00	21.00
2005	952.00	373.00	463.00	—	382.00	81.00
2006	1104.00	381.00	337.00	—	332.00	5.00
2007	1179.00	396.00	369.00	—	367.00	2.00
2008	1030.00	378.00	359.00	—	331.00	28.00
2009	1355.00	602.00	539.00	—	502.00	37.00
2010	1462.00	598.00	833.00	—	576.00	257.00
2011	2406.00	1123.00	1060.00	—	893.00	167.00
2012	2497.00	1300.00	1036.00	—	994.00	42.00
2013	2443.00	1360.00	1131.00	—	1064.00	67.00
2014	2673.00	1398.00	1654.00	—	1532.00	122.00
2015	2684.00	1435.00	1582.00	—	1462.00	120.00
2016	3391.00	2270.00	1919.00	—	1455.00	464.00
2017	3389.00	2479.00	1993.00	—	1311.00	682.00
2018	3422.00	2612.00	2008.00	—	2008.00	—

注：1. 2016—2017 年数据为黔东南州统计局和依据第五次全国农业普查数进行修订的数据；

2. 2018 年剔除了非茶类茶（苦丁茶、青钱柳）数据；

3. 数据来源于历年黔东南州统计年鉴。

四、茶产业示范园区

黔东南州现代高效农业茶叶类示范园区建设始于 2012 年。是年，贵州省委十一届二次全会第二次全体会议提出推进"5 个 100 工程"重点发展平台建设。2013 年 1 月，省十二届人大一次会议通过的《政府工作报告》提出，要重点打造 100 个现代高效农业示范园区。是年3月，贵州省政府办公厅印发了《贵州省100个现代高效农业示范园区建设2013年工作方案》进一步明确了现代高效农业示范园区建设的工作要求、工作目标、工作原则、重点任务和保障措施。为贯彻落实好贵州省委、省政府关于现代高效农业示范园区建设精神，2012年4月，黔东南州政府印发了《关于加快农业产业园区建设的意见》。是年12月，州政府办公室印发了《关于推进20个现代高效农业示范区建设工作的实施方案》，2013年3月，州委办公室、州政府办公室印发了《推进现代高效农业示范园区建设"百千万"工程实施方案》和《黔东南州"6个20工程"工作调度制度》的通知，进一步明确了推进现代高效农业示范园区建设的指导思想、基本原则、目标任务等。

现代高效农业茶叶类园区，核心区规模要求达到125hm²以上，年产值达1万元以上，辐射区规模要达到133.33hm²以上，带动区规模要达到400hm²以上。

2012年，现代高效农业茶叶类示范园区启动实施。2013—2018年，先后建成了省、州级茶叶类示范园区6个，其中省级农业茶叶类示范园区4个（表4-4）。

表4-4　省州级茶产业示范园区一览表

序号	县	园区名称	州级组建时间	省级组建时间
1	黎平县	黎平县高屯村侗乡茶叶产业科技示范园区	2012年	—
2	黎平县	黎平县生态茶叶和油茶产业示范园区	—	2013年
3	雷山县	雷山县生态茶园示范园区	—	2013年
4	雷山县	雷山县九十九观光茶园农业产业园区	2012年	—
5	雷山县	雷山县大坪山农业产业示范园区	—	2013年
6	丹寨县	丹寨县排佐—湾寨硒锌茶叶示范园区	—	2014年

五、省州级茶产业示范园选介

（一）黎平县生态茶叶和油茶产业示范园区

黎平县生态茶叶和油茶产业示范园区于2013年被贵州省政府列为全省100个现代农业园区，2017年进入省级引领型农业示范园区。园区核心区位于黎平县高屯街道，距黎平县城11km、三黎高速路出口3km、夏蓉高速37km、贵广高铁站38km；黎平机场在园区的规划区内。核心区规划面积51km²，园区主要分为六大板块，分别为八舟河湿地观光农业示范园、桂花台茶旅体验园、侗都花果山茶体验区、排洛田坝香莲水产基地、花果山油茶示范园、兴邦生态循环农业示范园，以茶叶和油茶为主导产业，以蔬菜，养殖等辅助产业。园区业态培育主要有产业培育、休闲旅游、山地自行车游玩、杨梅采摘、茶叶加工体验、茶艺培训体验、品茶以及举办赏樱花节、荷花节等。现园区已经建成

2333.33hm²茶叶基地，800hm²油茶基地，533.33hm²香莲水产基地，万头生猪养殖场和12万羽林下养鸡等主要产业基地。

园区拥有企业30家，其中省级龙头企业3家，州级龙头企业7家，茶叶合作社5家，家庭农场2家，专业种养大户13家。2017年园区实现总产值突破4.6亿元。

（二）丹寨县排佐—湾寨硒锌茶叶示范园区

丹寨县排佐—湾寨硒锌茶叶示范园区位于兴仁镇排佐—南皋乡湾寨一带，距县城26km、州府凯里市30km，覆盖7个村30个自然寨，42个村民小组，2220户13689人，区内土地面积57.8km²，耕地面积2500hm²（田面积1400hm²，土面积1100hm²）。境内最高海拔1328m，最低海拔850m。自然资源、气候、区位、地势等条件适宜茶叶园区示范的发展要求。

该园区建成标准茶叶基地2063hm²，茶叶品种以金观音、福鼎大白、安吉白茶为主。管理模式为"合作社＋基地＋农户"，同时加强对周边茶农进行技术指导、引导，推进茶产业的发展。以龙头企业为引领，注重引导和市场化运作，将园区建成年生产2000万t以上，年产值3亿元以上的国家级茶叶示范园区。

（三）雷山县大坪山农业产业示范园区

雷山县大坪山农业产业示范园区位于雷山县达地水族乡东北部，涵盖背略村、乌达村，辐射到全乡其他村。最高处海拔为1271m，最低海拔为950m，平均海拔1000m，常年雨量适宜、阳光充沛，土壤肥沃，适宜于农作物和茶叶等经济作物的生长。

该园区始建于1970年，面积900hm²，为背略村经营管理。后承包给本村的村民王守锋和王兴坤二人管理，茶园面积在不断扩大。2012年，王守锋等人投资50万元成立青山茶叶农民专业合作社，会员达40余名。2013年正式注册成立雷山县大坪山守峰茶叶加工厂。按照雷山县委、县政府关于"茶叶兴县、旅游强县"的理念，大坪山列入生态农业产业园加以建设，重点打造集生态茶叶生产与加工、生态畜禽养殖、观光休闲为一体的生态农业产业园。2015年，大坪山园区列入省级生态农业产业园区建设，根据产业分类，园区划分为功能不同的4个片区，即茶叶加工区、高效农业种植区、畜禽养殖区、旅游观光休闲区。

2018年，在国务院扶贫办组织的"村帮村、先富帮后富"牵手行动的牵线搭桥下，北京韩村河村组织人员到达地水族乡进行实地考察。双方经交流讨论后确定：通过采取产业帮扶实现互利共赢的方式，对大坪山茶场生产、加工等进行提升改造，以茶叶生产、销售为一体，推动大坪山产业园区及全乡茶叶产业发展，实现提高当地茶农农民人均纯收入，实现韩村河村精准扶贫帮扶农户稳定增收脱贫目标。是年，北京市房山区韩村河村注册了贵州省雷山县韩村河食品有限公司，并正式挂牌在大坪山省级产业园区，投资开发茶叶产业。

第三节 茶产业重点乡镇（街道）、村

一、茶产业重点乡镇（街道）

进入21世纪以来，黔东南州不少县（市）以茶业为支柱产业、富民产业的乡镇（街道）不断涌现，其中有些成为全州、全省乃至在全国都有影响的茶叶名乡镇（街道）。至2018年，全州乡镇（街道）茶园面积在333.33hm²以上的达39个（表4-5）。

表4-5　茶产业重点乡镇（街道）一览表

序号	县	333.33hm² 以上茶叶乡镇（街道）	
		小计	乡镇（街道）名称
1	黎平县	18	德凤街道、高屯街道、中潮镇、洪州镇、敖市镇、水口镇、岩洞镇、九潮镇、茅贡镇、永从镇、孟彦镇、地坪镇、坝寨乡、罗里乡、德化乡、口江乡、德顺乡、雷洞乡
2	雷山县	7	丹江镇、西江镇、大塘镇、永乐镇、望丰乡、达地水族乡、方祥乡
3	丹寨县	6	龙泉镇、兴仁镇、扬武镇、排调镇、南皋乡、雅灰乡
4	岑巩县	4	天马镇、龙田镇、客楼镇、天星乡
5	榕江县	2	两汪乡、乐里镇
6	镇远县	2	都坪镇、羊场镇
	合计	39	—

二、茶产业重点乡镇（街道）选介

（一）黎平县高屯街道

黎平县高屯街道位于黎平县东北部，东界湖南省靖州县，南邻德凤街道，西抵敖市镇，北与锦屏县接壤。街道土地面积282km²，辖11个行政村，4个社区，3个厂（场），106个自然寨，159个村民小组，共32000人，其中农村人口28954人。耕地面积1365hm²。

该街道狠抓产业结构调整，加快茶产业的发展。

强化林下经济发展。一是完成低产茶园改造33.33hm²，春茶采摘面积667hm²，产干茶90t。二是林下养鸡4万羽，新建油茶林266.66hm²，林下套种西瓜333.33hm²，竹林低产改造100hm²，菌材林种植50hm²。

坚持"两茶一果（蔬）一旅游+林下种养殖"不动摇，至2018年，全街道共种植茶叶3000hm²，实现产值1.26亿元，受益农户2700余户（其中贫困户409户），户均增收6000元。

2011年7月，在贵州省茶乡评比中，被授予"贵州最美茶乡"称号。

（二）雷山县丹江镇

丹江镇原为城关镇。位于雷山县中部偏西北，东邻方祥乡，南连大塘乡，西接望丰乡，北依郎德镇，土地面积138.8km²，全镇辖27个行政村，森林覆盖率达55.74%，最高主峰雷公山海拔2178.8m，平均海拔1200m。

丹江镇围绕雷山县，打造"全国旅游名县、贵州茶叶大县"目标，紧密结合镇情，积极调整产业结构，构建"东茶、西菜、南畜、北果"的产业发展格局，各项社会事业快速、稳步推进。

至2018年，丹江镇6.67hm²以上茶叶基地共16个，茶园面积1246.66hm²，采摘面积达1000hm²，盛产及相对连片茶园面积4155.46hm²。种植茶叶农户680余户，其中0.33hm²以上种植大户104户。拥有初级茶叶加工厂25家，合作社6家。全镇常年茶青产量400t以上，茶产量85t以上，产值9000万元以上。

丹江镇有大坳山茶场和脚散云雾茶场，平均海拔1200~1480m，茶叶品种以福鼎中小叶为主。

丹江镇生产的雷山银球茶、清明茶等茶产品多次获省优、部优荣誉。

（三）雷山县西江镇

雷山县西江镇位于雷山县东北部。东北部与台江县排羊乡相邻，东部与方祥乡接壤，南部与丹江镇相连，西部与凯里市三棵树镇毗邻。下辖21个行政村（1个居委会），222个村民组，农业人口7228户28296人，境内有西江景区——西江千户苗寨。

该镇20世纪70年代开始大面积种植茶叶，为雷山县重点产茶镇之一。至2018年全镇茶种植面积达1213.33hm²，茶产业覆盖脚尧、小龙、大龙、乌尧、黄里、羊吾、猫鼻岭、龙塘、北建、连城等15个行政村2120户，茶叶采摘面积1000hm²，茶青采量达1400余t。

该镇有茶叶企业或加工厂（点）共34个，年加工能力达400t，茶产业已成为西江镇农民增收致富的支柱产业。

（四）丹寨县兴仁镇

丹寨县兴仁镇位于丹寨县北部，东与雷山县丹江镇接壤，南与丹寨县龙泉镇相连，西与麻江县宣威镇和都匀市坝固镇隔清水江相望，北与凯里市舟溪镇毗邻。该镇土地面积190km²，其中森林面积8666.66hm²、耕地面积1733.33hm²、镇区面积0.8km²。全镇辖16个行政村（未合并前32个行政村），32个片区，127个自然寨，172个村民小组，共8099户36720人，其中农业人口33477人。

该镇是"双百"乡镇，即全省100个小城镇建设重点示范乡镇，全省100个现代高效农业产业园区。园区引进企业14家，共投入资金13.214亿元用于园区基础设施建设及企业产业发展，基础设施基本完善，至2018年，核心区蓝莓面积达566.66hm²，西瓜种植140hm²、辣椒种植2020hm²，生猪存栏3.1万头，企业存栏蛋鸡15.6万羽，生产鸡蛋1800t，中药材产业2.98万hm²。茶叶种植面积1200hm²，采摘面积770hm²。2013年在中国·贵州国际绿茶博览会组委会主办的第二届"贵州最美茶乡"评选活动中，丹寨县兴仁镇荣获贵州省农委、贵州省旅游局授予"贵州最美茶乡"称号。

（五）雷山县望丰乡

雷山县望丰乡地处雷山县西部，距县城12km，距州府凯里51km。区域总面积为101.2km²，辖17个行政村，62个自然寨，141个村民小组，现有农业总人口4024户15675人。林地面积11.1882万亩，耕地面积10794亩。望丰乡属于雷山县农业大乡之一，素有"茶果之乡"之美誉。全乡坚持以茶产业为主导产业，努力打造茶果观光体验农业与乡村旅游示范。

望丰乡茶叶产业有着悠久的历史，历史以来都有农民就自发种植茶叶，从2002年开始全乡将茶产业定位为全乡主导产业，大力推进茶产业规模化发展，茶产业是全乡的主导产业，经过多年的发展，目前，全乡茶叶基地面积达2.52万亩，可采茶园面积2万余亩，实现人均茶园1.6亩；全乡以贵州雷山云尖茶业实业有限公司、雷山县茗聚园茶叶专业合作社等为龙头的茶叶生产加工企业的带动下，茶叶生产加工企业有15家，生产设备达到200多台（套），年生产加工能力达到500万t以上。全乡茶青年总产量2200t，生产干茶180t，茶叶综合产值达到9526.58万元，茶叶收入占全乡农业收入的40.79%，茶产业实现年人均增收6077元。

茶园管理坚持以"企业+合作社+农户"为主导，多模式推进茶园管理。采取以企业+合作社、合作社+农户、种植大户承包管理和农户自管等方式推进茶园管理。通过企业和合作社组织统领、大户示范带动、政策奖补、项目扶持、一户一技能培训和建立茶叶农用物资专卖店等措施，逐步形成了统一种植标准、统一管理、统一农业投入品供应、统一收购、统一加工、统一销售的"六统一"模式，坚持茶叶产业走绿色、有机产品的品牌发展之路，培育了雷山云尖、雷山红梅等注册商标产品。优化利益联结，将茶农连接起来形成茶叶种植规模化、加工专业化和经营一体化。推行茶园套种果树、青钱柳桂花等经济作物的立体农业产业发展模式，实施茶园套种经济作物面积1.5万亩。

（六）岑巩县天马乡

岑巩县天马乡地处岑巩县的中部。东接大有镇、天星乡，南界注溪镇，西邻龙田镇及平庄镇，北抵凯本镇及羊桥土家族乡，土地面积203.7km²。镇政府驻天马村，距岑巩县新兴城区45km。全镇辖13个行政村，192个村民组，1个居委会。镇境为高原丘陵地形，海拔670~1100m，属亚热带季风湿润气候，具有春暖、夏热、秋凉、冬冷的特征，四季分明。境内耕地面积1770hm²，盛产优质大米、优质烤烟、茶叶和中药材，是岑巩县茶叶、优质烤烟、优质大米生产基地之一。至2018年底，茶园面积达340hm²。1994年生产的"思州银钩"茶"思州毛峰"茶均获保健品展销展评会金奖，1995年"思州银钩"茶荣获贵州省名茶称号，1995年"天仙剑雪"茶在珠海国际名优食品贸易博览会中荣获金奖。

三、茶产业重点村

随着黔东南州茶产业快速发展，一些以茶产业为主要经济发展模式脱贫致富奔小康的茶叶专业村和茶叶种植大村不断涌现。至2018年，全州村（社区）茶种植面积在133.33hm²以上的达49个（表4-6）。

进入21世纪，雷山县制定较为优惠的扶持政策支持和推动"一村一产业""一村一品牌"的农村经济产业化发展。一是利用田、土、果园种茶实行4年连续补助政策扶持，田的每亩年补助300kg粮食，土、果园的每年补助粮食150kg，补助标准比非专业村的提高一倍。二是对集中连片达6.67hm²以上，半径2km以上未通公路的优先安排公路建设，以及初加工厂等配套设施建设。2008年3月至2009年10月，经检查验收有丹江镇的脚雄村、白岩村，西江镇的乌尧村、脚尧村，望丰乡望丰村、乌江村、乌的村，大塘镇乜耶村、交腊村被列为茶叶专业村。

表4-6　茶业产重点村（社区）一览表

序号	县	乡镇（街道）	133.33hm²以上茶叶村
1		德凤街道	民胜村、黎平寨村、矮枧村
2		中潮镇	廖湾村、佳所村、潘老村、上黄村、口团村
3		高屯街道	高屯社区、绞便村、古顿村、八舟社区
4		敖市镇	果吉村、蒙村村
5		孟彦镇	芒岭村
6	黎平县	洪州镇	包寨村
7		水口镇	大斗村、乍团村
8		罗里乡	罗里村
9		坝寨乡	高场村、高兴村
10		顺化乡	顺洞村
11		永从乡	永从村

序号	县	乡镇（街道）	133.33hm² 以上茶叶村
12		西江镇	脚尧村
13		达地乡	里勇村、乜蒙村、乌空村、背略村
14	雷山县	大塘镇	新桥村、乜耶村
15		丹江镇	党高村、掌排村
16		望丰乡	望丰村、三角田村、乌的村
17		龙泉镇	马寨村、高要村、白元村
18	丹寨县	兴仁镇	排佐村、卓佐村
19		排调镇	党干村、甲石村
20		南皋镇	湾寨村
21	岑巩县	天马乡	苗落村、细山村、杜麻村
22	台江县	排羊乡	九摆村
23	榕江县	乐里镇	本里村
24		两汪乡	两汪村

四、茶产业重点村选介

（一）黎平县中潮镇廖湾村

该村位于中潮镇西南部，东邻佳所村，南与中潮村接壤，西与口团村毗邻，北抵小佳所。全村辖10个自然寨，13个村民小组，769户2661人，耕地面积130hm²。地理环境优越，境内山地、丘陵居多，地势周边高，中间低，热量充足且水热同季，无霜期长，适宜茶叶种植生态产业发展。其主做法：一是以公司为依托，组建茶叶农民专业合作社。2007年，村民王绍礼创立了黎平县侗乡福生态茶业有限公司，并取得了较好效益。2014年王绍礼当选廖湾村党支部书记，本着"一人富，不算富"的理念，以黎平县侗乡福生态茶业有限公司为依托，大胆创办廖湾村茶叶农民专业合作社。举措有：a.整合土地资源。积极发动和鼓励社会员及农户开垦自家的荒山、田地种植茶叶，通过农户将零散土地集中发展茶叶种植，使每家茶叶种植面积达0.2~0.3hm²。b.盘活人力资源。种植面积不大，留守的老人和在家的妇女3~5人，可以利用茶余饭后对茶地进行日常管护。c.发挥"领头羊"作用。注重从能人、大户、致富带头人中推选村干部，以发挥他们在产业发展、技能技术、管理经验、销售渠道等方面优势，带头推行"一三五"模式（即：村里1个茶叶龙头企业带动，3口之家承包种植茶叶0.2~0.3hm²，力争年赚5万元）。d.充分发挥党支部的核心堡垒作用。按照"党建引领，党社联建"的产业发展模式和"十户一体"的要求，奋力推行与廖湾茶叶农民专业合作社的建立。二是走"种、产、销"一条龙发展。a.在种植方面，引导会员对茶叶品种选定。b.在生产方面，引导会员加强茶叶基地标准化建设，同时无偿传授茶园管理技术方法，努力提高茶叶产量。c.在销售方面，通过统一技术指导、统一包装、统一销售，确保会员基本利益不受损，使会员无后顾之忧。三是充分发挥互联网优势。2009年，以"侗乡福"品牌入驻淘宝网，开启了"合作社+公司+互联网"的发展模式。随后又进入天猫网、京东网、那家网、微信微店、阿里巴巴等平台，加快了该社茶叶产品的销售，仅2018年电商销售就达600万元。黎平县侗乡福生态茶业有限公司先后荣获"贵州省电子商务示范企业""贵州省电子商务百家特色网店""黔东南州电子商务优秀企业""黔东南十佳电商网店""黎平县十大诚信企业"等称号。四是提高产品质量，做大做强茶叶农民专业合作社。廖湾村茶叶农民合作社十分重视茶叶产品质量的提高，近年来，先后通过了绿茶、红茶、代用茶QS认证，无公害茶园认证，有机茶认证等，自身得到了较快发展。至2018年，已拥有会员210户，茶叶种植面积320hm²，标准化有机茶园22hm²，茶农人均增收近4000元。该社已成为黎平县首批茶产业示范村和2015年国家级示范社，并带领周边村寨186户村民成功摘掉了"贫困户"的帽子。

（二）雷山县西江镇脚尧村

雷山县西江镇脚尧村位于雷山县东北部，距县城30km，距镇政府所在地28km，坐落在苗岭主峰雷公山西北部海拔1386m的半山腰上。辖3个村小组，41户（实际有27户住脚尧）162人（其中男93人、女69人），劳动力99人；全村土地面积6800多亩，其中：茶园基地1700多亩、梨子果园基地1000亩、魔芋基地80亩、林地4000多亩；村内办茶叶加工企业2家。

脚尧村发展变迁起源于20世纪的80年代初。1982—1986年发扬愚公精神劈山造田，引进粳型水稻品种，推广良种良法，人均生产粮食增至255kg，人均收入增至143.69元，解决了有米下锅问题。1986—1996年人均生产粮食均维持在400~500kg。1986—1992年，大力发展种养殖业。

1987年，在县供销合作社和县茶叶公司的支持和帮助下，实行全村推广种茶，当年全村种茶17户，种茶面积3.1hm²。1991年开始产生效益。

1995年，脚尧村迈上了一个新的台阶。全村粮食总产量55484kg，人均423.5kg；养牛96头，出售56头；产茶叶3500kg、魔芋4500kg、水果18000kg，现金收入26.9万元，人均2053元，比1980年增加2016元。村民们自筹资金建成了水电站，办起了茶叶加工厂，引来了自来水，开办了初级小学。全村家家户户都盖上了瓦房，有电视机16台，缝纫机14台，稻谷脱粒机21台，大部分农户家里都摆设着新颖的沙发、家具，日子过得红红火火。

1996年，贵州省委、省政府将脚尧村命名为"全省小康村"，一跃成为黔东南州小康第一村。1997年，获贵州省委、省政府颁发的"全省红旗村"称号。脚尧村党支部书记吴秀忠先后被国务院、省、州、县授予"全国劳动模范""农村科普先进工作者""民族团结进步先进工作者""优秀共产党员""扶贫开发先进工作者"等荣誉称号。

2000年，脚尧村接通了国家电网，为重点打造茶叶品牌，村民集资办起茶叶加工厂创造了条件。当年茶叶面积发展到13.33hm²，投产12hm²，茶叶产业总产值25万元。2003年脚尧村第一条公路正式通车，"脚尧茶"开始被人熟知认可。由于脚尧村海拔高、气候适宜，生产的茶叶清香悠远，品质上佳，"脚尧茶"获得了"贵州省著名商标""国家驰名商标"。此外，在北京、深圳、贵阳等地建立销售网点，把"脚尧茶"推向全国各地。

2005年，全村37户中有36户种茶。茶叶种植面积发展到35.33hm²，其中用田改种茶叶3.76hm²、用土种茶叶18.67hm²、开垦山坡种茶12.9hm²、茶叶采摘面积15.33hm²，全村茶叶产业总产值32万元（图4-1）。2012年，脚尧村9.33hm²耕地全部种上茶叶、梨子、折耳根等经济作

图4-1 雷山县脚尧茶园（摄于2018年）

物，茶叶基地达113.33hm²，梨园20hm²，折耳根、魔芋、杨梅等基地33.33hm²，12户农户发展黑毛猪、野山鸡等特色养殖业。

2012年，全村实现茶青收入130万元，茶叶加工销售收入150万元。农民人均纯收入从1996年的1260元提高到是年的1.2万元，年纯收入在10万元以上的就达16户，占全村农户总数的40%。2018年，脚尧村拥有茶叶加工企业6家，茶叶年产量达28t，茶叶收入426万元；在县内承包领办茶叶加工企业6处，茶叶公司注册3家，茶叶销售额达960万元。脚尧村"不仅会种茶，种好茶，还积极打通产销环节，让村民们无后顾之忧。"如今，脚尧村的茶园已发展成为林中有茶、茶中有林、果中有茶、茶中有果，茶中有禽、禽中有茶的典型生态茶园，茶叶按照无公害、绿色有机的方式进行生产，茶叶产品畅销国内市场。

（三）雷山县丹江镇党高村

雷山县丹江镇党高村位于雷山县西南部。全村土地面积480hm²，耕地面积50hm²

（田面积35hm²、土面积15hm²）、林地面积273hm²、退耕还林面积16.37hm²，森林覆盖率60.54%。全村共有2个自然寨，6个村民小组，217户920人，其中建档立卡贫困户61户260人，占全村总人口的28.26%；非贫困户156户660人，占全村总人口的71.73%。

党高村主导产业为茶产业。该村有茶叶种植面积29.3hm²，茶叶采摘面积21hm²，覆盖农户75户，其中建档立卡贫困户35户。建有2家茶叶加工厂，全村茶叶年产值达158万元左右。

该村脚散云雾茶场基地位于脚散自然寨，距雷山县城8km，茶园海拔1480m，茶场面积共有23.5hm²，品种以福鼎中小叶为主，主要为雷山茶企提供优质的茶青原料。该基地为雷山县银球茶发源地，主要是通过与苗家春等茶叶公司合作，采取"公司+基地+农户"的带动模式，每年为村集体经济提供2万元的租金，并辐射带动了党高及附近村寨群众18户90人（其中建档立卡贫困户13户40人）参与到茶产业发展中来，分享茶产业发展红利。

至2018年，该基地茶青产量达2.2t，茶青产值达12.3万元，每亩茶园年均茶青收入稳定在1200元左右。

（四）雷山县望丰乡望丰村

全村有5个自然寨，10个村民小组，353户1477人。有耕地面积60hm²（田面积42hm²、土面积18hm²）。

该村积极进行农业产业结构调整，大力发展茶叶、果品产业，已发展成为茶叶专业村，现有优质茶叶基地240hm²，已产生效益的基地66.67hm²，果品基地40hm²，2009年茶叶、果品分别助农增收40多万元和20多万元。

该村建有望丰村茶叶协会、望丰村果品协会、望丰茶叶专业合作社、望丰茗聚园茶叶专业合作社。望丰村茶叶协会有会员109户，望丰村果品协会有会员81户，望丰茶叶专业合作社有会员186户，望丰茗聚园茶叶专业合作社有会员130户。上述协会和合作社在拓宽销售渠道，完善运行机制和组织强化技术指导起了很好的作用。果品协会在每年梨子成熟季节，由协会与贵阳、凯里、榕江等地销售商联系，销售商直接开车到望丰村收购梨子，会员统一采摘进行销售。茶叶协会在每年采茶季节，由茶叶协会加工厂负责收购茶青，统一收购标准及价格，2009年合作社茶叶加工点收购会员春茶加工就达3000kg，加工成茶叶成品近1000kg，收入达20多万元，纯利润收入达5万多元。

（五）丹寨县南皋乡湾寨村

全村有耕地面积49.4hm²，下辖6个村民小组，共有261户1102人。

该村以村治平茶叶专业合作社为依托等载体，因地制宜持续推进农业结构调整，大力发展茶叶产业。一是积极动员贫困户流转土地参与村合作社发展产业，获流转金，增加财产性收入，盘活土地72hm²，流转金年增收6万余元；二是把土地流转户和贫困户纳入扶贫专业合作社会员，建立"721"（70%给贫困户、20%给村合作社、10%给村集体）等利益联结机制，确保合作社纯收益的70%以上分配给本村贫困户；三是按照"公司+基地+合作社+农户"模式，引入2家公司（品界茶业公司、云白茶业公司）和1个专业大户发展茶产业，至2018年茶叶种植面积已达72hm²；四是动员产业基地附近农户特别是贫困户参与产业管护，每年可吸纳农户就业2000人次，人均年增收1200元。

（六）台江县排羊乡九摆村

该村位于台江县城西南。有上寨、下寨、平寨3个自然寨，辖3个村民小组，365户1442人。有土地面积15.8km²，其中林地面积702hm²、耕地面积104hm²（田面积80hm²、土面积24hm²）。产业主要以种植业、养殖业等为主。

该村有100万元的村级集体经济发展试点资金投入九摆茶厂，年获利息6万~10万元和荒山流转经费0.1万元，全部用于茶叶种植。

该村以贵州台江高原生态茶业有限公司为依托，实行"企业+党支部+合作社+农户"的经营模式，发展茶叶基地200hm²，并完善茶叶基地的观光步道、灌溉系统等。已成为四川省雅安市美术家协会、民进黔东南州委开明画院、凯里学院美术与设计学院、西江文化艺术中心的写生创作基地。

该村茶产业已成为支柱产业。2019年，农民人均可支配收入达9673元。

第五章　茶企与茶贸篇

第一节　茶叶农民专业合作社

伴随黔东南州茶产业进一步发展和改革开放深入带来的新时期社会经济变化，一些先进的经营理念和经营模式不断地出现，茶叶农民专业合作社因此应运而生。

茶叶农民专业合作社通过茶农"自我参与，自我监督，自我管理"，合作社、公司与农户之间实现利益共享、风险共担，普遍形成"公司＋合作社＋基地＋农户"经营模式。即公司负责加工销售、合作社负责基地建设、基地带动农户茶叶种植。合作社实行理事长负责制，理事长大多由当地有威望的种茶能手、加工大户担任，在产业带动发展方面有较强引领作用，与茶企业也有良好的沟通，为实现黔东南州茶产业可持续发展和做大、做强，发挥着重要的助推作用。

至 2018 年，全州茶叶农民专业合作社 226 个，其中年产值 1000 万元（或茶园面积达 333.33hm² ）以上达 15 个（表 5-1）。

表 5-1　部分茶叶农民专业合作社一览表

序号	县	年产值 1000 万元或面积 333.33hm² 以上茶叶农民专业合作社
1		黎平县中潮镇廖湾村茶叶农民专业合作社
2		黎平县侗家佬茶叶农民专业合作社
3	黎平县	黎平县农林产业科技农民专业合作社
4		黎平县有机农业产业发展服务农民专业合作社
5		黎平县天生桥茶叶农民专业合作社
6		黎平县兴源茶叶专业合作社
7		贵州雷山茗丹福茶叶专业合作社
8		雷山县茗聚园茶叶专业合作社
9	雷山县	雷山县望丰乡望丰茶叶专业合作社
10		雷山县望丰乡乌江村茶叶合作社
11		雷山县西江镇乌尧村康源茶叶专业合作
12		雷山县望丰乡三角田村永康种养殖专业合作社
13	丹寨县	丹寨县凌云茶庄种植养殖专业合作社
14	岑巩县	岑巩县宝园种植专业合作社
15	榕江县	榕江县盛本有机黄金芽茶叶农民专业合作社

以下为黔东南州茶叶农民专业合作社选介：

一、黎平县中潮镇廖湾村茶叶农民专业合作社

于2007年12月注册成立，现有合作社会员168户。是一家集茶叶种植、加工、销售为一体的茶叶企业。

该社为"合作社＋基地＋农户＋公司"的发展模式。每年从盈余中提取10%~15%的公积金，用于扩大再生产、弥补亏损或者转为成员出资，提取的5%~10%按照成员认购的股金份额分红，提取60%按会员与合作社业务交易量（额）的份额，依比例折股量化为每个成员所有的份额，记入成员个人财产账户。

该社生产的产品有"黎平香茶""黎平雀舌""黎平白茶""黎平红茶""黎平毛尖"等。

该社2015年获国家级示范合作社称号，2016年获有机产品证书。

二、黎平县农林产业科技农民专业合作社

是一家以"茶"为媒，经营茶叶生产、加工、收购、销售，茶机销售代理与维修，茶用物质供应和茶行业劳务输出于一体的综合服务性的"农业产业化州级龙头企业"。

该社有会员128人，内设机构有办公室、生产部、营销部、财务部、茶产业服务总汇。

该社拥有茶园面积247hm²（其中龙井43茶133.33hm²、中茶108茶80hm²、安吉白茶33.67hm²）。分布于500~1100m不同海拔的林中云雾区。茶园施农家肥，实行生物综合防控，采用"合作社＋公司＋农户"的经营模式。

该社有茶叶加工厂区4个，清洁化生产线1条，初制生产线3条，生产线年加工能力达300t以上，有专业加工人员24人。

主要产品有"黎农御茶"牌黎平雀舌茶、黎平白茶、黎平香绿茶、黎平野生茶、黎平红茶等。

三、雷山县茗聚园茶叶专业合作社

该社成立于2007年，组建时有会员17户，至2016年发展到30户。有茶园基地31.25hm²，会员茶园基地200hm²，各种茶叶加工机械35台（套），合作社内有从事茶叶种植、加工的专业技术人员、评茶员、检验员。

该社按照"公司＋合作社＋基地＋农户"的经营模式，实行"统一种植、统一管理、统一收购、统一加工、统一销售"的模式，以共同利益为纽带，将农民连接起来，形成茶叶种植规模化，加工专业化，经营一体化。

该社经营辐射望丰乡13个茶叶专业村，带动茶农1850户。2014年10月，被评为黔东南州农业产业化经营重点龙头企业，2016年首届雷公山春茶斗茶大赛"雷公山清明茶"中荣获金奖。

四、雷山县乌江村茶叶合作社

于2008年3月在雷山县工商部门注册成立。该社成立初期有26户，至2015年发展到135户，分布在全村10个村民小组，带动周边村寨种茶农户1623户。茶叶种植面积由2008年的50hm²发展到2015年的230hm²。有200m²多的加工产房1座，设备有杀青机1台、揉捻机3台、烘干机4台、扁茶机2台，年销售收入300多万元。

该社实行股份制，对茶叶生产技术进行指导，统一加工生产、销售，以股份形式分成。会员人均收入由2008年的120多元，提高2015年会员人（户）均收入3.3万元，带动农户种茶年总收入382万元。

第二节　茶产业重点龙头企业

至2018年，黔东南州已拥有茶叶生产、营销、加工企业（加工大户）622家，其中加工企业325家，州级重点龙头企业37家，省级重点龙头企业25家（表5-2）。

表5-2　省、州级茶产业重点龙头企业一览表

序号	县	省、州级茶业重点龙头企业	级别
1		贵州省黎平县侗乡春茶业有限公司	省级
2		贵州省黎平县森绿对外贸易茶业有限公司	省级
3		贵州省黎平县侗乡福生态茶业有限公司	省级
4		贵州省黎平雀舌茶业有限公司	省级
5		黎平县富春优质茶苗有限公司	省级
6	黎平县	贵州省黎平县侗乡媛茶厂	省级
7		黎平侗乡天籁茶业有限公司	省级
8		黎平侗乡茶城有限公司	省级
9		黎平富春农业发展有限公司	省级
10		黎平县天益家庭农场	省级
11		贵州侗乡红农业发展有限公司	省级
12		黎平县桂花台茶厂	州级

序号	县	省、州级茶业重点龙头企业	级别
13		贵州省黎平呀啰耶茶业有限公司	州级
14		贵州春来早茶业有限公司	州级
15		贵州黎平黎缘春茶叶有限公司	州级
16		黎平县中潮村茶叶农民专业合作社	州级
17		黎平县佳绿茶叶有限公司	州级
18		黎平县生态茶业贸易有限责任公司	州级
19		黎平县侗乡永晟茶业有限责任公司	州级
20	黎平县	黎平县山水茶业开发有限责任公司	州级
21		黎平县兴源茶叶专业合作社	州级
22		黎平县敖市镇盈春台茶业有限责任公司	州级
23		黎平县天生桥茶叶农民专业合作社	州级
24		黎平县高坡猪场茶叶种植加工基地	州级
25		黎平县源森茶业开发贸易有限公司	州级
26		黎平县罗里乡罗里白茶农民专业合作社	州级
27		黎平县侗民生态乡茶业有限公司	州级
28		黎平县农林产业科技农民合作社	州级
29		贵州省雷山县苗家春茶业有限公司	省级
30		贵州敬旺绿野食品有限公司	省级
31		贵州省雷山县脚尧茶叶有限公司	省级
32		贵州省雷山县毛克翕茶业有限公司	省级
33		雷山县百佳尚品农业综合开发有限公司	省级
34		贵州雷山鑫球农业发展有限公司	州级
35	雷山县	贵州省雷山县绿叶香茶业有限责任公司	州级
36		雷山县茗聚园茶叶专业合作社	州级
37		雷山县福尧茶叶有限公司	州级
38		望丰乡乌江村茶叶专业合作社	州级
39		雷山县蚩荣茶业有限公司	州级
40		贵州雷公山银球茶业有限公司	州级

序号	县	省、州级茶业重点龙头企业	级别
41		雷山县金伟苗族创意有限公司	州级
42		黔东南州鑫山实业有限责任公司	省级
43	雷山县	雷山县银球茶叶公司	州级
44		贵州省雷山县大龙德毅生态茶业有限公司	州级
45		贵州雷山县满天星茶叶科技发展有限公司	州级
46		丹寨黔丹硒业有限责任公司	省级
47		丹寨县华阳茶业有限公司	省级
48		丹寨县三泉茶业有限公司	省级
49		丹寨县添香园硒锌茶厂	省级
50		贵州涵龙生物科技有限公司	省级
51	丹寨县	丹寨县传福茶业有限公司	省级
52		丹寨县安信茶业有限责任公司	州级
53		丹寨县山水传承茶旅文化有限公司	州级
54		丹寨县锦鸡生态茶叶开发有限责任公司	州级
55		丹寨县圣硒现代生态农业发展有限责任公司	州级
56		黔东南州天壹茶业有限责任公司	省级
57	岑巩县	贵州思州茶业有限责任公司	州级
58		岑巩县和协天然野生茶厂	州级
59	台江县	贵州台江高原生态茶业有限公司	省级
60		台江县东海茶业有限公司	州级
61	镇远县	镇远舞阳茶厂	州级
62	榕江县	榕江县继武茶业有限责任公司	州级

以下为省州茶产业重点龙头企业选介：

一、黎平县桂花台茶厂

原为黎平县"八一茶场"，始建于1976年8月，1980年6月更名为黎平县桂花台茶场，1992年更名为黎平县桂花台茶厂。企业位于黎平县现代农业产业园区内，交通便利（距高屯街道1km、黎平机场2km、县城11km），投资环境优越（水、电、路均通），自然环境良好，无污染，无噪音。

该厂地形独特，背靠八舟河景区，发展乡村旅游潜力大。该厂1980年隶属于县农业部门管理，1984年至今隶属于黎平县供销合作社管理。是集生产、加工、销售为一体的县办集体所有制企业。企业年销售收入920万元，全厂下设3个车间、11个工队、领办3个合作社（黎平县天生桥茶叶农民专业合作社、黎平县黔韵茶厂、黎平县兴源茶叶农民专业合作社）。全厂管理人员30人，农户407户1286人。企业拥有土地面积340hm²，茶叶品种有福鼎大白、龙井43、黄金桂、白芽齐兰等品种，其中龙井43茶46.66hm²、福鼎大白266.66hm²。新建6.67hm²茶叶品比园1个，10余个优良品种，新建1000m²清洁化黎平红绿茶生产加工车间，新建800m²茶青市场1个。

该厂生产主要产品有黎平古钱茶、亮江翠芽茶、黎平扁形茶、黎平香茶、黎平红茶、黎平黑茶、黎平工艺茶、黎平边销茶。年产高档名优茶2t、中档茶10t、大众茶750t。"天生桥"牌古钱茶在中国食博会及国内赛事中多次获奖。

二、贵州省黎平县侗乡福生态茶业有限公司

于2007年1月1日注册成立，现有职员工101名。是集茶叶种植、加工、销售及茶文化传播为一体的省级农业产业化经营重点龙头企业。

该公司有茶园面积320hm²，标准化有机茶园23.46hm²，辐射带动周边乡镇茶园面积625hm²，先后通过了绿茶、红茶、代用茶QS认证，无公害茶园认证，有机茶认证。公司以生产"侗乡福"牌黎平香茶、黎平雀舌、黎平白茶等10个系列产品为主，其中"侗乡福"牌黎平毛尖和黎平雀舌在2010年上海国际茶文化节和2011年中国（上海）国际茶业博览会评选中分别荣获金奖和银奖，黎平香茶荣获首届"国饮杯"全国茶叶评比一等奖。

该公司先后荣获"贵州省电子商务示范企业""贵州省电子商务百家特色网店""黔东南州电子商务优秀企业""黔东南十佳电商网店""黎平县十大诚信企业"等称号。

该公司2009年"侗乡福"品牌成功入驻淘宝网，在黔东南率先开启了"合作社+公司+互联网"的创新发展模式，并相继进入天猫网、京东网、那家网、微信微店、阿里巴巴等平台。至2018年，该公司居贵州茶叶电子商务销售前茅。

三、贵州省黎平县侗乡媛茶厂

成立于2007年，是一家集茶叶种植基地、生产加工、市场营销、茶学术培训交流、茶产品研发、茶文化传播为一体的省级农业产业化经营重点龙头企业。现有员工18人，

其中专业技术人员5人，拥有黎平县花坡、民胜、陡坡3个优质茶园基地，面积200hm²；有专利15项（发明专利5项、实用型专利3项、外观型专利7项），建有350m²的优质茶叶精加工车间，引进了国内清洁化自动精加工成套设备，具有年生产加工名优绿茶50t、优质绿茶200t的生产能力。2018年侗乡嫒茶厂实现销售收入1050万元，税收3万余元，利润58万元。企业采取"公司+合作社+农户+基地"的模式，推行订单农业，与农户建立可靠、稳定的利益联结机制，示范带动农户1800户发展茶叶基地667hm²，助农户年户均增收5000余元。

侗乡嫒茶厂研发了"侗乡雀舌""香绿茶""金球"牌高山绿茶系列产品多次获奖。2005年申报注册"侗乡雀舌"牌茶叶商标，2009年"侗乡雀舌"牌茶叶被认定为"贵州省著名商标"。"侗乡雀舌"牌茶叶荣获首届、第二届"国饮杯"全国茶叶评比一等奖，以及"中绿杯"中国名优绿茶评比银奖、"中茶杯"全国名优茶评比一等奖、"中国名茶"银奖和"贵州省优质绿茶""贵州省无公害农产品产地"和农业部颁发的"无公害农产品"称号。在2012年茶叶企业产品品牌价值评估中，"侗乡雀舌"品牌价值1000万元。

四、贵州省黎平县森绿茶业对外贸易有限公司

成立于2005年11月，系农业部茶叶质量检测中心"定点服务企业"。2010年被列入省级农业产业化经营重点龙头企业。至2018年，已发展成为具有一定规模，集产、供、销于一体，形成"公司+合作社+基地+农户"一条龙的茶叶专业企业。

该公司现有员工30人，其中管理人员8人、营销人员6人、专业技术人员16人。有茶园面积85.33hm²，带动农户面积5053.33hm²，主要分布在黎平县罗里乡罗里村、亚榜村（有机茶57hm²），德凤镇矮枧村（无公害茶28.33hm²）。有清洁化厂房3600m²，机械设备186台（套），年产高档名优茶20t、中低档绿茶45.6t，年产值约450万元。

主要产品有"森绿"牌黎平绿茶、"森绿"牌黎平白茶。"森绿"牌系列产品扁形龙井，外形扁平直、光滑、匀整，香气清香纯正，汤色嫩绿、明亮，滋味爽、略带苦涩，叶底芽叶完整、显嫩亮。"森绿"牌系列产品安吉白茶外形凤羽形、匀整、鲜活，香气鲜爽，汤色嫩绿黄、明亮，滋味纯正，叶底尚嫩、润亮、完整。

"森绿"牌黎平绿茶、"森绿"牌黎平白茶荣获第九届、第十届、第十一届"中茶杯"全国名优茶评比一等奖。2017年"森绿"牌黎平绿茶50g/盒、100g/盒、150g/盒、160g/盒，被确认为"贵州省名牌产品"。

五、贵州省黎平雀舌茶业有限公司

成立于2009年7月，位于黎平县德凤镇矮枧村，是一家以茶叶生产、加工及购销为一体的民营企业。

该公司和茶农现有茶园基地400hm²，其中龙井43无性系优质茶园200hm²，福鼎大白100hm²，安吉白茶等群体茶园100hm²。有清洁化机械设备和手工制作生产线3条，可实现年产500t茶产品的生产加工能力。

该公司，主要产品有"黄中王"黄茶、"侗家佬"牌系列茶产品（雀舌茶、白茶、红茶、香绿茶等）。"侗家佬"牌雀舌茶，在2011年中国、日本、韩国、印度、越南等7个国家77个茶产品的世界绿茶评比中，荣获世界绿茶最高金奖，在2012年第九届国际名茶评比（世界茶联合会主办）荣获金奖。

该公司，2013年被认定为贵州省农业产业化经营重点龙头企业。公司下属黎平县侗家佬茶叶农民专业合作社，2014年9月被全国农民合作社发展部际联席会批准为"国家级合作示范社"。2017年3月该公司被荣获贵州省绿茶品牌发展促进会授予贵州绿茶农产品地理标志。

六、黎平县富春优质茶苗有限公司

于2007年注册成立，是一家从事茶叶生产加工，有茶叶、油茶、蓝莓、中药材等苗木培育的省级农业产业化经营重点龙头企业，固定员工220名。公司拥有茶叶、油茶、蓝莓、中药材（吴茱萸、青钱柳、钩藤）等优质苗圃基地46.66hm²，种植示范基地100hm²。

2014年公司总投资达3000万元，年出圃优质苗木1亿株，加工名优茶叶300t。2015年春可出圃优质茶苗1亿株、油茶苗350万株、蓝莓苗150万株。2016实现年销售收入1亿元，带动农民增收3000万元。

该公司先后被评为"贵州省农业产业化经营重点龙头企业""贵州省省级重点扶贫龙头企业""贵州省守合同重信用单位""贵州省最佳信用企业""省民族贸易企业"等称号。

七、贵州雷山云尖茶业实业有限公司

成立于2018年，位于望丰乡三角田村，地处雷山生态茶园示范区，项目占地11150m²。由浙江吉利控股集团捐赠2000万元，杭州市东西部扶贫协作资金配套253万元建设完成，成立雷山云尖茶业实业有限公司进行运营管理，注册"雷山云"自有商标。公司自2018年6月8日启动建设，2018年8月完成场平，2018年9月开始引进第一批设备并安装调试，2019年3月完成厂房建设，2019年3月27日正式投产生产春茶。共引进茶叶生产线5条，主要生产扁形茶、红茶、毛峰茶、香茶和银球茶，力争通过3年时间打造成为雷山县最大的茶叶加工销售企业。

雷山云尖茶业实业有限公司现有职工30余人（贫困人口共计6人，雷山籍贫困人口4人），董事长由西江旅游公司选派，总经理由雷山县选派优秀青年干部担任，同时从雷山县政府相关部门选派5名茶叶专业人员到公司挂职。公司采用现代化企业管理理念，引进浙江先进茶叶生产技术，依托吉利集团上下游供应链平台和品牌资源，进行生产管理和销售推广和经营。目前，公司正积极与浙茶集团、娃哈哈集团等企业合作，拓展雷山茶销售渠道，特别是通过娃哈哈集团合作夏秋茶生产，填补雷山夏秋茶"无人采摘、无人加工"的历史空白，提高茶园亩产收益。

项目采取"公司+合作社+茶叶基地+贫困户"的合作模式，公司流转茶叶基地242亩，辐射带动周边茶园（签订茶青收购协议）2700余亩，增加就业岗位约180个，辐射望丰乡17个村1742户6097人（其中1345个贫困户5228贫困人口），促进贫困户稳定脱贫。该社会帮扶项目变传统地捐钱捐物为产业帮扶，通过"资金+项目+管理+品牌+技术+销售"全链条的深度帮扶引领，有利于推动雷山县茶产业发展，提升自我发展和造血能力。

八、贵州省雷山县毛克翕茶业有限公司

成立于1996年，是一家以毛克翕个人名字命名的企业，毛克翕是雷山银球茶创始人和发明人，享受国务院特殊津贴。现公司固定职工32人，其中高级职称4人、中级职称10人、中级评茶师4人。公司现有基地66.67hm²，加工厂房3336m²，年加工生产茶叶能力达200t，年销售收入1600万元。

茶园分布在国家级自然保护区雷公山腹地，海拔1200~1400m地带，常年云雾缭绕、雨量充沛、空气清洁、土壤肥沃、无任何工业污染，茶叶微量元素含量丰富。

公司的产品要有雷山银球茶、"毛克翕"牌清明茶等。

公司按照"规模化、规范化、标准化、市场化"的发展方向，采取"公司+基地+合作社+农户"的发展模式，分别在乌东村、陶尧村、黄里村、小龙村、南尧村、望丰村、方祥村、雀鸟村等村庄设有茶青收购点，与85户贫困户及500余户茶农签订了茶青收购协议，同时带动周边3000多户发展茶叶种植，有效解决了当地2000多人就业，解决了农村劳动力就业困难问题，增加了农民的收入。

公司荣誉：2007—2012年"毛克翕"商标连续被认定为"贵州省著名商标"称号；

2008—2012年被贵州省雷山县科学技术协会评为"先进企业"称号；2008—2012年被黔东南州消费者协会评为"诚信单位"称号；2010—2013年被雷山县政府评为"先进企业"称号；2010年被县委、县政府评为社会贡献大纳税"先进企业"；2013年3月被评为黔东南州级农业产品优化经营重点龙头企业称号；2013年11月获得共青团贵州省委、贵州省青年创业就业基金会授予贵州百万青年创业就业行动示范基地荣誉称号；2013年获得黔东南州重点扶贫企业；2015年11月获得贵州省"省级扶贫龙头企业"称号；2016年12月获得省级农业产业化经营重点龙头企业称号；2018年公司生产车间获得"全国工人先锋号"。

公司产品雷山银球茶资质荣誉：1986年荣获贵州省名茶称号；1986—1989年荣获轻工业部优质产奖；1988年荣获首届中国食品博览会金奖；1990年荣获贵州省科技进步三等奖；1991年被外交部选为馈赠礼品；1996年荣获全国食品行业名牌产品奖；2004年荣获贵州省茶叶行业著名品牌；2005年被评为贵州省特型名茶；2008年被评为贵州省著名商标；2010年荣获第十七届上海国际茶文化节金奖；2011年荣获中国（上海）国际茶业博览会特别金奖；2014年11月荣获"贵州省名牌产品"，2002年荣获中日韩第四届国际名茶金奖；2015年荣获贵州省首届春茶斗茶大赛绿茶类金奖茶王称号；2018年荣获贵州省第六届"黔茶杯"评比一等奖。

九、黔东南州鑫山实业有限责任公司

成立于2004年，位于雷山县雷公山旅游公路排卡村。是一家以茶叶种植及加工、销售、水电开发和旅游为主的多渠道发展的民营企业。

该公司现有职工28人，茶园管理合同工80人。其中：高级工程师1人、中级职称6人、初级职称5人。公司下设综合业务部、财务部、基地管理部、产品研发部。

该公司主要产品有：翠芽茶、银球茶、清明茶、香螺茶、烘青绿茶等。产品销往北京、黑龙江、上海、广东、安徽、贵阳等地，每年为中央办公厅、总参服务局提供办公接待用茶。

2008年，为整合全州茶产业资源，把企业做强做大，实现跨越式发展，在黔东南州政府和有关部门的支持下，该公司牵头与贵州苗都科技发展有限公司、黎平侗乡呀啰耶生态茶叶有限公司、镇远县舞阳茶叶公司、剑河县蟠溪乡平岑茶场5家于2008年12月组建了贵州黔茶春茶产业（集团）有限公司。贵州黔茶春茶产业（集团）有限公司有茶园1333.33hm^2，茶叶加工厂房6000m^2。注册商标有"黔茶春""黔福茗""银角""鑫山""呀啰耶"，获准使用"银球"商标。绿茶系列产品有雀舌、翠芽、毛尖、毛峰、清明茶、香螺茶；红茶有毛尖；苦丁茶有毛尖、球茶；其他产品有中草药"福寿茶枕"。

该公司"年产300t茶叶精深加工项目"被《黔东南州国民经济和社会发展第十二个五年规划纲要》作为产业振兴重点工程。至2018年，公司已建成生态茶园200hm²，33.33hm²茶叶清洁化加工厂1座，年产200t名优茶和年产300t大宗茶生产线各1条，冷库2间，购置有袋装茶叶自动包装机2台。

该公司已取得出口权。2006年信用等级被贵州省工商部门评为AA级。2008—2010年被贵州省工商部门认定为"诚信单位"。2008年先后通过ISO9001认证和ISO2000认证。2008年被认定为国家级扶贫龙头企业，2010省级农业产业化经营重点龙头企业。该公司与贵州省茶叶研究所签订了长期技术支持合作协议。

十、贵州省雷山县脚尧茶业有限公司

成立于2010年，是一家专注茶叶加工、生产、销售及茶艺文化传播的企业，现为省级农业产业化经营重点龙头企业和省级扶贫龙头企业。公司现有固定员工50人，其中，高级技师10人、中级技师10人、初级技师16人、季节性工人1500余人。年生产能力200t干茶，年产150t清洁化优质绿茶生产线1条，年产20t银球茶、红茶生产线各1条。直管茶园面积达344hm²，其中，有机茶园面积20hm²，标准茶园基地66.67hm²，一般茶园基地257.33hm²；建设有无公害茶园773.27hm²，茶青收购覆盖茶园面积达2000hm²。现公司有近46.67hm²的茶园作为中央办公厅用茶供应基地。公司生产有绿茶、红茶、黑茶三大茶类25个系列产品，主要有脚尧茶、脚尧清明茶等，目前，公司生产的"脚尧"牌系列产品全面走出大山，进入市场，产品远销国内外，年销售茶叶90t。

公司认真履行社会责任，积极参与全县脱贫攻坚工作，按照"公司+基地+合作社+农户"的经营模式，通过收购茶青、吸纳就业、茶园管理、采茶制茶、技术培训、产品销售等带动茶农共同发展、增收脱贫。2018年，公司收购茶青320t，支付给茶农茶青款768万元；毛茶收购93.7t，支付茶农毛茶款750万元；直接带动农户1925户，其中建档立卡贫困户396户，平均每人每年增加收入4266元。同时，公司培训技术工人50人次，基地管理人员120人次，茶农3000人次。

公司"脚尧"商标评为"贵州省著名商标"；脚尧茶产品评为贵州省名牌产品；2016年被选为"中国银行家论坛暨2016中国商业银行竞争力排名"的唯一指定茶礼；2017中国金融创新论坛指定茶礼；2017年"多彩贵州·黔茶飘香"茶艺大赛总决赛指定用茶；2016年公司生产的银球茶获得第十三届中国国际茶业博览会名优茶金奖；2017年公司生产的脚尧红茶、银球茶在"2017中国（上海）国际茶业博览会"中分别荣获金奖；

脚尧茶、脚尧红茶分别荣获2017"黔茶杯"名优茶评比一等奖；2017年脚尧茶业公司评为贵州省最具影响力企业；"脚尧"品牌评为贵州省最具影响力品牌。

公司走品牌营销发展道路，创立自己的品牌系统，至2020年公司新建茶园面积达到200hm²，辐射带动茶园面积3333.33hm²以上，年产干茶量300t，其中名优茶产量8t干茶以上，产值在1960万元以上。茶叶精深加工增值1500万元以上。公司全面实行无公害生产，建立生态、有机、绿色食品茶生产基地，完善国内外市场营销网络和产品培育，创立全国知名的主导茶叶品牌，构建雷山县最具成长性的"脚尧"茶叶产业带，直接带动茶农5000户共同发展。

十一、贵州敬旺绿野食品有限公司

成立于2005年6月，位于海拔2178.8m的雷公山国家级森林公园脚下，具有"天然氧吧"之称的中国苗族文化中心——贵州省雷山县，公司是贵州省农业产业化经营重点龙头企业和省级扶贫龙头企业。

公司总占地面积1.2万m²，建筑面积6600m²；公司现有国内先进的茶叶生产加工自动流水线；形成茶叶先进配套生产车间；现有员工76人，其中高级管理人员4人、高级技师3人、专业技术人员8人、季节性员工60人；公司组织结构由董事会→董事长→总经理、执行总监→副总经理→茶叶产品车间和相关科室组成；主要从事雷山银球茶、雷公山清明茶、雷公山红茶等系列产品的生产加工、茶叶无公害栽培技术及产品系列化开发、生产，销售自产产品。

公司自成立以来，一直立足于雷山县丰富的野生资源和先天的气候优势，公司有有机茶园20hm²，无公害茶园666.67hm²（图5-1）；公司采取"公司+基地+农户"的联益方式，同时加强自主技术创新开发，使公司的发展得到稳定增长，带动雷山茶叶产业化发展，促进农业产业结构调整；公司生产的雷山银球茶、雷公山清明茶、

图5-1 雷山丹江镇大坳山村茶园专属基地
（摄于2017年）

雷公山红茶等茶叶系列产品深受北京、上海、广州等市场消费者的青睐；公司生产的"雷山银球茶""雷公山清明茶"等香高馥郁、鲜爽醇厚、汤色明亮，得到了有关专家及广大消费者的认可。

雷山银球茶、雷公山清明茶、雷公山雪芽、雷公山毛尖、云雾绿茶等茶叶系列是公司的强势产品，尤其公司的主导产品"雷山银球茶"工艺独特，采用常年云雾缭绕的雷公山国家级自然保护区腹地生态茶园的优质鲜叶为原料，采用特殊工艺精制而成；属纯手工搓揉制作，共经12道工序，是中国绿茶的独创。"银球茶"呈球形，浑圆、匀整、润绿、露毫，球体直径18~20mm，颗重2.5g（±0.02），汤色绿黄明亮，清香持久，滋味鲜爽回甘，醇正，叶底黄绿匀整，鲜活，是我国唯一成"球"形状的茶叶，已通过有机茶认证，同时获得国家专利；"银球茶"用沸水冲泡，好像菊花开放一样，喝了它，人们就会发出感叹："雷山出好茶"；美誉度和知名度在国内茶叶行业中曾一度列为首位。

公司按照"建设一个体系、形成一个龙头、创立一个品牌、带动一个产业、致富一方百姓"的建设总体要求，以"做大做强雷公山茶"为目标。公司生产的"雷山银球茶"曾获评首届中国食品博览会"金鹤杯奖"；轻工业部优质产品；第四届"国际名茶金奖"；全国食品行业"名牌产品"；2007年被评为"贵州省著名商标"；2009年3月获无公害农产品及产地认证；2009年9月被评为"贵州省十大名茶"；公司因积极纳税，被雷山县委、县政府评为2009年度工业税收贡献"先进企业"；2010年4月获贵州"多彩贵州百强品牌"荣誉称号；2010年7月获贵州"多彩贵州十大特产"荣誉称号；2010年10月获首届全国"国饮杯"一等奖，并赢得了贵州省茶叶专家朱志业老师的高度评价；2010年10月在十七届上海茶文化节获"中国名茶"金奖；2011年5月在参加中国（上海）国际茶业博览会上获"中国名茶"特别金奖称号。2012年7月获"有机产品认证"，2012年9月获"食品安全生产示范企业"，2012年11月获"省级扶贫龙头企业"称号，同月获贵州省"农业产业化经营重点龙头企业"称号。2014年5月荣获浙江宁波第七届"中绿杯"中国名优绿茶评比"金奖"。2015年5月获贵州省首届斗茶大赛银奖；2015年9月获百年世博"金奖"。2019年荣获"黔茶杯"名优茶评比活动"一等奖"。

十二、贵州省雷山县苗家春茶业有限公司

成立于2004年8月，是一个集茶叶种植基地、茶叶加工、销售、技术咨询、茶艺为一体的有限公司。现有员工36人，其中技术人员23人，获茶叶相关资格证书4人。有茶园面积64hm²，其中有机茶园基地面积40hm²。

主要产品有"雷山银球茶""雷公山清明茶""雷公山苗家白茶""雷公山玉针茶""雷公山玉叶茶""雷公山毛峰茶""雷公山尖茶""艳红茶""高康杯杯香"等系列产品。

公司2011年通过有机认证；2015年通过ISO9001认证和ISO14001认证。

"雷公山清明茶"在2005年第六届"中茶杯"全国名优茶评比中荣获一等奖，2010年分别荣获"国饮杯"全国茶叶评比一等奖和黔东南州苗侗情茶叶质量评鉴活动金奖，2012年荣获"国饮杯"特等奖；"雷公山苗家白茶"荣获2011年"中茶杯"全国名优茶评比特等奖。"高康杯杯香"茶叶2015年在第十六届中国绿色食品博览会中荣获金奖；2016年荣获"国饮杯"一等奖。"雷山银球茶"入选《2015年度全国名特优新农产品目录》。

公司2007年被雷山县委、县政府评为"优秀茶叶企业"，2009年被认定为黔东南州农业产业化经营重点龙头企业，2010年被雷山县委、县政府评为工业税收贡献"先进企业"，2010年被贵州省扶贫开发领导小组办公室评为"省级扶贫龙头企业"，2012—2015连续4年被贵州省工商行政管理局评为省级"守合同、重信用"单位，2012年被雷山县委、县政府评为在2010—2012年度茶产业发展中的"优秀茶叶产品加工企业"，2014年公司员工被省茶产业发展联席会议办公室评为贵州茶行业"十大制茶能手"，公司被省农业产业化经营联席办公室认定为贵州省农业产业化经营重点龙头企业，"高康杯杯香"商标被省工商行政管理局评为"贵州省著名商标"。

十三、雷山县福尧茶叶有限公司

其前身为雷山县雷公山脚尧绿茶厂，成立于1992年，位于雷山县乌开工业园区内，占地面积2800m²，建造砖混结构厂房总面积5600m²，其中办公楼3200m²、生产车间1800m²、食堂等生活用房600m²。年生产能力200t以上，拥有茶园65hm²。为一个集高产优质茶园基地、品牌、研发、加工、销售服务一条龙实体企业。

主要产品有：秀忠茶、富尧毛尖、富尧毛峰、富尧绿茶、高山秀芽、曲花红茶、青钱柳、绞股蓝茶等。其产品供给贵旅集团、海滨制药集团等大型企业用茶，销往北京、贵阳等大中城市。

厂长（经理）吴秀忠先后获授州、省、全国"扶贫开发先进工作者""优秀共产党员""全省劳动模范""全国劳动模范""中国科协农村科普先进工作者""全国民族团结进步模范"等20多项殊荣，1995年"五一"作为全国劳模在北京天安门受到党和国家领导人接见。

公司先后获优秀茶叶初级加工厂、优秀茶叶产品加工企业、先进企业、先进单位、先进集体、贵州食品安全诚信示范企业、州级农业产业化经营重点龙头企业、州扶贫龙头企业等荣誉；"秀忠"商标被评为贵州省著名商标称号；在2013年茶叶质量评鉴中荣获得游千户苗寨品雷公山茶金奖，2016年荣获首届雷公山春茶斗茶大赛银奖。

十四、贵州省雷山县绿叶香茶业有限责任公司

成立于2006年3月，是一家专业从事茶叶科研、种植、生产加工、销售为一体的民营科技企业。公司现有员工72人，其中管理和营销人员15人，专业技术和研发人员9人，茶叶中高级技师、质检员、评茶人员10人。公司主要管理人员和专业技术人员均为原国营雷山县银球茶叶公司改制重组的业务骨干、技术人员和职工。

公司茶园分布在雷公山自然保护区腹地，自然环境条件得天独厚，植被完好，森林覆盖率高，土壤肥沃，有机质含量高，酸碱适中，气候温和，常有云雾缭绕，雨量充沛，空气清新，无任何工业污染，是生产无公害和有机茶叶的理想之地。利用优越的雷公山独特的自然资源优势，造就其纯天然、无公害的先天品质——"绿烨香"牌产品系列。

公司设有办公室、财务室、生产技术部、质量管理部、销售部、基地管理部等机构，有1条标准化茶叶精制加工生产线，有独资、合资、合作式等12个茶叶加工厂（场）。年生产能力达100t。

主要产品有："绿烨香"牌"绿叶香茶""雷山清明茶""雷山毛尖""雷山雪芽""雷山翠芽""雷山云雾绿茶""雷山红茶"和许可生产的"雷山银球茶"系列产品。

产品销售市场主要有北京、山东、黑龙江、内蒙古、上海、广东、福建、湖南等省份及贵州省内各地。

公司生产的"绿烨香"牌茶叶，获2015—2016年度贵州生态农业"优强品牌"称号，2016年分别荣获"中绿杯"中国名优绿茶评比银奖，第四届"国饮杯"一等奖。2019年特级银球茶、红茶荣获"华茗杯"产品质量推选活动"特别金奖"。

该公司2008—2010年被雷山县消费者协会评为"诚信单位"，2010年被雷山县委、县政府授予2007—2009年度茶叶产业发展"先进企业"，2012年9月被雷山县委、县政府授予2010—2012年度茶叶产业发展"优秀茶叶产品加工企业"，2013年被黔东南州知识产权局评为"黔东南州知识产权试点单位"，2013年被黔东南州农业产业化经营联席会议认定为农业产业化经营重点龙头企业，2014年被黔东南州扶贫开发领导小组评为"黔东南苗族侗族自治州扶贫龙头企业"，2016年被贵州省民族宗教事务委员会、贵州省财政厅、人民银行贵阳中心支行认定为"民族贸易企业"，2017年获得"一种太阳能供电且可调速的茶叶烘干装置"专利，2018年分别被评为"中国茶业质量信用AAA级企业"和"2018年度消费者最喜爱的贵州茶叶品牌"。

十五、贵州省雷山县银球茶叶有限公司

原为雷山县饮料食品厂，于1983年5月成立。1984年4月，毛克翕任饮料食品厂厂

长，并在厂内成立"茶叶加工车间"，专门研制加工茶叶产品。1987年1月，饮料厂茶叶车间实行承包经营，茶叶产品开始实行独立经营，独立核算。1988年1月，茶叶车间扩大更名为雷山县饮料食品厂银球茶叶公司。1989年3月，贵州省雷山县银球茶叶公司成立。公司属国营企业，实行独立核算，自负盈亏。1990年5月，雷山县政府明确雷山县银球茶叶公司为科级公司。是年12月，雷山县银球茶叶公司实行行业归口管理，隶属县轻工局领导。之后，该公司向社会集资，成立过银球茶叶一、二、三、四、五分厂，其间与雷公山自然保护处联办雷公山银球茶叶分公司等，2年后几个分厂先后解体。1996年5月，雷山县银球茶叶公司更名为贵州省神奇银球茶有限公司。

2000年前，该公司内设机构有办公室、财会科、生产技术科、行政科、保卫科、基地管理科、银球茶科研所，车间设制茶车间、保健茶车间、制盒车间。2004年，机构改组，设办公室、生产技术部、销售供应部、财务部、质量及标准化管理部、基地工作部、设计室、制茶车间、制盒车间。1989年底有在册职工61人，1990年底有在册职工85人，至2000年在册职工181人。2005年共有在册职工190人，进行改制裁员101人，编制岗位89人，是年年末在岗66人。

1997年7月，组建贵州银球茶叶有限责任公司。是年8月，组建贵州省雷山县富硒茶叶有限责任公司，实行国企民营股份制经营。是年9月，有76名职工集资入股，召开第一次股东大会。会议通过《贵州省雷山县银球茶有限责任公司章程》，选举产生董事会和监事会成员。

2006年3月，雷山县政府在县经贸局会议室主持雷山县银球茶叶公司厂房设备、商标、品牌的招租招标活动，由贵州省雷山县鑫鼎农业科技发展有限公司以18万元的标价中标，并签订相关合同，获租赁一年的经营权期。至此，雷山县银球茶叶公司不再以独立的身份运营。

2006年3月至2014年3月，根据《中共雷山县委常会议纪要》精神，雷山县银球茶叶公司先后将"银球"商标许可给贵州省雷山县鑫鼎农业科技发展有限公司、雷山县毛克翕茶叶发展研究所、雷山县绿叶香茶业有限公司、雷山县鑫山实业有限公司、雷山县脚尧茶叶有限公司、贵州雷山县敬旺绿野食品有限公司、雷山县脚尧秀文茶叶有限公司、雷山县苗家春茶业有限公司、雷山县满天星茶叶公司、雷山县大龙茶叶加工厂等10家县内企业使用，产品市场和规模均得到扩展，产品质量得到提升，赢得"贵州十大名茶""多彩贵州百强品牌""多彩贵州十大特产"，获"中国名茶"评比特别金奖、"中绿杯"金奖等荣誉。

1989年3月与饮料厂分离独立后，银球茶叶公司有厂房400m²（原陶瓷厂办公与住宿楼上下（两层砖木结构1幢）、炒茶机3台、揉捻机3台、风选机1台、筛选机1台、操作台10张。

主要经营有直属脚散茶场面积20hm²、公统茶场面积15.63hm²、三角田茶场面积18.75hm²。

公司1987年12月至1989年8月，获特种绿茶云雾茶、特种绿茶天麻茶、特种绿茶清明茶与寿茶、三尖杉杜仲茶的制备方法产品4项专利。1990年9月至1996年11月，获书形茶叶包装罐、包装盒等21项专利。1988—1989年，"雷公山"牌天麻茶荣获1988年全国优秀保健产品"金鹤杯"奖，"银球"牌银球茶荣获中国首届食品博览会"名、特、优"新产品金奖。"雷公山"牌天麻茶荣获中国首届食品博览会"名、特、优"新产品铜奖。1990—1998年，"银球"牌银球茶、"雷公山"牌天麻茶获轻工业部、中国食品工业协会、省轻工厅、省食品协会等部门评为"名、特、优"新产品金奖和铜奖、旅游产品优秀奖等。

公司先后被获贵州省委、省政府和黔东南州委、州政府授予"优秀企业""文明单位""学雷锋活动、巾帼建功先进集体"称号；毛克翕、董益升、汪福军、任亚平等在银球茶、特种绿茶造型工艺研究项目中，荣获贵州省科技进步三等奖及个人荣誉证书，毛克翕荣获贵州省轻纺系统"十五"先进生产者荣誉称号，李兰荣获州政府授予"巾帼建功"先进个人。

2000—2015年，公司生产的"银球"牌银球茶、特级清明茶、雪芽等在国际茶博会、中国茶博会、贵州省首届文化节十大名茶评比等活动中荣获金奖、银奖、二等奖、优胜奖、名优茶、十大名茶、十大特产、著名品牌、百强品牌，以及茶业行业优秀企业等荣誉和奖励。

雷山县银球茶叶公司还被中国食品工业协会、贵州省物价局、贵州省标准计量管理局和黔东南州物价局、州技术质量监督局、州工商局、州消费者协会等单位授予"自行定价单位""价格质量信得过单位""重质量守诚信单位"。

十六、万达·丹寨扶贫茶园

为贯彻万达对丹寨的扶贫政策，2017年由丹寨县金建投资发展有限责任公司出资成立了国有性质的"贵州丹寨小镇茶业有限公司"，充分利用万达管理及品牌优势，落实万达对丹寨的扶贫计划，由万达商管负责茶业公司专业团队的搭建和项目运营，以加强扶贫茶园项目的专业化、规范化管理。万达集团针对丹寨的实际情况，结合扶贫政策和丹寨茶产业的实际情况，创新性地提出了符合现状的运营模式。

丹寨扶贫茶园是万达集团帮扶丹寨推出的新型扶贫公益项目。万达结合扶贫政策和丹寨茶产业的实际情况，实施以整合丹寨现有茶产业链，打造丹寨茶产业平台，塑造丹寨高品质茶叶品牌"丹寨红""丹寨绿"的举措。以爱心认领结合市场销售的方式带动全县茶树种植、鲜叶采摘、成品加工环节的良性发展，进而提升丹寨茶叶品牌形象。通过带动农村贫困户直接参与整个茶产业链的务工劳作，取得劳动收入，助推社会脱贫致富。

丹寨扶贫茶园是扶贫项目，通过项目运作直接帮扶贫困户实现稳定收入，并惠及周边务工农户创收；丹寨扶贫茶园是一个体验项目，广大爱心认领人士可以携带家人、亲友前往茶园，深度体验种茶、采茶、制茶全过程；更是一个旅游项目，因茶园到丹寨而带动丹寨旅游产业的发展。

运营模式：由万达制定茶园管护标准、加工质量标准，建立一个符合丹寨茶产业现状的行业平台，并大力打造认领推广及市场销售，提升品牌形象及扩大品牌影响力，实现产品的高附加值。

丹寨县内所有符合项目管理标准的茶园及加工厂均可与管理方建立深度合作，通过整合丹寨茶产业链资源，以"认领定销促产"带动种植、加工环节良性发展。根据市场需求向合作茶园及加工厂提出生产加工计划，合作茶园及加工厂提供充分的就业机会，最终惠及到农户，农村贫困户通过参与务工取得劳务收入而逐渐脱贫。

短期目标（2018—2019年）：提供充分的就业机会，使农村贫困户及富余劳动力能就地产生劳务收入而逐渐脱贫致富。

中期目标（2020—2021年）：形成集茶叶种植、加工、销售、茶旅体验、茶农扶贫为一体的产业扶贫模式。

长期目标（2022年以后）：为丹寨茶产业建立一个良好可持续的行业标准及市场品牌，扶持产业的良性发展。

扶贫成效：2018年完成500亩扶贫茶园认领，帮扶贫困户512人；2019年完成600亩扶贫茶园认领，帮扶贫困户600人，发放贫困户帮扶款78万元；带动社会务工1259人次，发放务工费用140.34万元。

十七、丹寨县黔丹硒业有限责任公司

有职工201人，其中高中层管理及技术人员63人；土地面积8.2km²，有200hm²优质茶叶基地和3条生产线（500t/年茶叶加工生产线1条、4000t/年硒软水生产线1条、10000t/年优质硒精米加工生产线），是丹寨县农副产品加工型企业及省级农业产业化经营重点龙头企业。

该公司主要以种养殖业为主，兼发展茶、牧、工、副等多种经营。1991年发展种植水稻43hm²、烤烟53.33hm²、桃园3.5hm²、葡萄10hm²、橘子1.2hm²，产干茶6420.75kg。全年完成工农业总产值51.89万元。1992年发展种植水稻43hm²、小麦3.6hm²、其他粮食作物25hm²、油菜37hm²、畜牧渔业产量26100kg。当年完成工农业总产值112.3万元。1993年，按照高标准规范化新建茶园173hm²，其中一期93hm²、二期80hm²。1994年，相继建新茶园与前一期、二期茶园共213hm²。改造和新建茶叶加工厂房2333m²、仓库3200m²，形成手工车间2个、初制车间2个、精制车间1个。1994年，产茶青38500kg。其中毛尖茶青1880kg、毛峰茶青1680kg、大宗茶青34940kg。1995年，粮食播种面积96hm²；产茶青103190kg，其中毛尖茶青5038kg、毛峰茶青4504kg、大宗茶青93648kg；产干茶24089kg，其中毛尖茶735.5kg、毛峰茶1119.5kg、大宗茶22234kg。是年，完成工农业总产值182.92万元。1996年，粮食种植面积275hm²。产茶青1476.5kg，产干茶329.62kg。是年，完成农业生产总值191.20万元。1997年，种植优质大米16hm²、红薯14hm²、烤烟6.79hm²，产干茶770kg。1998年，新建年产300t茶厂1座，占地面积1884m²，种植硒谷25hm²。是年，完成农业生产总值197.02万元。1999年，种植水稻36hm²、玉米28hm²、薯类7hm²、烤烟3.5hm²。是年，完成农业生产总值164万元。是年11月，全场职工494人（其中退休181人、在职313人）全员纳入社会养老保险统筹行列。

茶叶是该公司最早成规模的经济作物，也是金钟农场的传统农产品。在基地建设方面：1993年用100万元的扶贫贷款对原茶园进行了改造，建立起了新一代的第一期73hm²茶园。后又得到坡改梯等项目资金的支持，基地规模逐年发展扩大，并带动了南皋乡竹留村、兴仁镇烧茶村、扬武乡乌仲村、排调镇党干村等地的基地建设。形成了丹寨县"公司+基地+农户"的农业产业化雏形，实现了农产品加工业的良好开端。在茶叶加工方面：1994年金钟农场建立了自己的第一条茶叶加工生产线，主要生产毛尖茶；为了提高茶叶下树率，提高单位面积收益，又分别建立了毛峰和绿茶生产线；1995年引进外地茶商开辟了珠茶生产线，其产品远销非洲；1999年建成茶叶加工厂房1座，占地面积1884m²，年产干茶300t。到1995年底，金钟农场茶园面积发展到206.25hm²，茶园效益逐年提高，被外界誉为"金钟茶海"，2005年12月，金钟农场被国家旅游局命名为国家农业旅游示范点。

该公司在1993年第一批试采加工的茶叶产品出来后，便注册"黔丹"牌商标。进入21世纪以来，金钟农场着力加强对商标、品牌及产品的宣传、打造和提升，提高了"黔丹"牌商标的知名度和产品的市场占有率。1996年成立丹寨县黔丹硒业有限责任公司，属国有控股企业，主要从事茶叶、硒米、硒水、韭菜根等"黔丹"牌系列农副产品的生产经营及开发，取得了明显的成效。公司研制开发的"黔丹"牌系列产品投放市场供不应求，深受广大消费者的好评，产品远销广东、广西、福建、湖南、浙江等地。2003年1月，公司获贵州省外贸合作厅批准进出口资格，并通过ISO9001认证，是年12月，分别获省级农业产业化经营重点龙头企业和州级农业产业化经营重点龙头企业，国家标准化委员会示范基地，贵州省无公害大米生产基地。2008年"黔丹"牌商标被评为"贵州省著名商标"（表5-3）。

表5-3 丹寨黔丹硒业有限责任公司列产品获奖一览表

获奖名称	获奖单位或产品	颁奖单位	获奖时间
贵州省名茶	黔丹毛尖 （龙泉毛尖）	贵州省食品工业协会茶叶分会和 贵州省茶叶品质评审委员会	1995.06
贵州省名茶	黔丹神笔咏春	贵州省食品工业协会茶叶分会和 贵州省茶叶品质评审委员会	1995.06
贵州省首届斗茶会优秀奖	黔丹毛峰茶	贵州省食品工业协会茶叶分会和 贵州省茶叶品质评审委员会	2000.06
贵州省首届斗茶会第四名	黔丹毛尖茶	贵州省食品工业协会茶叶分会和 贵州省茶叶品质评审委员会	2000.06
中国凯里国际芦笙暨民族服饰文化节 "鸿福杯"黔东南名茶	黔丹毛尖茶	中国凯里国际芦笙暨民族服饰文化 节组织委员会	2001.08
贵州省质量检验协会茶叶专业委员会 团体会员（副会长单位）	黔丹公司	贵州省质量检验协会	2002.06
贵州省茶叶行业知名商标	黔丹公司	贵州省食品工业协会茶叶分会	2004.12
贵州省茶叶行业优秀企业	黔丹公司	贵州省食品工业协会茶叶分会	2004.12
2006"中绿杯"中国名优 绿茶评比银奖	黔丹毛尖茶	第三届中国宁波 国际茶文化节组委会	2006.04
2006"中绿杯"中国名优 绿茶评比优质奖	黔丹苗岭御剑茶	第三届中国宁波 国际茶文化节组委会	2006.04
贵州省优秀茶叶企业	黔丹公司	贵州省饮食与茶文化节组委会	2007.01
第三届贵州农产品展销会名特优产品	黔丹毛尖茶	贵州省名特优农产品展销会组委会	2007.11
第三届贵州农产品展销会名特优产品	黔丹毛峰茶	贵州省名特优农产品展销会组委会	2007.11
贵州省名牌农产品	黔丹毛尖茶	贵州省农业厅	2007.11
贵州省名牌农产品	黔丹毛峰茶	贵州省农业厅	2007.11

获奖名称	获奖单位或产品	颁奖单位	获奖时间
第八届"中茶杯"全国名优茶评比优质茶称号	苗岭御剑茶	中国茶叶学会	2009.07
2010年第十七届上海国际茶文化节"中国名茶"金奖	苗岭御剑茶	上海国际茶文化节组委会	2010.04
首届黔东南知名商标	黔丹牌	黔东南首届知名商标评选委员会	2004.03
黔东南农业产业化经营重点龙头企业	黔丹公司	黔东南州农业产业化经营联席会议	2003.09
中华人民共和国进出口资格	黔丹公司	贵州省贸易合作厅	2003.01
商标注册证	黔丹牌	中华人民共和国商标局	1997.04
全国工业生产许可证	黔丹公司	贵州省质量技术监督局	2007.01
贵州省农业产业化经营重点龙头企业	黔丹公司	贵州省农业产业化经营联席会议	2003.12

十八、丹寨县安信茶业有限责任公司

成立于2014年3月，是一家集生产、开发、推广、经营为一体的综合性茶业经营企业。公司现有员工47人，其中质检员2人、研发人员4人、技术人员30人、其他人员11人。注册有"春情帝茗"商标，主要产品有"白茶"和"黄金芽"。

该公司实行"丹寨排调模式"发展，即以"公司+村两委+农户+基地"的经营模式带动村集体和贫困户发展。村委或贫困户以出资源或出资金的形式进行入股，参与公司茶园的共同建设开发，产生经济效益后按实际股份年终分红，这就是"资源变资产""资金变股金""农民变股东"的三变政策。2016年8月，公司首次在甲石茶叶基地召开了村民股份兑现大会，现场拿出7万元现金进行分红。

至2018年底，该公司带动发展区茶叶种植145hm^2，覆盖农户数近500户（其中贫困户135户），直接带动周边农户3000人受益，项目区农户主要是通过到茶园务工（除草、施肥、采茶等）实现增收，年人均增收5000元以上。

十九、丹寨县华阳茶业有限公司

成立于2008年，位于丹寨县金钟经济开发区食品园路，是一家集茶叶种植、加工、开发、销售和茶文化推广于一体的综合性茶叶经营企业。2018年被认定省级农业产业化经营重点龙头企业。至2018年，公司拥有133.3hm^2优良茶叶基地，清洁化标准厂房3500m^2，年生产高、中、低档名优茶200t左右。

该公司主要产品有"苗缘"牌毛峰、中黄3号、安吉白茶、丹寨红、欧标白茶、欧标黄茶等。

该公司的主要做法：一是多次派员到中国农业科学院茶叶研究所、中国茶叶学会、贵州省茶叶协会学习，培养了一支具有精湛加工技术的高级品茶员、高级茶艺员、农艺师队伍。二是实行"品牌带产业、企业带基地、合作社带贫困户"的"三带"产业发展模式，先后对龙泉镇白元村、马寨村、羊甲村及雅灰乡羊高村的低产茶园、脱管茶园进行提质增效改造。三是采用"龙头企业+合作社+贫困户"经营模式，动员贫困户以土地、技术、资金、劳务等入股合作社，再以合作社入股到公司，让贫困户一起参与经营管理，享有入股分红金、劳务薪金和流转租金的"三金"收入。该公司带动农户1000余人（其中贫困户400余人），增加了贫困群众和村集体经济收入。四是首创"手采+机采"的基地管理模式，充分利用春、夏、秋茶原料，提高了茶青下树率。五是与贵州詹姆斯芬利茶业有限公司、万达集团合作，产品连续3年检测均达到国际欧盟标准，出口欧洲，远销北京、上海、浙江、深圳、广州、成都等地。

该公司2017年被评为"丹寨县脱贫攻坚十佳扶贫企业"和"黔东南州妇女创业示范暨培训基地"。2018年被评为"丹寨县脱贫攻坚优秀扶贫企业"和"黔东南州巾帼脱贫攻坚先进集体"。

二十、丹寨县三泉茶业有限公司

成立于2010年9月，位于丹寨县金钟工业开发区，是集茶叶生产、加工、销售、科研、良种茶苗繁育于一体的科技型企业。2013年被认定为州级农业产业化经营龙头企业，2014年被认定为黔东南州扶贫龙头企业，2015年被认定为省级农业产业化经营重点龙头企业。

该公司有核心茶园25hm²，"公司+基地+农户+合作社"茶园100hm²。采取"公司+基地+贫困户"管理模式，与县内农户建立了长期稳定的合作关系。每年给当地农户带来80多万元的劳务收益。直接带动贫困户67户，年增加农民收入41.2万元，户均增收0.86万元。

该公司主要产品有"三泉""溢晶香"牌丹寨硒锌毛尖、丹寨毛峰、丹寨红茶、丹寨白茶、三泉贡芽五大系列23个不同规格品种的硒锌绿茶、红茶、白茶产品。年产25t干茶，年产值800多万元。在福建、江苏、陕西有茶叶自营店。

公司生产的"丹寨毛峰""丹寨硒锌红茶""丹寨白茶""丹寨红茶"多次获奖。其中"丹寨毛峰"2012年在第二届"国饮杯"全国茶叶评比中荣获一等奖。"丹寨硒锌红茶"2013年在第十届"中茶杯"全国名优茶评比中荣获特等奖;"丹寨硒锌红茶"2015年"黔茶杯"名优茶评中比荣获一等奖,"中茶杯"全国名优茶评比中荣获一等奖;"丹寨白茶""丹寨红茶"2016年在贵州省"黔茶杯"中获特等奖和二等奖,"中绿杯"获银奖;"丹寨白茶""丹寨红茶""丹寨毛尖"在2017年分别荣获贵州省"黔茶杯"特等奖和2个一等奖;"丹寨白毫银针"2017年在"中茶杯"全国名优评比中荣获一等奖;"丹寨白茶"在2018年"黔茶杯"荣获一等奖。

二十一、贵州省东坡茶场

建于1953年、位于㵲阳河中心腹地,黔南第一洞天飞云崖风景名胜区内。全场横跨黄平、施秉2县,面积2000hm²。

该场2003年通过有机食品及AA级绿色食品的认证,通过ISO9001认证。2003—2004年,"飞云"牌东坡毛尖茶、毛峰茶、绿茶,"舞阳河"牌东坡毛尖茶、银针茶、绿茶通过了有机食品认证、AA级绿色食品认证。2004年3月获企业自营进出口资格证书。

该场拥有茶叶加工厂房10000m²,先进加工设备120台(套),有机食品、AA级绿色食品茶园36hm²,生态茶园293hm²。茶叶品种为黔中优良地方中小叶种石阡苔茶,树龄10~30年。年产茶叶300t,年产值1000万元。

主要产品有:毛尖、翠芽、烘青、炒青、绿茶片、红茶片等,主营"飞云"牌、"舞阳河"牌系列茶制品,产品均达到欧盟农残标准要求。

2003—2004年,该场先后荣获"贵州省茶叶行业优秀企业"、中国食品工业"2002—2003年度中国食品工业质量效益先进企业"和"全国食品行业优秀QC小组"称号。1990—2004年,"飞云"牌东坡毛尖先后荣获贵州省名茶、贵州省名牌产品、贵州省茶叶行业著名品牌和省级"守合同、重信用"单位称号、中国食品工业"优秀产品"称号。

二十二、贵州思州茶业有限责任公司

岑巩古名思州,唐代茶圣陆羽《茶经》中有"茶之出黔中生思州、播州、夷州、费州、播州……,往夕得之,其味极佳"的记载。思州茶历史悠久。

该公司成立于2005年8月,现有茶叶加工厂1座,总面积5000m²,位于岑巩县工业园区食品产业园。

该公司有带动茶园面积866.66hm²,自有无公害茶叶基地84hm²(有机食品转换期36hm²),涉及农户135户(其中贫困户62户),基地季节农民工265人,工厂固定职工9人,其中茶叶加工技师2名、质检员2名、评茶员1名、会计师1名、其他管理人员2名。

主要产品有"思州"牌绿茶系列产品（翠芽、毛尖、毛峰、普通绿茶等）和"思州"牌红茶系列产品（高、中、低档卷曲形红茶等），思州绿茶与红茶系列产品年产量分别为30t和5t。

公司为黔东南州农业产业化经营重点龙头企业、州级扶贫龙头企业；"思州"商标荣获"贵州省著名商标"，"思州"牌茶产品荣获"贵州名牌产品"称号。

第三节　茶叶市场建设

黔东南州茶叶生产历史悠久，茶叶交易的出现也较为久远。但明清至民国时期，茶叶交易仍主要以赶集为主。19世纪至20世纪40年代，各地设固定茶青收购点，形成黔东南州茶青市场雏形，各县开始建立固定茶青交易市场。2000年前，黔东南州茶叶产品交易没有专门市场，零星交易仍以赶集为主。从2000年后，建起专门大型茶叶交易市场——雷山茶城、中国·侗乡茶城。黔东南州茶叶出口，在新中国成立后计划经济时期达到第一个高峰，21世纪后又开始出口，近年来出现不断上升趋势。

黔东南州茶叶市场有传统市场、茶青市场、大型茶叶市场、茶叶展销与专卖店等。

一、传统市场

清代、民国时期，黔东南州，思州龙田、客楼，镇远羊场、天印，从江西山，黄平旧州，凯里炉山等即有茶市，但规模均小。新中国成立后，随着各地茶园开垦发展，各县凡赶集，均有茶叶交易点，大小不一、规模不等茶青出售市场、茶叶交易市场以黎平、雷山、丹寨、岑巩和台江等县市场较大。

二、茶青市场

20世纪40年代，部分县即有茶青市场，但规模很小，比较大的主要在镇远羊场、金堡、江古、都坪，岑巩客楼等地。20世纪50年代后，各产茶县（市）逢场期交易茶青，也有固定场所，但规模均不大。黔东南州具有规模的青茶市场形成于21世纪初。此期间，各产茶县（市）都先后建起茶青交易市场。黎平县24个乡镇134个村均有大小不等的青茶市场，其中德凤镇茶青交易市场（城关）占地面积1028m²；雷山县丹江镇的脚雄村、白岩村，西江镇的乌尧村、脚尧村，望丰乡的望丰村、乌江村、乌的村，大塘镇的乜耶村、交腊村等建立了稳定的茶青供求市场；丹寨县先后完成5个茶青交易市场项目建设工作，其中南皋乡湾寨村2个、兴仁镇排佐村2个、雅灰乡夺鸟村1个。

茶青市场的建设，极大地方便了茶叶的运输加工，使农民采摘的鲜叶能及时地出售并运送到各茶叶加工厂，确保了茶产品的加工质量。

三、大型茶叶市场

新中国成立后，尤其是20世纪80年代后，随着各乡镇茶园开垦的发展，产茶县（市）凡赶场集市均有茶叶交易点，大小不一规模不等。雷公山茶城、中国·侗乡茶城建成后，州内开始有上规模、上档次的大型茶叶交易市场。

① **雷公山茶城**：该城集茶青交易、茶叶产品、茶文化交流、茶知识传播、茶馆茶楼为一体，旨在打造成黔东南州最大的茶叶交易中心和全省名优茶产品聚散地。雷山茶城2012年11月25日建成，该茶城总占地面积2hm²，总建筑面积12300m²，建成商铺80多间，交易摊位500多个。由茶叶市场、附属农特产品市场、标杆住宅三部分组成。2015年，该茶城有28家茶企入驻，通过销售网络和电子商务平台，连接北京、上海、广州等10多个省份茶叶销售市场，年茶产品交易量达800t，交易额达9600余万元。

② **中国·侗乡茶城**：为黎平县2014年通过招商引资，以现代商务物流为理念，打造服务功能齐全、配套设施完善的以茶叶交易、茶文化展示和侗族特色食品文化体验等为一体的城市综合体项目。2016年10月，中国茶叶流通协会行文授予"中国·侗乡茶城"称号，为贵州省重点升级打造的五大区域茶叶交易市场之一，是黎平县"一城一地一品牌"的重要组成部分，承载着黎平县"绿色崛起、后发赶超"的重要功能。中国·侗乡茶城，位于黎平县城南新区，建筑面积23万m²，总投资8亿元。主要建设内容有茶叶交易大厅、茶文化展示厅、茶叶科研所、茶叶博物馆、茶叶贸易街、茶叶物流配送中心、电子商务中心、科技中心、茶叶专业仓储、茶文化广场、会议室、冷库等。2018年完成茶叶交易市场、茶叶商铺、茶博广场、茶文化街、百村集市产品区、茶城核心主体9号楼的建设，有63家茶企入驻中国·侗乡茶城。是年5月1日开业试运营。中国·侗乡茶城的建设运营，将引领黎平茶产业的发展，将形成"黔湘桂"交界区域以茶叶为主的农产品市场交易中心、茶文化中心。

四、茶叶展销与专卖店

黔东南州茶产业链条不断完善，集茶树良种繁育、茶园种植、茶叶初精深加工、品牌建设、茶文化建设、茶产品销售为一体。以雷公山茶城、中国·侗乡茶城为载体，不少茶企业都有自己的茶叶专卖店，不少茶叶企业在州内外、省内外甚至国外设有茶叶销售窗口或专卖店。主要经营雷山银球茶、雷山清明茶、黎平香茶、黎平红茶、丹寨子硒锌绿茶、岑巩思州绿茶和"毛克翕""脚尧""鑫球""高康杯杯香""绿烨香""绿烨香""紫日""福凯""侗乡春""黔丹""添香园""三泉""银角""两汪白茶"等品牌。

20世纪末至21世纪初，各产茶县（市）采取政府牵头、部门承办、企业参与、财政补贴等办法，有计划、有步骤地组团到全国大中城市和省州县主销区，开展宣传推介活动，举办茶叶研讨会、品茗会。鼓励企业参加国内外茶叶展示展销交易会，主办广告、宣传、推介活动。培养委托代理商队伍，借船出海，建立销售平台。支持自建电商平台（含企业门户网站）、委托第三方电商平台、依托淘宝、天猫、京东商城等电商平台多渠道开拓茶叶营销渠道。1988—1992年，雷山县茶叶公司和雷山县银球茶叶公司除在本县设茶叶专卖店外，还派员工前往凯里、贵阳、北京、南京、广州、上海等全国各地联系销售。1995年以后，雷山县大龙村杨德茶叶加工厂、雷山县脚尧村茶叶加工厂、雷山县毛克翕茶叶发展研究所、雷山县乌尧秀文茶叶加工厂等在县内、凯里设茶叶专卖店的同时，还派员前往贵阳、北京、杭州、广州等地设置销售窗口。至2015年，雷山县茶叶产品除了在省内的销售市场外，还在北京、上海、天津、石家庄、济南、哈尔滨、海口、广州、深圳、山东、乌鲁木齐、香港以及日本、美国、韩国等设有销售窗口，部分茶叶产品直接上架超市。2016年，雷山县茶叶产品超市的销售额为3426.58万元，专卖店的销售额为5149.42万元。主要市场有：北京、天津、上海、南京、贵阳、凯里、浙江、江苏、广州、新疆、山东、黑龙江，以及日本等。黎平县侗乡福生态茶业有限公司2009年6月入驻淘宝网，2012年10月侗乡福旗舰店于天猫网正式运营，2013年7月成立黎平侗乡福茶业电子商务发展中心。2014年销售额完成了220万元，2015年10月底销售额超过300万元。

至2018年黔东南州茶叶在省内销售点有211个，其中专卖店69个、专柜28个、代销点114个；省外销售点76个，其中专卖店11个、专柜12个、代销点53个，进商超系统的省内有18个，建立电商茶叶销售平台10家。

第四节　茶叶贸易

民国三十二年（1943年）复兴贸易公司在境内共收购出口茶叶28t，占全省总销量的8.5%。收购出口的茶叶主要通过广州、上海、思茅等地销往苏联、北非、美国、英国、印度、荷兰等国。民国后期，因受政治、经济等影响，境内茶叶收购量下降。

新中国成立后，特别是改革开放后，茶叶出口放开，有一定规模的茶叶加工企业，都可申请并获出口经营权。中国加入WTO后，2016年7月，随着改革开放的深入，地方外贸形式更加灵活，拥有自主出口权的企业增多。黔东南州茶叶出口除传统的地区与国家外，还出口到欧盟、非洲、东南亚及中东等地区。随着黔东南州茶产业的发展和宣传推介力度的加大，每年都有来自世界各国的茶商、采购商到黔东南州洽谈订购按国际标准生产的绿茶、红茶等名优茶。

一、绿茶贸易

新中国成立后，随着经济建设的发展，黔东南州境内的茶叶生产和收购量逐渐上升。1950—1954年共收购129.95t，年均25.97t。1961年收购绿茶52t，此后，绿茶收购量稳步上升，1962—1979年共收购2164t，年均120.2t，其中1979年收购194t，为黔东南州绿茶历年最高收购量。黔东南州的绿茶做工细致，色泽美观品质优良的镇远羊场的炒青茶曾作为全省的收购样品茶。1980年和1981年共收购366t。州外贸部门收购的绿茶，除每年按计划安排少量在州、县销售外，其余全部调贵阳茶厂加工为成品茶，一部分国内销售，一部分出口。

二、红茶贸易

1949年以前，黔东南州不生产红茶。20世纪50年代中期，凯里、黄平、镇远、岑巩、台江等县开始生产红毛茶，年产50t左右，镇远为主产区。1961年和1966年州外贸部门分别收购红茶252t和2242t，全部调贵阳茶厂加工出口。1966年黄平县东坡茶场始建红茶精制加工车间，购置从茶青生产到出口成品茶的加工设备。投产后，1967年生产红茶22.7t交州外贸部门调广东省茶叶进出口公司出口。此后红茶产量逐年扩大，1968—1979年，州外贸部门共收购红茶出口2093t，年均174.42t。其中1977年收购426t，创历年红茶收购出口的最高纪录，收购金额达133万元。1985年以前，红茶出口由广东口岸经营，黔东南州红茶由凯里火车直运广东。此后，红茶出口权下放到各省份，黔东南州收购出口的红茶改调贵州省土产畜产进出口公司。1986年，黎平县桂花台茶场开始生产红茶，由东坡茶场代为精制74.5t供州外贸部门出口。1987年该场与贵州省商业厅茶叶公司挂钩后，生产的红茶不再经过州外贸部门，直调广东茶叶进出口公司出口，由广东分给出口商品留成外汇。1980—1987年黔东南州外贸部门共收购出口红茶1041t，年均126.75t。

三、边茶贸易

边茶是1949年后才生产收购，主要供应边疆少数民族。黔东南州外贸部门从1961年开始收购边茶，是年收购119t，至1978年共收购6268t，年均348.22t，占全部茶叶收购总量的60%。其中1974年收购553t，是历年边茶最高收购量。1980年和1981年分别收购282t、144t。黔东南州收购的边茶，1974年以前分别调交湖北赵里桥茶厂和湖南益阳茶厂，1974年起改调贵州省遵义桐梓茶厂，由茶厂加工成砖茶后供应边疆少数民族地区。

第六章　茶类篇

黔东南州各县（市）都生产茶叶，茶产品主要有绿茶、红茶两大类。此外有些县还生产白茶以及非茶类茶。

第一节　绿茶类

一、绿茶发展概况

黔东南州绿茶，历史悠久，茶文化史有文字记载可追溯到唐代中期。凯里香炉山云雾茶、黄平旧州回龙茶、镇远天印茶、岑巩思州绿茶有上千年历史，从江滚郎茶有几百年历史。民国时期，黔东南州茶产业仍有发展。镇远、岑巩、黄平、从江等具各有茶园和自然茶林超过125hm²，产茶200t。

1949年后，黔东南州绿茶经历了平稳发展、较快发展、快速发展3个阶段。

1950—1979年平稳发展阶段，全州30年共生产绿茶3667t，平均年产量122.23t，其中岑巩、镇远2县为主产区。

1980—2009年较快发展阶段，全州30年共生产绿茶30567t，平均年产量1018.9t，是前30年的8.34倍。其中黎平、黄平、镇远、岑巩、丹寨、雷山6县为主产区。

2010—2018年快速发展阶段，全州9年共生产绿茶70130t，平均年产量7792.2t，是第一个30年（1950—1979年）年均数的63.75倍，是第二个30年（1980—2009年）年均数的7.65倍。其中，黎平、雷山、丹寨、台江、岑巩5县为主产区。

黔东南州绿茶在近千年的发展中，在高海拔、低纬度、少日照、多云雾等条件的共同作用下，已逐步形成了卷曲形茶、扁形茶、颗粒形茶、直条形茶。卷曲形茶：紧细较卷，白毫显露，色泽绿润，汤色黄绿亮，叶底嫩匀、明亮、鲜活、完整；扁形茶：茶身扁、平、直，色泽绿翠，汤色黄绿亮，叶底嫩绿匀整；颗粒形茶：圆结重实呈粒，含芽团抱，毫中透绿，汤色黄绿亮，叶底柔软，芽叶完整；直条形茶：外形圆紧细直，形似凤羽，汤色黄绿明亮，底色嫩绿匀整。

黔东南州绿茶粗纤维含量以6.8%~9.5%为最多；水溶性灰分含量在59%~99%，平均为64%；游离氨基酸总量4%~6%，平均含量为5.61%；水浸出物在40%~50%，平均值为45.8%；茶多酚含量在22%~28%，平均含量为19.13%；咖啡碱含量在3%~5%，平均含量为4.37%。

2018年，黔东南州绿茶总产量11656t，茶叶种植面积28210hm²，茶叶加工企业（含合作社）325家，形成了大中小并举的茶叶加工企业集群。

黔东南州绿茶执行《食品安全国家标准　食品中污染物限量》和《食品安全国家标

准 食品中农药残留最大限量》标准。

黔东南州绿茶有特定生产方式：

① **产地环境质量：**绝大部分茶园建园都远离城区、工矿区、交通主干线、工业污染源；绝大部分茶园都建在生态环境良好、生态植被丰富的山坡地上。茶园选址规定为有效土层厚度≥80cm、有机质（0~20cm土层）≥1.5g/kg、环境相对湿度≥80%、坡度≤30°。并要求一氧化碳、铅2项指标要达到《环境空气质量标准》要求。

② **品种：**绿茶原料茶树品种以中小叶种为主。

③ **采摘：**茶采摘标准为单芽至1芽3叶；采摘采用提手采，鲜叶应保持芽叶完整、新鲜、匀净、无污染物和其他非茶类杂物；盛装茶表的工具应为竹制品（竹篓、竹筐、竹箩等）。

④ **包装和贮藏：**茶叶包装应符合《贵州茶叶包装通用技术规范》要求，包装材料应无毒、无异味、无脱色、无脱层，并不得含有荧光染料等污染物，产品贮存应符合《茶叶贮藏养护通用技术条件》的要求，产品运输应符合相关要求。

黔东南州绿茶在悠久的发展长河中，形成了不少历史品牌、公共品牌、县域品牌、企业品牌。

二、绿茶品牌选介

（一）历史品牌

① **凯里香炉山云雾茶：**原产于凯里市境内香炉山及其周边的万潮、炉山、大风洞、龙场、旁海、凯棠等乡镇的山区，已有上千年历史，是凯里市最负盛名的地方名茶，也是凯里市茶文化的最重要载体。据《凯里市志》记载，在明代被列为贡品，到清代被记述为极品云雾茶。2009年，据凯里市茶产业发展办公室调查，香炉山云雾茶原生古茶树还存留有2000多株，多数分布在香炉山主峰及周边的山区。

② **黄平旧州回龙茶：**原产于黄平县旧州镇的回龙寺，已有上千年历史。据史料记载，"旧州回龙茶"曾是贵州茶叶中20余种作为贡茶进贡朝廷的茶叶之一。回龙寺一带，海拔在1000m以上，云雾多、日照少、无污染、雨量充沛、砂质黄壤，生长出的茶树叶质肥厚，内含物特别丰富。20世纪的20—30年代，从回龙寺茶园每年收的毛尖茶均在50kg以上。1955年回龙寺被拆毁，茶园消失。因为耕作需要，残余的少量古茶树又被多次刨挖丢弃，导致回龙茶原生古茶树几乎灭绝。目前，在回龙寺旧址上零星分布着1000多株原古茶树散落的种子或残存的根茎、枝条长成的新茶树。

③ **镇远天印茶：**原产于镇远县都坪镇天印村及周边山区，属于古思州辖境，是黔东

历史上开发较早的地区，故天印茶的发展也较黔东南其他知名古茶早。历史上，今镇远县都坪镇辖区一直在羊场区管辖内，直至1992年撤区并乡建镇，都坪镇才正式成为一个独立的镇。故天印茶在历史上有"镇远毛尖""羊场茶""羊场天印雀舌"等名称，这些茶实际产于天印村及周边山区，与天印茶属同物异名。在明清时期，天印茶长期被作为贡茶，并在当地形成较大产业，种植规模颇大。其产品有青毛茶、炒青茶、烘青茶3种独具兰花香，均系全国定型产品，被评为"贵州省地方名茶"，20世纪60年代，天印贡茶2次参加全国茶叶品种定型会在京展出，受到国内外茶商好评。现生产品种有天印毛锋、特级绿茶、天印一级贡茶、天印二级贡茶、天印三级贡茶等。天印村杨柳塘组的山中存留有1株千年古茶树，都坪镇政府已对这株古茶树进行挂牌保护。至2018年，天印茶产业化建设取得了较好发展，当地已培育出5家茶叶加工企业，干茶年产量650kg，产值90万元。

④ **岑巩思州绿茶**：原产于岑巩县老县城思旸镇及周边山区。因思旸与镇远都坪、羊场地缘相近，习俗相通，且都是古思州辖境。对思州绿茶与天印茶的记载只能找到思州茶、黔茶等名称，没有对其中某种茶单独介绍的资料。依理推之，思州绿茶与天印茶很可能是同一茶种，只是同物异名而已。思州绿茶，其生产历史悠久，唐代陆羽著《茶经》中即有记载，誉其"味极佳"。宋代为贡品，明代已形成商品化生产。经贵州省茶叶研究所检验，其茶多酚总量为32.96%，儿茶素154.18mg/g，氨基酸总量1.56%，咖啡碱4.18%，水浸出物42.3%，锌含量0.35mg，铁含量0.89mg，镁含量23.69mg。思州绿茶色泽翠绿、汤色明亮、叶底清晰、高香耐泡、回味绵长。由县茶叶公司制作选送的产品，曾荣获1995珠海国际名优食品贸易博览会金奖、贵州保健精品金奖、武陵山区名茶评比一等奖。县内目前著名产品有岑巩县茶叶公司生产的"天仙剑雪"茶、"思州银钩"茶，岑巩县卢江茶业有限责任公司生产的"思州绿针"茶等。

⑤ **从江滚郎茶**：产于从江县西山区滚郎、顶洞、摆翁、拱潘里、翠里乡、滚郎村等地，以滚郎村所产最为著名。据清道光二十五年（1845年）《黎平府志》记载："府属之西山有社前、火前、雨前之美也"。又载："西山一千三百户，出茶颇佳，雨前摘取焙之，宛然旗枪也，因买之者众。"还以诗记之："西山烟火一千三,万树茶林绕翠岚，绿叶成荫方摘取，旗枪五分忆江南。"从江西山种茶历史比较悠久，在清同治四年（1865年）前，从江滚郎茶随都柳江入广西寻融江，只需大半天工夫船可抵柳州。1949年前分别由黔、粤、桂省字号"发隆""顾升昌""民生""协荔泰""泰隆""福隆"六大名铺收购经营，远销柳州、广州、香港以及东南亚各国和英国。滚郎村距从江县20km，周围到处是林区，森林茂密，有利小气候调节，是发展茶叶生产的极适宜地区。至今在滚郎村及其

附近村寨，还有2000余株原生古茶树存活，其中不少树龄已上千年。滚郎茶，其茶水为红色，不管浓度多大，都是红色晶亮透底，可以连泡3次开水，特别是第二次泡的茶水，其味更鲜。滚郎茶的包装别具一格，是用皮纸卷裹成筒，长0.33m，大如中、小茶盅，每筒500g。1987年贵州省茶叶研究所采样分析，鲜茶含茶多酚37%~41%，氨基酸22%，水浸出物高达48%，儿茶素总量90~120mg/g，是当地中大叶型的群体茶树品种，是适宜制作高档红茶绿茶的茶树优良品种。

（二）公共品牌

雷公山茶（绿茶）：黔东南州具有低纬度、高海拔、少日照、多云雾、土地肥沃、土壤微酸性等特点，是适宜茶树生长因素最兼具的地区之一。全州生态环境优越、植被深厚、森林覆盖率达67.67%，茶叶品质独特。2017年全州茶叶种植面积28765hm²，采摘面积19210hm²，茶叶总产量14233t。黔东南绿茶产品主要以雷山银球茶、雷山清明茶、黎平香茶、黎平雀舌茶、丹寨硒锌绿茶、岑巩思州绿茶等较为有名。2018年，为打造黔东南州茶叶公共品牌，统一标准，提升黔东南州茶叶规模、质量和影响力，增强市场竞争力和抗风险能力，推动黔东南州茶产业走品牌化、标准化、规模化发展之路，黔东南州政府明确以雷公山茶（绿茶）作为全州绿茶的公共品牌进行打造，下发了开展《雷公山茶 绿茶》产品地方标准制定工作的通知，开展制定工作。是年8月，原贵州省质量技术监督局批准《雷公山茶 绿茶》市级地方标准立项，是年12月10日，由黔东南州质量技术监督局正式发布，2019年3月10日实施，《雷公山茶 绿茶》理化指标略高于贵州省标准。

雷公山茶（绿茶），是雷公山境内特定的自然环境造就出独特的茶叶品质，茶叶肥硕柔软，色泽光润、碧绿，栗香浓醇，耐于冲泡；内含茶多酚、儿茶素以及微量元素硒、铁等多种营养成分，其中含硒量高达2.00~2.02μg/g，是一般茶叶平均含硒量的15倍。

1987—1988年，中国农业科学院茶叶研究所对雷山县散脚茶场等采样化验结果，茶样生化成分含量包括氨基酸1.638%、咖啡碱4.789%、茶多酚26.33%、水浸出物为42.18%。

1992年6月20日，黔东南州农业区划办公室对全州茶叶样品进行检测分析，发现雷山茶叶微量元素硒、铁含量高的特点。检测报告中指出："全国茶叶硒含量一般为0.1371μg/g，而据全州31个茶样分析，平均含量为1.02μg/g，是一般茶叶平均含量的7.43倍。其中雷山县2个茶样硒的含量高达2.00μg/g和2.02μg/g，是一般茶叶平均含硒量的15倍。"

2001年9月8日，贵州省茶叶产品质量监督检验站对雷山县银球茶叶公司的茶叶产品进行抽样检测：水浸出物40%，指标≥34.0，实测≥43.6；铅mg/kg，指标≤2.0，实测≤0.0；铜mg/kg，指标≤60，实测≤21.4。

（三）县域品牌

①**雷山银球茶**：产于雷山县，为县域品牌。该产品以1芽、2芽优质茶青制作，其造型为一个直径18~20mm的球体，每粒重2.5g左右，表面呈银灰墨绿色，冲泡后球体呈菊花样绽放该造型为国内首创（图6-1）。雷山银球茶原料产区生态环境优良。茶园分布在雷公山海拔1000~1400m，其间常年云雾缭绕，多漫射光散射光，土质为酸性砂黄壤，富含腐殖质，无污染，从而保证了茶青的优异质量。雷山县银球茶叶

图 6-1 雷山银球茶（摄于 2018）

公司制定完善了精品特级银球茶、特级清明茶、雷公山雪芽、云雾绿茶、天麻茶产品质量标准和理化指标及重金属安全指标。自2006年3月至2014年3月，公司先后将"银球"商标许可给贵州省雷山县鑫鼎农业科技发展有限公司、贵州省雷山县毛克翕茶叶发展研究所、贵州雷山县绿叶香茶业有限公司、黔东南州鑫山实业有限责任公司、贵州省雷山县脚尧茶业有限公司、贵州敬旺绿野食品有限公司、贵州雷山千里香脚尧秀文茶业有限公司、贵州省雷山县苗家春茶业有限公司、贵州省雷山县满天星茶业科技发展有限公司、雷山县大龙茶叶加工厂10家县内企业使用，产品市场和规模均得到扩展，产品质量也得到提升。雷山银球茶自1984年起，先后荣获贵州省优秀新产品、贵州十大名茶、多彩贵州百强品牌、多彩贵州十大特产、贵州省科技进步奖、中国食品博览会金奖、中国食品工业新成就优秀产品奖、中日韩国际名茶金奖、"中国名茶"评比特别金奖、"中绿杯"金奖等荣誉。

②**雷山清明茶**：产于雷山县，由贵州省雷山县银球茶叶有限公司、贵州省雷山县毛克翕茶叶发展研究所、贵州省雷山县苗家春茶业有限公司、贵州省雷山县鑫鼎农业科技发展有限公司、贵州省雷山县绿叶香茶业有限责任公司、贵州雷山千里香脚尧秀文茶业有限公司、贵州省雷山县脚尧茶业有限公司和西江杨德茶叶加工厂生产。其系列产品有：特级清明茶、一级清明茶、雷公山清明茶、"鑫球"牌清明茶、"绿烨香"牌清明茶和"脚尧"牌清明茶等。

清明茶采用茶树上年秋季形成的越冬芽于次年"清明"前后采摘精制而成。其成索紧结油润、重实、银灰墨绿色，冲泡后汤色明亮、翠绿，显板栗香气，滋味浓爽回甜，叶底芽尖显露，匀整鲜活。

2002年，雷山县银球茶叶公司生产的特级清明茶获"贵州省名优茶"称号。清明茶

系列产品遍及贵州、北京、上海、湖南、湖北、山东、深圳等地。

③ **高山绿·绿茶**：系采用高负氧离子的雷公山国家级自然保护区腹地生态茶园的优质鲜叶为原料，经传统工艺加工而成，具有安全、优质、营养的茶叶产品，茶园分布在海拔1000~1600m，其间常年云雾缭绕、无污染、无公害的生态茶园，采用当年采摘的1芽1叶或1芽2叶初展茶青为原料茶青制作而成的绿茶，产品条索紧结重实、色泽绿润、汤色嫩绿明亮，栗香持久、滋味鲜醇回甘、叶底鲜活匀整、耐于冲泡，内在品质极佳。

④ **黎平香茶**：是选用黎平境内茶树的茶青，按摊青—杀青—揉捻—干燥的工艺加工而成的一款卷曲形绿茶（图6-2）。黎平香茶又称黎平香绿茶，这是黎平县产量最多的一款茶产品，其外形条索卷曲、色泽墨绿、黄绿或灰绿，汤色黄绿明亮，香高持久，滋味醇厚回甘，叶底黄绿带芽。

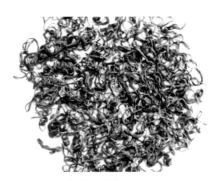

制作香茶的茶树品种很多，全县90%以上的茶树品种都可以制作，其中以龙井、福鼎等品种制作出来的产品较优。

2010年黎平县"呀啰耶"牌黎平香茶和"侗乡福"牌黎平香茶分别获得首届"国饮杯"全国茶叶评比特等奖和一等奖；2015年黎平县"侗乡福"牌黎平香茶在全省秋季斗茶大赛中获绿茶类优质奖；2019年黎平县茗侗天下市场运营公司选送的"黎平香茶"获得全省春季斗茶大赛绿茶类优质奖。

图6-2 黎平香茶（摄于2018）

⑤ **丹寨硒锌茶**：丹寨县茶叶种植历史悠久，制作工艺独特，受得天独厚的气候、土壤等生产环境的影响，产品品质优良，且富含人体所需的硒、锌元素。2010年，贵州省共有20个产茶县成为中央财政现代农业发展资金项目（茶产业）县，丹寨县是其中之一，并已连续10年被中国茶叶流通协会评为"全国重点产茶县""中国茶业百强县"。随着茶叶标准化示范区的深入推进，茶叶品质逐年提升，种植面积稳步增长。丹寨县盛产硒锌茶，种植面积1462hm²，可采面积近598hm²，年产量达835t。

丹寨县硒锌茶产于丹寨县境内高山云雾原生态、无公害、无污染硒锌土壤茶区，用独特工艺炒制而成，其条索紧细卷曲、匀整绿润，香气持久，汤色明亮，滋味鲜爽，叶底鲜亮，茶叶叶肉肥厚，内含营养成分丰富等特点。茶产品种类主要有绿茶（毛尖、毛峰、大宗茶）、红茶（金骏眉工艺、乌龙茶工艺）、白茶（龙井系列），具有条索紧细卷曲、白毫满布、香气持久、汤色明亮、回味甘甜、耐冲泡等特点。经有关单位检测，产品平均硒含量为0.14mg/kg、锌含量为95.5mg/kg，是名副其实的硒锌茶。

毛尖：独芽。丹寨硒锌毛尖茶有"三绿"的特点，即干茶色泽翠绿，汤色绿中透明，成品毛尖色泽翠绿。外形匀整，白毫显露，条索紧卷，香气持久，滋味鲜浓，回味甘甜，汤色清澈，叶底匀整，芽头肥壮。

毛峰：1芽1叶初展。毛峰茶是细嫩烘青的统称，丹寨毛峰外形条形紧细，色泽翠绿微显毫，滋味醇正，汤色明亮，香气栗香显著、叶底匀整（图6-3）。

红茶：丹寨硒锌红茶外形条索圆紧匀直，色泽乌黑油润，金毫特显，汤色红艳呈金黄色，滋味清鲜甜和，香气鲜郁高长（图6-4）。

白茶：1芽2叶初展。干茶翠绿鲜活略带金黄色，香气清高鲜爽，外形细秀、匀整。

图 6-3 丹寨毛峰（摄于 2018） 图 6-4 丹寨红茶（摄于 2018）

（四）企业品牌

① **雷山云**：主要产品由"雷山云"牌雷山云尖、雷山金红、雷山云雾、雷山红梅、雷山银球茶、雷山清明茶等。2018年在国务院扶贫办和杭州市委、市政府的指导下，吉利控股集团对口帮扶黔东南州雷山县，启动雷山茶旅文化结合帮扶项目。项目位于雷山县望丰乡三角田村，地处雷山生态茶园示范区。由吉利控股集团捐赠2000万元，杭州市东西部扶贫协作资金配套253万元建设完成，项目占地11150m²，并成立雷山云尖茶业实业有限公司进行运营管理，注册"雷山云"自有商标。公司采取"公司+合作社+基地+农户"的合作模式，空流转与签订茶青收购协议基地2700亩，公司自有示范基地500亩，增加就业岗位约180个，辐射全县8乡镇，促进贫困户稳定脱贫。该帮扶项目改变了传统捐钱捐物为产业帮扶，有利于推动当地产业发展，提升自我发展和造血能力。

② **毛克翕**：雷山县毛克翕茶叶发展研究所品牌，国家地理标志保护产品。主要产品有银球茶、天麻银球茶、清明嫩芽、特级清明芽、雷公山雪芽、碧曲毫峰茶、云雾茶、苦丁茶、三尖杉杜仲茶。银球茶产地范围为雷山县西江镇、望丰乡、丹江镇、大塘镇、方祥乡、达地乡、永乐镇、郎德镇、桃江乡共9个乡镇。银球茶形状独特，是一个直径

18~20mm 的球体，表面银灰墨绿（图6-5）。含硒量高达2.00~2.02μg/g，是一般茶叶平均含硒量的15倍。清明茶，是上年秋季形成的越冬芽，在清明前后发育而成。越冬芽的物质积累丰富，茶叶品质优异，叶肉肥硕柔软，香味浓醇，爽口回甘，耐于冲泡。1986年，银球茶获轻工业部优质产品称号；1988年，银球茶荣获中国首届食品博览会金奖；1991年，银球茶被外交部选作馈赠礼品；2011年，银球茶荣膺中国（上海）国际茶业博览会"中国名茶"特别金奖；2013年，银球茶荣获日本绿茶赛金奖；2014年9月，国家质检总局批准对"雷山银球茶"实施地理标志产品保护。

图6-5 毛克翕银球茶（摄于2018）

③ **脚尧**：雷山县脚尧茶业有限公司品牌。主要产品有"脚尧"牌脚尧银针、脚尧毛尖、脚尧曲毫、脚尧清明茶、脚尧雪芽、脚尧翠绿等。"脚尧"牌茶系列产于黔东南州中部苗岭主峰的雷公山国家级自然保护区腹地，属于国家级森林保护区的核心地带，在苗语中把此山峰取名为"脚尧"，译为汉语是"秘境"，意为神秘的境地。茶园分布于海拔1400~1600m的脚尧峰上，脚下是脚尧村，脚尧茶因此而得名。"脚尧"牌茶系列，由雷山县脚尧茶业有限公司生

图6-6 脚尧茶业（摄于2018年）

产，系采摘1芽2叶初展的原料精制而成（图6-6）。"脚尧"牌茶系列外形紧秀显毫，色泽翠绿鲜活，香气高锐持久，滋味清醇鲜爽，汤色嫩绿明亮，叶底鲜活匀整，入水后叶片竖立，犹如群笋出土，栩栩如生，极具观赏价值。自2004年起，雷山县脚尧茶业有限公司先后荣获省绿色消费企业、中国质量AAA级质量诚信企业、省级扶贫龙头企业、省级扶贫龙头企业、省级农业产业化重点龙头企业和省级"守合同、重信用"单位等称号。先后荣获贵州省、农业部颁发的"无公害产品证书"。"脚尧"商标2次荣获"贵州省著名商标"。

④ **鑫球**：贵州雷山鑫球农业发展有限公司品牌。主要产品有"鑫球"牌鑫球茶、毛尖、云雾仙绿、健绿宝、清明茶等系列产品。"鑫球"牌茶系列产品产于雷山县，由贵州雷山鑫球农业发展有限公司生产。该公司采取"公司+基地+农户"的生产经营模式，将5000户茶农的2500hm² 茶园组成茶业联合体，集茶叶种植、生产加工、销售、茶产品研

第六章 —— 茶类篇

发、茶文化传播为一体，其"鑫球"牌茶系列产品，色泽墨绿、香味韵柔、口感纯正。

⑤ **高康杯杯香：**贵州省雷山县苗家春茶业有限公司品牌。主要产品有"雷山银球茶""雷公山清明茶""雷公山苗家白茶""雷公山玉针茶""雷公山玉叶茶""雷公山毛峰茶""雷公山尖茶""艳红茶""青钱柳茶"和"茉莉花茶"等系列产品。"高康杯杯香"牌茶系列产于雷山县，由苗家春茶业公司生产。"高康杯杯香"牌茶系列以1芽1叶初展的幼嫩茶青为原料，经手工精细加工而成。其外形扁平光直，色泽翠绿，冲泡后茶汤黄绿明亮，叶底匀整成朵，滋味高鲜浓醇、清爽回甜。产品原料基地分布于雷公山国家级自然保护区内，水秀林茂空气净，生态优良无污染，从而造就了原料的优异品质。自2009年起，该公司先后荣获州级重点龙头企业、省级扶贫龙头企业、省级农业产业化重点龙头企业、贵州省名牌产品和省级"守合同、重信用"单位等称号。先后荣获"中茶杯"全国名优茶评比特等奖和一等奖、"国饮杯"全国茶叶评比特等奖和一等奖、中国绿色食品博览会金奖等。"高康杯杯香"被贵州省工商行政管理局评为"贵州省著名商标"。该公司生产的"雷山银球茶"入选"2015年度全国名特优新农产品目录"。

⑥ **绿烨香：**雷山县绿叶香茶业有限责任公司品牌。主要产品有"雷公山毛尖""雷公山雪芽""雷公山翠芽""雷公山清明茶""雷公山云雾绿茶"和许可生产的"雷公山银球茶"等系列产品。"绿烨香"牌茶系列产品于雷山县，由绿叶香茶业有限责任公司生产。该公司将传统的茶叶加工工艺与现代名优茶加工工艺有机地结合起来，加工工艺独特，产品品质优异，深受广大消费者的青睐，产品销售市场主要为北京、山东、黑龙江、内蒙古、上海、广东、福建、湖南、贵阳、凯里等地。

⑦ **紫日：**贵州紫日茶业科技有限公司品牌。产品有中华银梭、中华银螺茶，采用独芽、1芽1叶初展至1芽1叶半展开优质茶青制造。中华银梭茶外形扁平稍尖、光滑匀齐、色泽鲜绿，汤色碧绿清澈明亮，叶底匀称鲜活，状似织梭；中华银螺茶外形条索卷曲，显锋露毫，状如细微田螺，冲泡后汤色碧绿持久，嗅之清香馥郁、滋味鲜醇。2款茶均富含锌硒及多种微量元素，具有较高的营养保健作用。中华银梭茶、中华银螺茶于2004年、2005年共同荣获"贵州省名优茶""中国优秀品牌""国家质量合格用户放心首选品牌""中国著名品牌""中国三绿放心茶"等称号。2004年12月，贵州紫日茶业科技有限公司被评为"贵州省茶叶行业优秀企业"。

⑧ **福凯：**黔东南州福凯云峰茶业有限责任公司品牌。福凯云峰茶产品，采用1芽1叶初展至1芽1叶半展开到展开优质茶青制成。茶品为卷形绿茶，条索紧细圆直，冲泡后汤色嫩绿明亮、叶底鲜活、滋味鲜爽回甘、香气新锐持久。

⑨ **侗乡春：**黎平县侗乡春茶业有限公司品牌。"侗乡春"牌茶产品有雀舌茶、黎香

绿茶、翠针茶等。"侗乡春"牌茶产品产于黎平县，由黎平县侗乡春茶业有限公司生产。该公司前身为黎平县供销合作社下属茶叶公司，2003年改制为股份制企业，更名为黎平县侗乡春茶业有限公司，是一家集种植、加工、销售、茶文化交流为一体的综合企业。"侗乡春"牌雀舌茶产品以1芽1叶优质茶青为原料全手工制作。成品形似碗钉，扁平光直、边翠，冲泡后汤色嫩绿、滋味醇和、香气幽雅，叶底细嫩成朵。该产品2001年荣获"中茶杯"全国名优茶评比特等奖，2003年荣获"中茶杯"全国名优茶评比一等奖，2005在中国宁波国际茶博会上荣获"中茶杯"全国名优茶评比金奖，是年再度荣获"中绿杯"中国名优绿茶评比金奖。2004年被农业部茶叶质量监督检验测试中心认证为"无公害放心茶"和中国农业科学院茶叶研究所"定点服务企业"。2007年"侗乡春"牌黎香绿茶荣获第十四届上海国际茶文化节名茶评比金奖。

⑩ **天生桥**：黎平县桂花台茶厂品牌。"天生桥"牌系列茶产品有黎平古钱茶、亮江翠芽茶、黎平扁形茶（图6-7）、黎平香茶、黎平红茶、黎平黑茶、黎平工艺茶、黎平边销茶。"天生桥"牌系列茶产品产于黎平县，由贵州省黎平县桂花台茶厂生产。该厂是集生产、加工、销售为一体的县办集体所有制企业。"天生桥"牌古钱茶，是一款造型独特的紧压

图6-7 黎平扁形茶（摄于2018年）

茶，外圆内方，因形似古代的铜钱而得名，造型独特古雅，寓意深刻。采用1芽1叶茶叶原料，结合炒青茶香高味浓和烘青茶鲜香味爽的特点融于一体合制而成。产品成色泽墨绿、汤色碧绿、叶底均整嫩绿，具有一泡香，二泡浓，三泡甘醇，四泡味不减的特点。"天生桥"牌古钱茶1988年荣获"贵州省地方名茶"称号，1999年荣获湘鄂黔渝武陵山区二等奖，2013年荣获第三届全国名茶评比金奖。"天生桥"牌金银花茶在1995全国新技术新产品（南宁）交易会上获金奖。

⑪ **森绿**：黎平县森绿茶业对外贸易有限公司品牌。"森绿"牌茶产品有黎平绿茶、安吉白茶。该公司是一家从事茶叶生产、加工、销售、茶苗培育、对外贸易的综合企业。"森绿"牌茶产品产于黎平县，由黎平县森绿茶业对外贸易有限公司生产。"森绿"牌黎平绿茶，外形扁平直、光滑、匀整，香气清香纯正，汤色嫩绿、明亮，滋味爽、略带苦涩，叶底芽叶完整、显嫩亮。

"森绿"牌安吉白茶，外形凤羽形、匀整、鲜活，香气鲜爽，汤色嫩绿黄、明亮，滋味纯正，叶底尚嫩、润亮、完整。2011—2015年，"森绿"牌黎平绿茶荣获第九届、第十届、第十一届"中茶杯"全国名优茶评比一等奖。2017年被授予贵州省名牌产品。"森绿"

牌安吉白茶，2013年荣获第十届"中茶杯"全国名优茶评比一等奖。

⑫ **侗乡福**：黎平县侗乡福生态茶业有限公司品牌。"侗乡福"牌茶产品有黎平毛尖、黎平雀舌、黎平香茶、黎平白茶、游芳红、青钱柳等。"侗乡福"牌茶产品是集茶叶种植、加工、销售及茶文化传播为一体的企业。"侗乡福"牌黎平毛尖，其形状紧细弯曲，白毫显露、色泽透绿、汤色黄绿明亮，香气清鲜嫩香或花果香，滋味醇爽回甘，叶底绿柔。"侗乡福"牌黎平雀舌，以独芽为主，外形扁平较匀直，形似麻雀的舌头，色泽翠绿，汤色嫩绿明亮，清香滋味鲜醇，叶底嫩绿。"侗乡福"牌黎平香茶，外形条索卷曲，色泽墨绿、黄绿或灰绿，汤色黄绿明亮，香高持久，滋味醇厚回甘，叶底黄绿带芽。黎平香茶在2010年首届"国饮杯"全国茶叶评比中荣获一等奖。"侗乡福"牌黎平毛尖茶和黎平雀舌茶在2010年上海国际茶文化节和2011年中国（上海）国际茶业博览会评选中分别荣获金奖、银奖。2015年，"侗乡福"牌黎平香茶2015年贵州省秋茶斗茶大赛中荣获优质奖。"侗乡福"牌云雾茶2016年在首届中国（贵州）好网货征集大赛中荣获"十佳精锐奖"。侗乡福旗舰店在黔东南州2016年度十佳网店评比中，获"十佳电商网店"。

⑬ **黔丹**：丹寨县黔丹硒业有限责任公司品牌。该公司1993年创建，为省级农业产业化经营重点龙头企业。是贵州省质量检验协会茶叶专业委员会团体会员（副会长级单位）、贵州省茶叶行业知名商标，2004年获贵州省茶叶行业优秀企业、2007年获贵州省优秀茶叶企业。"黔丹"牌含硒锌系列绿茶产品有毛尖、毛峰及精品"苗岭御剑"茶。黔丹毛尖和苗岭御剑茶含硒量11.42μg/100g。色泽翠绿、滋味甘爽、香气持久、叶底嫩绿、耐冲泡。"黔丹"毛尖茶1995年获"贵州名茶"称号、2000年获贵州首届斗茶会第四名、2006年荣获中国宁波国际茶文化节银奖、2007年荣获贵州第三届名特优产品和名牌农产品。"黔丹"牌苗岭御剑，2006年荣获中国宁波国际茶文化节优质奖、2009年第八届"中华杯""优质茶"称号、2010年荣获上海国际茶文化节"中国名茶"金奖。"黔丹"神笔咏春，2010年荣获"贵州名茶"称号。

⑭ **添香园**：丹寨县添香园硒锌茶厂品牌。丹寨县添香园硒锌茶厂成立于2006年2月，隶属贵阳添香园硒锌茶业有限公司，是一家集生产、加工和销售于一体的茶叶直销公司，公司现有基地33.33hm²，订单协议基地140hm²，2008年订单收购茶叶产值140多万元，以"添香园"牌毛尖、毛峰等主要产品在贵阳、南宁等地销售。2009年，丹寨县添香园硒锌茶厂荣获丹寨县优秀涉农企业奖、黔东南州农业产业化经营龙头企业称号。2010年4月，"硒峰翠绿"荣获"中国绿茶银奖"。

⑮ **两汪白茶**：两汪白茶产自雷公山腹地，"世界超短裙苗族之乡"——两汪。地处东经108°22′~108°35′，北纬26°6′~26°24′之间，平均海拔1000m，平均气温16.4℃，年积

温6559°，无霜期282d，年降水量1500mm，属亚热带湿润气候。这里山高密林，云雾缭绕，空气清新，民族文化底蕴丰富。得天独厚的地理环境和水质气候条件，塑造出两汪白茶与众不同的独特品格；千茶凤尾形，嫩绿带金边，茶汤绿明清亮，味香淡雅润甜，是一种特别珍罕的绿茶变异品种。属于"低温敏感型"茶叶，采摘时间通常只有30天左右。春季因叶绿素缺失，在清明前萌发的嫩芽全为白色，立夏后逐渐转为白绿相间的花叶，夏至后芽叶恢复全绿，与一般绿茶无异。

两汪白茶（榕江白茶）为榕江县继武茶业有限责任公司品牌，系榕江县苗族农民实体企业家闵继武开发。闵继武从2003年开始安吉茶园打工学习种茶，2012年完全掌握白茶种植技术后返乡创业。闵继武在榕江县两汪乡空烈村汪垴坡租山650亩种植白茶，此后培植育苗，并在空烈村和乐里高岗、崇义大唐等地扩大种植面积。2014年5月成立"继武茶业有限责任公司"，2015年7月注册"两汪白茶"商标，同年9月获得"无公害产品证书"，2016年1月被认定为"黔东南州第十批农业产业化经营重点龙头企业"，11月获得"无公害农产品证书"，2018年获"黔茶杯"特等奖。闵继武白茶种植和产品的开发成功，带动了榕江县两汪乡白茶产业的发展。该乡先后成立茶叶合作社8个，以"党支部+合作社+贫困户"和"资源变资金，资金变股金，农民变股东"的模式发展。

⑯ **黎平白茶**：黎平白茶是选用黎平县境内白叶1号茶树品种鲜叶（1芽1、2叶）加工而成的一款产品，属绿茶类（图6-8）。形状条索自然（凤羽形或龙形），干茶颜色绿黄，汤色嫩黄明亮，显奶香或豆香，滋味鲜醇，晶莹成朵，叶白脉翠。

图6-8 黎平白茶（摄于2018年）

2013年黎平县"森绿"牌黎平白茶获第十届"中茶杯"全国名优茶评比一等奖；2015年黎平县"森绿"牌黎平白茶获第十一届"中茶杯"全国名优茶评比银奖；2018年黎平县"佳绿"牌黎平白茶获第二届中国国际茶业博览会茶叶评比金奖；2019年，"黎农御茶"牌黎平白茶和"欧帮根"牌黎平白茶分别获得第三届中国国际茶业博览会茶叶评比金奖和第八届国际鼎承茶王赛金奖。

第二节　红茶类

一、红茶发展概况

黔东南州红茶，生产于20世纪50年代。20世纪50—60年代，雷山、丹寨、黄平、施秉、镇远、天柱、锦屏、剑河8县生红茶，共468t，年产量平均23.4t。其中镇远、黄平县为主产区。

20世纪70—80年代，雷山、黄平、施秉、镇远、锦屏、黎平、从江、台江、剑河9县生红茶，共3622t，年产量平均181.1t。其中黄平、黎平县为主产区。

20世纪90年代至2018年，凯里、麻江、雷山、丹寨、黄平、施秉、镇远、岑巩、三穗、天柱、锦屏、黎平、从江、台江、剑河15县（市）生红茶，茶产量共3521t，年产量平均121.4t，其中2017年年产量585t，为历史最高。黎平、雷山、丹寨、黄平县为主产区。

黔东南州红茶，在近60年的发展中，在高海拔、低纬度、少日照、多云雾等条件的共同作用下，已开发了黎平古树红茶、"黎平侗韵"牌红茶、高岩红茶（黎平花桥春茶加工厂）、醉美人红茶（雷山县云雾茶叶合作社）、雷公山醉美人红茶、雷公山古树红茶（贵州苗岭醉美人茶业有限公司）、雷公山红茶（贵州雷山合兴生态产业开发有限公司）、脚尧红茶（雷山县脚尧茶业有限公司）、"黔丹"牌硒锌丹红（黔丹硒业有限公司）、硒锌红茶、丹寨红茶（丹寨县三泉茶业有限公司）、黎平红（红茶，公共品牌）等品牌。

黔东南州红茶，从外形上看，紧细秀丽，金毫特显，色泽褐黄；从汤色上看，红亮透明；从香气上看，纯正悠长，甜香高，持久；从滋味上看，鲜爽醇厚，从叶底上看，匀嫩，鲜红带黄。理化指标：水分≤6.0%，水浸出物≥34.0%。

黔东南州红茶有特定生产方式：一是主要选用优良的小乔木型茶树品种。二是于清明前后采摘，采摘标准为单芽或1芽1叶的鲜叶；夏季采摘1芽1叶、1芽3叶的鲜叶。三是采用传统红茶的制作工艺，经过摊凉、萎凋、揉捻、发酵和干燥等工序加工而成。

二、黎平红（红茶）简介

黎平红（红茶），贵州省黔东南州特产。2018年8月，贵州省质量技术监督局批准《黎平红 红茶》市级地方标准立项，12月10日由黔东南州质量技术监督局正式发布，2019年3月10日实施，标准号为DB5226/T 210—2018。《黎平红 红茶》理化指标略高于贵州省标准。

《黎平红 红茶》，按质量等级要求分特级、一级、二级。特级：从外形上看，条索紧细、匀齐、金毫显露、褐润；从汤色上看，红明亮；从香气上看，香气甜香、浓郁；从滋味上看，鲜浓；从叶底上看，红匀明亮。一级：从外形上看，条索紧结、尚匀齐、有金毫、褐较润；从汤色上看，红亮；从香气上看，甜香、浓；从滋味上看，鲜醇；从叶底上看，红亮。二级：从外形上看，条索紧实、匀整、褐尚润；从汤色上看，尚红亮；从香气上看，甜香；从滋味上看，醇厚；从叶底上看，红尚亮。

《黎平红 红茶》，理化指标符合《贵州红茶》的规定。其中特级：水分（质量分数）

≤6.5%，水浸出物（质量分数）≥34.0%，总灰分（质量分数）≤6.0%，粉末（质量分数）≤1.0%，粗纤维（质量分数）≤14.5%。一级：水分（质量分数）≤6.5%，水浸出物（质量分数）≥32.0%，总灰分（质量分数）≤6.0%，粉末（质量分数）≤1.0%，粗纤维（质量分数）≤15.0%。二级：水分（质量分数）≤7.0%，水浸出物（质量分数）≥30.0%，总灰分（质量分数）≤6.5%，粉末（质量分数）≤1.0%，粗纤维（质量分数）≤16.0%。安全指标符合《食品安全国家标准 食品中污染物限量》和《食品安全国家标准 食品中农药最大残留限量》的规定。

黎平红（红茶）生态环境良好，远离工矿区和公路、铁路干线，避开污染源，并具有可持续生产能力的农业生产区域。环境质量符合《绿色食品 产地环境条件》规定的要求。

黎平红（红茶）制作工艺与质量技术为：品种，主要选用优良的小乔木型茶树品种；立地条件，海拔700~1600m，土壤类型为黄壤或黄棕壤，土壤pH值4.5~6.5，土壤有机质含量≥1.0%，土层厚度≥50cm。栽培管理，育苗采用短穗扦插繁育技术，定植栽植密度≤55000株/hm²，施肥每年每公顷施腐熟有机肥≥25t，农药、化肥等的使用必须符合国家的相关规定，不得污染环境。采摘，2月下旬至5月上旬，6月中旬至9月上旬，采摘单芽至1芽2叶的嫩梢。加工，工艺流程为鲜叶→萎凋→揉捻→发酵→干燥（做形）→提香。工艺要求：萎凋，鲜叶厚度3~8cm，时间为14~16h。萎凋后青草气减退，叶色暗绿，叶形皱缩，叶质柔软，紧握成团，松手可缓慢松散。揉捻，揉捻后茶条紧卷，茶汁外溢，成条率＞90%。发酵，厚度8~12cm，叶温26~33℃，时间为3~5h。发酵后叶色红黄，青草气消失，出现花果香味。干燥，毛火温度为110~120℃，烘至含水量＜20%，及时摊凉；足火温度为100~110℃，烘至含水量＜12%。提香，温度在80~120℃，时间15~30min。烘至含水量＜6%。

第三节　白茶类与苦丁茶类（非茶类茶）

一、白茶发展概况

黔东南州白茶，始于20世纪70年代，发展于21世纪。至2018年底，全州种植福鼎大白17632hm²（其中黎平县3275hm²、雷山县8932hm²、丹寨县5425hm²）。

黔东南州白茶，属微发酵茶，是茶农创制的传统名茶，该茶为采摘后，不经杀青或揉捻，只经过晒或文火干燥后加工的茶。该茶具有外形芽毫完整，满身披毫，毫香清鲜，汤色黄绿清澈，滋味清淡回甘的品质特点。该茶因其成品茶多为芽头，满披白毫，如银似雪而得名。主要产区在黎平、雷山、丹寨等县。

黔东南州白茶工艺有5个方面：

①**采摘：**根据气温采摘玉白色1芽1叶初展鲜叶，做到早采、嫩采、勤采、净采。芽叶成朵，大小均匀，留柄要短。轻采轻放。竹篓盛装、竹筐贮运。

②**萎凋：**采摘鲜叶用竹匾及时摊放，厚度均匀，不可翻动。摊青后，根据气候条件和鲜叶等级，灵活选用室内自然萎凋、复式萎凋或加温萎凋。当茶叶达七八成干时，室内自然萎凋和复式萎凋都需进行并筛。

③**烘干：**初烘，烘干机温度100~120℃，时间10min，摊凉15min。复烘，温度80~90℃，低温长烘70℃左右。

④**保存：**茶叶干茶含水分控制在5%以内，放入冰库，温度1~5℃。冰库取出的茶叶3h后打开，进行包装。

⑤**储存：**白茶储存归纳起来就8个字：通风、透气、防晒、防潮。白茶的保存，一定要注意存茶环境，不可将白茶置于高温、强光、有异味的环境之下，最好能够保证存茶环境可适当通风、干燥、常温、无异味。

二、苦丁茶（非茶类茶）发展概况

黔东南州苦丁茶除野生资源外，人工种植始于20世纪90年代，主要分布于台江、岑巩、施秉等县。苦丁茶产品主要广东、广西、湖南、湖北、北京、四川、台湾、香港等10多个地区。

台江县房前屋后、田边地角及林木混杂的野外均有野生苦丁茶树，连片或较为集中野生苦丁茶树主要在县境内的交密、翁脚、登交、革一、革东、排羊和台拱片区。1991年初，台江县对房前屋后、田边地角及林木混杂的野外野生茶树进行了管理、驯化和利用。1999年春，台江从海南省澄迈县澄迈万昌苦丁场引种大叶冬青进行大棚栽培，通过4年多反复试验获成功。至2006年底，拥有苦丁茶面积2187.5hm²，其中人工栽培1206.25hm²，年产苦丁茶150t。

岑巩县拥有苦丁茶面积401hm²，其中人工栽培106.25hm²，年产量80t。该县野生苦丁茶资源丰富。据2000年岑巩县农业区划办调查，全县11个乡镇均有分布，面积约294.75hm²，野生苦丁茶资源量为110t，收购量60t，其中主产为平庄、客楼、龙田、大有乡镇，总面积约143hm²，年产量40t。岑巩县苦丁茶人工栽培始于2002年。是年，岑巩县茶园建设纳入退耕还林补助项目。羊桥乡丁坪村张行周等退耕还林补助发展茶叶种植面积12.5hm²，岑巩县林业局发动农户以茶林间作方式发展苦丁茶种植约81.25hm²，岑巩县区划办从余庆县引种小叶苦丁茶在国营老鹰岩农场东风坳连片种植苦丁茶园约12.5hm²。

施秉县苦丁茶，主要产自该县境内云台山周围数百平方千米的野生苦丁茶资源，年产量50t。

三、银角牌苦丁茶（非茶类茶）简介

台江"银角"牌苦丁茶为台江县制茶厂品牌（隶属台江职中校办企业）。"银角"牌苦丁茶开发始于1989年。

台江苦丁茶为非茶类植物代用茶，具有清热解毒、清心降火、健胃消积、止咳化痰、生津止渴、明目、抗衰老、活血化瘀、降血压、降血脂、降胆固醇等功效，被誉为减肥茶、益寿茶、美容茶等，是一种多功能的天然保健品。

台江"银角"牌苦丁茶最大的品质特征为"三绿"即：外形色泽绿润、汤色碧绿、叶底鲜绿。有称为"青山绿水"茶，其显要的品质特征为外形紧卷细匀，色泽墨绿油润，汤色翠绿明亮，香气清高持久，滋味鲜爽微苦回甘，叶底嫩绿匀整，饮后先苦后甘，耐冲泡。

1992年12月，"银角"牌苦丁茶登记注册。1993年3月，"银角"牌苦丁茶荣获贵州保健品精品称号；10月，荣获中国保健科技精品金奖；12月，苦丁茶开发研究荣获贵州省科技进步四等奖。1995年11月，苦丁茶开发荣获贵州省首届"星火计划"新产品博览会优秀奖。1998年12月，"银角"牌苦丁茶荣获贵州省保健学会推荐产品称号。2005年9月，贵州苦丁茶种子育苗技术试验研究荣获黔东南州科技进步三等奖。

第七章

茶泉与茶器篇

水与茶器，是茶的载体。离开了水与茶器，所谓茶色、茶香、茶味无从体现。茶馆为人们休息、消遣和交际的场所，为爱茶者的乐园。茶俗为民族传统文化的积淀，也是人们心态的折射，其内容丰富，各呈风采。

第一节　茶　泉

"一片树叶，落入水中，改变了水的味道，从此有了茶。"纪录片《茶一片树叶的故事》里，茶和水的关系，如此简单又如此复杂。水质的好坏决定泡出的茶水质量，正所谓"八分之茶，遇十分之水，茶亦十分矣"。

黔东南是多彩贵州最出彩的地方，天蓝、地青、云洁、水净，黔东南这块尚未被现代文明污染的土地，"绿水青山养眼，蓝天净土养肺，民族文化养心，传统美食养胃，田园生活养神"。黔东南是生态之州，有2900条大大小小的河流，森林覆盖率67.67%以上，富氧离子是全国平均值的20多倍，是全国空气质量最优良的地方之一。

一、古村古寨古井

黔东南州古村古寨古井多，至2018年中国传统村落初步确定为就获399个，其中：凯里市8个、黄平县8个、施秉县1个、三穗县1个、镇远县2个、岑巩县2个、天柱县9个、锦屏县11个、剑河县30个、台江县41个、黎平县98个、榕江县29个、从江县81个、雷山县68个、麻江县3个、丹寨县7个。据考证，古村古寨都有古井。2018年黎平县初步统计，能泡好茶山泉水井就有螺丝井、蓑衣井、鉴泉井、官来井、黎平小井、黎平大井、潭溪水井、南泉井位、中潮水井、仙冰泉井、流芳清泉井、康宁井、源远流长井、擂钵井、五湖水井、岑湖水井、六郎井、双溪古井、百寿山泉、石井山泉、雾柳山泉、黔甘露山泉、石井山泉、雾柳山泉、黔甘露山泉25个。有历史记载，黎平古城人们为了生存开凿利用的泉眼，有数百之多。历代所开饮用水井有近百口，能直呼其名者就有72口。其中，最享盛誉的有神鱼井、大井、双井、螺蛳井、南泉井、鉴泉井、火焰山井、乌鸦井、林家井、杨家井、宦来井、相思井、琵琶井、何家井、雷公井等28口。这些泉井形状各异，泉汁甘美。用这里的泉水冲泡出的茶香高味浓、回甘悠长。轻呷一口，茶之风韵如尖上的芭蕾，美妙优雅，让人沉醉迷恋，应了"一方水泡一方茶"的说法。雷山县西江村有自然寨10个，历史上有甘南胶（甘响）古井、羊排古井、东引古井、平寨古井、干阳古井、干南帮古井、南贵古井、也通古井、也东古井、欧嘎古井等17口，最早的古井迄今已有近千年的历史。随着时代变迁和各类建筑项目的开发利用，全村现存古井仍有10口。这些古井周边环境保护较好，绿树成荫。水源由地表深处渗出，一年四季泉涌如注，水质较好，捧呷清冽爽口，无论旱雨两季，水质及流量变化不大，若是乍暖还寒，早上气温保持在4~5℃，井里暖气蒸腾，井水暖和，直接可以饮用。台江县北部的施洞嘎嘎井泉水，冬暖夏凉，泉涌清澈，素有："长身不老"泉水之称。清代末期，苏元春公馆的生活用水（泡茶）均取至此井。

二、名山秀峰山泉

黔东南州名山秀峰多，如凯里市有黔阳第一山——香炉山，麻江县有轿顶山，施秉县有云台山、白云山、佛顶山、龙洞坡，从江县有月亮山、孔明山，黎平县有太平山、弄相山、五龙山，雷山县有雷公山，这些山里不仅风光迷人，还有大自然馈赠的道道山泉，恩泽于千万生灵。

三、茶泉选介

① **雷公山山泉**：雷公山国家级自然保护区地跨雷山、榕江、剑河、台江4县，面积4.73万hm²，最高峰海拔2178.8m，是黔东南第一高峰。山东北有乜耶坡、木姜坳、雷公坪，西有乌东山、野草坡，南有冷竹山、白竹山九洞山，海拔均在1800m以上，群山簇拥，横亘200km。据《贵州通志·古迹志》载，雷公山"叠嶂重峦，皆是山支，林木幽深，霾滃雾郁，水寒土软，人迹罕至，即古称牛皮箐也。"登上雷公山顶，可远眺贵阳图云关，近窥凯里香炉山。山巅有井，终年不溢不涸。山脉庞大，高耸入云，原始植被垂直分布明显，山清水秀，四季清泉涓涓，瀑布相叠，深潭浅滩相映。2001年批准为国家级自然保护区，2003年被批准为雷公山国家森林公园。清澈的山泉水，茂密的森林，层层叠叠的山构成一幅变化万千、令人叹为观止的山水画卷。这一人类宝贵的自然遗产和中华民族的绚丽瑰宝，被联合国教科文卫组织称为"当今人类保存最完好的一块未受污染的生态文化净地，是人类返璞归真、回归大自然的理想王国，是世界十大森林旅游胜地之一。"

雷山县始终坚持"生态立县"战略，让天更蓝、山更绿、水更清，让昔日流淌的山泉水"摇身"变成"金银"。2011年，返乡创业的王应锋，利用达地水族乡海拔高的大坪山水资源开发山泉水，并于2015年7月创办成立了贵州省尚品源山泉水有限公司。2017年以来，年均完成销售总额达700多万元。公司现在就业的人员有27名，平均每月每人3000多元。"康利"矿泉水是贵州省雷公山自然保护区天然矿泉水有限公司的品牌，生产流水线设备均达国内先进水平，全部采用全微机化管理，是黔东南州内创建最早，生产规模最大的矿泉水生产厂家。该公司在合理开采水资源的同时，确保生态环境不被破坏，真正体现了资源利用与环境保护有机结合的原则。该公司2005年被黔东南州卫生局确定为学生饮用水指定生产厂家，2006年通过了QS认证，2007年荣获了"贵州省著名商标"的称号。此外，还有贵州高原雷公山山泉水有限公司、雷山县雷公山大塘湾山泉水厂、雷公山响水岩山泉水厂、贵州省台江县天赐清泉水厂等山泉水有限公司（厂）。

② **凯里龙井**：位于凯里市西门街道境内龙井山（也叫梁子上或粮子巷）北麓，凯里老城北门和环城北路下方，出水量为350L/s，在1956年建州时筹建"凯里龙井水厂"，后将水抽到"龙井山"，并设立"水塔"（名叫凯里水塔）供凯里市全体市民饮用。

③ **黔山露山泉**：坐落于贵州黔东南州黎平县萨玛女神故里宝霞山生态保护区海拔1000m多的高山上，这里森林覆盖面积大，降水丰富。优良的自然生态环境，赋予了优质的山泉水资源。黔山露山泉属生态天然山泉水源，为天然弱碱性软水，生态天然泉水无疑是最为珍贵的，长期流经地层并经过自然过滤吸收地层的矿物质成分和碳酸盐类而形成的。在特定的地质环境作用下，水源经千百余年深层循环，富含了偏硅酸、锂、钙、钾等多种有益于人体健康的微量元素。

黔山露山泉是贵州黔山露山泉实业有限公司的水源地，该公司成立于2017年，是一家研发保健食品、生态产品、日用产品三大领域的健康产业企业。推广品牌（黔山露）以销往黔东南州地各地、贵阳市、安顺市、都匀市、柳州市、桂林市、广州市、深圳市、佛山市等地，并成为CCTV2018央视春晚贵州分会场指定用水。

④ **石井山泉**：位于黎平县德凤街道的石井山中，这里山高林密，溪流纵横，海拔高度600~800m，山上常年云雾缭绕，胜似仙境。溪中泉水甘洌，常年水温15~18℃，pH值介于7.1~7.5，是泡茶养生的最好之选。

该山泉是黎平县石井山实业有限责任公司的水源地。该公司成立于2003年6月，是黎平第一家专业生产包装饮用水的民营股份制公司，公司生产的"六月雪"牌和"石井山泉"牌包装饮用水。

⑤ **天赐雾柳山泉**：为贵州天赐竹根水有限责任公司的商标名、产品名和泉水名。该山泉位于黎平太平山国家森林公园北麓的雾柳竹海，这里森林植被覆盖率高达94%，动植物资源极为丰富，植物以天然阔叶林和竹林混交为主，建群种以楠竹、木兰科、樟科、壳斗科、豆科等为主，其中珍稀动物有娃娃鱼、甲鱼等。溪内有长满青苔的石壁，青葱竹林绵延数里，让人沁醒的鸣蝉和鸟声，醉人的水流，山泉水清澈见底、品质优良。

⑥ **百寿山泉**：该泉地处黎平百寿山原始森林腹地，水源四周空气清新，草木葱郁。水源上生长有世界上最珍贵的红豆杉680余株，孕育了红豆杉百寿泉。水中含有多种对

人体有益的矿物质和微量元素，堪称是水中极品。锶0.05mg/L、钙1.4mg/L、钠1.7mg/L、碘化物0.118mg/L、偏硅酸18.9mg/L、溶解性总固体124mg/L、pH值7~8。百寿山泉为天然泉水，水清凉可口，饮后回甜，水质特软，易被人体吸收。产品由贵州省黎平澳尔华绿色食品产业有限公司生产，产品已覆盖贵州周边县（市）及贵阳、凯里、黔南、黔西南、广东、广西、湖南等地，代理商与直销商已达200多家，取得了一定的经济效益与社会效益。企业和产品先后荣获"中国著名品牌""贵州省著名商标""贵州省守合同重信用单位""贵州省民营企业特色品牌产品""省级卫生食品A级单位""第五届中国科学家论坛饮用水""中国饮料行业制造百强企业""州级农业产业化经营重点龙头企业"等30多项殊荣。

⑦ **惠泉**：位于镇远城东关东二里许，古时又称为"惠泉仙品"。清乾隆《镇远府志·山川》载："惠泉在城东二里许谢氏庄上，泉水如股大，石穴中出，清冽异常。旁有石板，镌惠泉二大字于上，书法绝佳。泉品当不在惠山（注）之下。"《贵州通志》载："'惠泉'二字，系赵字体，刻于泉口之上端，纵横各约为三十公分有奇。"泉水由山畔石穴中涌出，泉口东南侧约7m处的石壁上，有楷书阴刻"惠泉"摩崖一方。摩崖底部长90cm、宽66cm，每字高50cm、宽35cm。由于镌刻年代久远，字迹风化斑驳模糊，无落款。"惠泉"之名最早见于明弘治元年（1488年）镇远知府周瑛写的《惠泉》诗三首。诗云："为慕惠泉水，今来番氏庄，一泓流泼泼，四壁影汪汪，爱此清华品，深居僻陋乡，山中声不断，星日共辉光。"又诗云："呼童烹活火，气与味俱完。静泻乾坤色，香宜龙凤团。山空云漠漠，石细玉珊珊。一瓢烦襟累，娟娟月上栏。"再诗云："江山长似水，有木者如斯，天地何始阴，晴去若驰林，花分润色美，吴楚借芳滋，岂竟不归海，穷源或在兹。"由此推断，"惠泉"摩崖的形成年代，应在明弘治以前，距今至少已有500多年。

古人以汲惠泉水烹若沏茶为乐事，并在惠泉水源旁边建修了一座"道士观"作为品茶游览场所。可见惠泉水质特佳。1949年后，县建立酒厂，曾以此泉作酿酒用水。20世纪80年代初，惠泉被县自来水厂引为自来水用水，对水源修建了保护设施。"惠泉"摩崖被镇远县政府公布为县级文物保护单位。

第二节　茶器（民间）

黔东南州在上千的茶叶生产、加工、营销中，不仅创造了许多茶叶品牌，而且制造了许许多多茶器。尤其是在竹制茶器、木制茶器和土陶茶器方面特色突出。

一、竹木制与土陶茶器

① 竹制茶器： 黔东南州根据采茶的需要和本地大部分县（市）都是产竹子，取材方便，价格低廉的实际，用竹子制作茶杯、茶碗、茶壶。用竹子编成了大小不同，形状各异背篼、竹篮、竹篓、竹簸箕等竹茶器。

竹制茶器通风透气，鲜茶叶短时间内堆积也不会因为温度升高导致发热变质，且耐用轻便，无论肩背手提，茶农都非常省力。尽管如今采茶一些茶园使用了机械采摘，但研制高档茶叶产品，仍然需要大量的手工采摘，背篼、竹篮、竹篓茶器依然是黔东南州茶农采茶时的必备工具。手工制茶，4道工序（摊放鲜叶、熟锅、初烘、复烘后密封）都涉到摊凉，竹簸箕便成了手工制茶而量身定做茶器。

② 木制茶器： 黔东南州境内群山叠翠，林木葱茏，有"杉乡""林海"之称，是全国重点林区之一，工业用植物丰富。至黔东南州生产茶叶以来，就根据茶产品的需要，开发了木制茶杯、木制茶碗、木制茶壶、木茶盘。

③ 土陶茶器： 黔东南州有着悠久的制陶历史。雷山县丹江镇长丰村，制陶历史已经超过个半世纪，全村130户人家曾全部（现50多户）从事土陶生产，主要采用拉坯、模具、注浆等成型方法，制作大量的缸、罐、坛、钵、土碗等茶具、酒具、餐具。其产品曾经远销广州、深圳、北京、上海及贵州省内各地。

二、茶器选介

① 镇远县龙型茶壶： 以紫泥、红焙烧制而成，呈紫色，为一古代工艺品。今存于镇远县文物局。茶壶为龙造型，其眼、鼻、嘴、尾、脚等线条精细，炯炯有神，栩栩如生（图7-1）。

图7-1 镇远县文物局收藏的龙型茶壶（摄于2018）

该壶，烧结密致，胎质细致，造型古朴、色泽典雅，光洁无瑕，用其泡茶，既不夺茶真香，又无损汤气，能较长时间保持茶叶的色、香、味。

该壶年代待考。

② 毛克翕茶器： 1993年8月，雷山县银球茶叶公司成立了银球茶产品开发科研所，毛克翕率领产品开发科研人员开展了以研究茶盒包装产品为主的研究（图7-2）。

1993—1994年，完成仿彩玉茶盒1号、2号、3号、4号、5号、6号的加工研制，并获得专利成果（专利号分别为ZL94302003·4、ZL94302002·6、ZL94302001·8、ZL94301993·1、ZL94301992·3、ZL94301991·5）。1995—1996年，完成刻画土陶制

品、波纹形土陶制品、波纹形茶罐、青蛙形茶盒、刻画茶罐、松皮石头茶盒、水牛形茶盒等研制，并获得专利成果（专利号分别为：ZL96100922·9、ZL96100823·7、ZL95309384·0、ZL95317804·8、ZL95317801·3、ZL95317805·6、ZL95317093·4）。

图7-2 毛克翕茶器（摄于2018）

第八章

茶馆与茶俗篇

第一节　茶馆（楼）

一、茶馆（楼）概述

图 8-1　台江施洞

黔东南州在清代就有台江施洞（图8-1）、剑河柳川、麻江下司、凯里炉山、黄平旧州、镇远舞阳、岑巩思旸、从江西山与丙妹等大小不等的集镇，相应设立了一些茶馆（楼）。贵州省级文物保护单位——苏元春公馆由清末湘军将领苏元春于清同治十三年（1874年）修建，位于黔东南州台江县施洞镇白子坪村。苏元春公馆有茶室、乐室等，为清兵驻军将领议事之用至民国初年。1922年后，公馆成为施洞地方土豪们的议事、饮茶之地。

新中国成立后，尤其是改革开放以来，茶馆（楼）得到了快速发展。至2018年黔东南州茶馆茶楼已发展到45个，其中凯里市9个（凯里烟坡茶楼、鸿福茶楼宁波路店、凯里烟坡茶楼、下司盐茶古道茶馆、习茗阁茶馆、隐悦茶室、一味茶庄、2018茶坊、留香阁茶庄），麻江县2个（添香园茶楼、安化黑茶馆），丹寨县2个（三泉茗茶振兴路店、因味爱休闲驿站），黄平县3个（且兰茶楼、谷陇幸福茶吧、幸福茶吧），施秉县2个（酷爽茶店、归真茶庄），镇远县2个（幸福茶吧、青岑茶舍），岑巩县2个（思州茗香居、茶仙居岑巩分店），三穗县3个（一品阁茶楼、龙腾茶道、茶仙居三穗分店），锦屏县2个（茶仙阁、清茶吧），天柱县4个（河滨商务休闲会所、隐香茶庄、安溪茶屋、拾福茶楼），黎平县3个（同福茶楼、六倍山土特产、黎平生态茶），从江县3个（聆听天籁、HE茶吧、半日闲），榕江县1个（解忧茶语），雷山县4个（嘎歌茶楼、千户茶楼、苗家春茶馆、清心茶楼），台江县1个（缘味茶坊），剑河县2个（四季咖啡厅、茶缘坊）。

二、茶馆（楼）选介

① **凯里鸿福茶楼**：位于黔东南凯里市宁波路2号，现为贵州紫日集团公司下属企业。该茶楼，2000年1月成立，是一家以品茶、餐饮、商务接待、茶叶销售、茶文化宣传推广的茶楼（图8-2）。

图8-2 鸿福茶楼

该茶楼2001年、2002年分别组织和承办了中国凯里国际芦笙节"鸿福杯"名优茶评选和"鸿福民族茶艺茶道"大奖赛活动，这是黔东南州建州以来规模最大，有中国台湾、香港、马来西亚、新加坡以及中国各省茶叶界专家等众多海内外茶商参加的大型茶文化活动。

该茶楼民族茶艺表演队2002年7月参加"南湖杯"国际茶艺茶道大赛，2003年4月参加首届全国民族茶艺茶道大赛均获奖。2003年10月荣获上海首届全国茶道大赛二等奖，2004年4月被评为全国百佳茶馆。公司组织员工到美国、法国、意大利、英国、巴西、日本、韩国、德国、香港等40多个国家和地区旅游、考察参展。

② **黎平同福茶楼**：位于黎平县城五开北路，经营面积580m²，现有员工5人，是一家以品茶、餐饮、商务接待、茶叶销售、茶文化宣传推广的茶楼，2005年9月开业，享有"侗都黎平第一家茶楼"之美誉。整体风格为仿自然民族风格，可容纳200余人。茶楼主要销售黎平本地名优茶产品，茶楼提供各类黎平香茶、黎平扁形茶、黎平白茶、黎平红茶、黎平毛尖、黎平毛峰、黎平翠叶、黎平108、黎平乌龙茶、黎平金球茶、黎平古钱茶、黎平青钱柳茶、黎平虫茶等10多种当地特色茶类，茶楼还不定期举办名家书画展览、棋艺交流、茶文化知识讲座和参加国内名优茶评比活动，曾荣获最高金奖、特等奖、一等奖等奖项40余次。

③ **雷山县清心茶楼**：位于雷山县民族广场，创建于2010年5月，以传承和弘扬中华茶文化精神为宗旨，在雷山县内大力宣传本地茶叶产品，引领茶叶及茶文化消费，至今有10余年历史，清心茶楼一直是雷山茶叶的形象和标杆。该茶楼一是坚持中国传统茶文化与雷山苗族文化的结合点，推广和宣传雷山茶产品；二是坚持通过评茶品茶，找到雷山茶叶亮点，不断改进和提升，带动全县茶叶品质的提升；三是坚持做好技能培训，不断地培养茶行业里青年人才。雷山清心茶楼已成接待、商洽和茶人切磋茶艺、品茶斗茶之地。至2018年，该茶楼年销售额突破100万元。

④ **千户茶楼：** 位于西江核心区域邮政局旁边，是西江文化旅游发展有限公司的一部分，是公司精心设计、各种茶文化布局的茶楼，如果说西江千户苗寨景区是一个以美丽回答一切的地方，那么千户茶楼是让您心灵回归宁静的地方。

千户茶楼提供的产品以雷山茶为基础，包括：银球茶、清明茶、云尖茶、云雾茶、青钱柳及创新茶饮冷泡茶。同时提供干果、鲜果、商务及娱乐休闲，是由一批热情服务、对茶饮热爱的团队组成。在服务理念上，始终保持贵州绿茶发展的初心，坚持"宾至上心常暖，人走茶不凉"的原则，在西江创下了良好的社会口碑。茶楼坚持诚信经营，价格透明，童叟无欺。

千户茶楼是雷山县茶产业对外服务的重要茶文化宣传窗口和茶销售服务窗口和茶客接待窗口，茶楼茶品种达20多种，集合了绿、白、红、黑四大茶类。茶楼年接待游客10万人次，年销售达200万余元，为雷山茶产业扶贫做出了重要贡献。茶楼始终贯彻的宗旨：让游客和茶友喝上一杯雷山茶，带着一片贵州绿。

第二节　茶　俗

在漫长岁月中，茶与黔东南州人民的生产生活结下了不解之缘，群众自古以来就有种茶、制茶、饮茶、用茶的习俗，茶叶是当地老百姓的生活必需品。"三天不吃酸，走路打啰嗦，一天不吃茶（油茶），走路没劲跨""宁可三日无食，不可一日无茶（油茶）""头锅苦，二锅凉，三锅四锅满口香"……，在黔东南的大街小巷，不时可以听见与茶相关的谚语，足以看出人们对茶的喜爱。

黔东南人自古以来就有"田边地角种茶""以茶入药""春夏秋时节制茶""客来敬茶""一年四季吃油茶""以茶祭祖敬神"等习俗。

一、茶礼（俗）

在黔东南州，凡有客人至家中，主人家的第一件事是献上一杯或一碗茶给客人。不管是杯或碗，都不能斟满，这就是所说的"酒满敬人，茶满欺人"。逢年过节，走亲串戚总要提上礼品，这礼品亦称为"茶"。亲友回访，也要带上礼品，称为"还茶"。年轻人谈媳妇，主要看女方是否能"烧茶煮饭，挑水拿柴"，是乎烧茶为家庭主妇接人待客中义不容辞的责任和会不会操持家务的标志。民间妇女善不善于煮茶，会不会献茶，充分体现了她们是否懂得为妇之道，同时也充分体现了她们的修养。"烧茶煮饭，挑水拿柴"便是家庭主妇必须具备的一种美德和能力。

① **茶与婚事**：茶礼的出现源于旧俗，旧时女子受男家聘礼多为茶，称"下茶"，亦称"茶银"。黔东南民间婚事以茶为礼沿袭至今。民间提亲或媒人撮合，或男家看上女家便请媒妁，需先由媒人带上礼品到女家试探，其礼品叫"问茶"。若女家同意可谈婚事，则由女方到男方家来了解情况，称为"看人合心"。"看人合心"后，媒人带上男方家准备的礼品到女方家，其礼品称为"放信茶"。"放信茶"多以白糖代替，同时媒人与女方家商量是否可去"书纸"一事。若女方家同意，就由媒人将男方家的布匹、衣服之类的东西带上到女方家，这叫"头道茶"第一次茶，亦称"头书"。第二道茶所附的是"允书"，即男方非常愿意提此亲事；第三道茶所附的是"庚书"。"庚书"写明男方的生辰八字，同时要求女方将生辰八字填上，这称为"讨庚"。婚姻乃一个人的终身大事，因此一般情况下女方是不会马上填写生辰八字的，还需要提出若干条件。由此就有了后面的"催茶"。"催茶"的主要目的是请女方"发庚"，经数次"催茶"得到女方的生辰八字后，才商量选良辰择吉日结婚。在结婚的那天也同样有"上头书""报书""礼书""谢书"之类的礼仪。

民间谈婚论嫁的礼仪过程，称为"三回九转"。在这"三回九转"中所去的"茶礼"，又分"干茶""水茶""荤茶""素茶"。如若长辈之间互相探问"你女儿吃茶没有？"那肯定就是问女儿定终身没有。

② **退茶**：即用退茶的方式退婚。当男女婚姻由双方父母决定后，如果姑娘不同意，就用退茶的方式退婚。具体做法是：姑娘悄悄包好一包茶叶，选择一个适当的机会亲自送到男方家中，对男方的父母说：舅爹、舅娘我没有福分来服侍两位老人家，请另找好媳妇吧。说完，就把茶叶放在屋的桌子上然后离开，这门亲事就这样给退掉了。

③ **茶与祭祀**：祭祀主要有"祭仙"（拜祭鲁班）、祭拜傩公傩母、祝贺小孩出生、辞世含茶和悼念亡灵或祭神祭祖等。

"祭仙"（拜祭鲁班）是民间建房的一种仪式。"祭仙"时，在祭台上必须有两碗"净茶"。通常情况下所煮的"净茶"在未"祭仙"前，是不允许任何人喝的。房屋建好后的第一件事是请先生写"香火"，写好"香火"的神位后，在其下方必须要写上"敬献香、花、灯、水、果、茶、食、宝、珠衣"的供奉物名。从择期伐木到竣工落成，始终以茶为礼，表达人对神灵的敬意。祭拜傩公傩母是傩戏在开演之前，要在先祭拜傩公傩母的台前放置贡果和两碗净茶，并点烛烧香化纸钱祭拜后才能开演。祝贺小孩出生是孩子出生时，左邻右舍用带有露水的茶芽梢作贺礼。如果生的是男孩，就送1芽1叶的芽梢；如果生的是女孩，则送1芽2叶的芽梢，寓意"一家有女百家求"。辞世含茶是人临死前由村中长者用青蒿叶沾一点茶水洒到嘴角，入殓的棺材里要放茶叶，有些地方还有在死者手里或嘴中放置茶叶的习俗。悼念亡灵或祭神祭祖通常用"清茶四果"或"三茶六酒"，借以表达至真至纯的虔诚。

二、茶 食

黔东南人生活处处离不开茶，通常待客也是用茶，特称"待客茶"。在侗族聚居区，有"贵客进屋三杯茶"的习俗：第一杯是"香茶"，用生姜佐饮，表示"接风洗尘"；第二杯是"甜茶"，以糖果伴啜，表示"情甜意浓"；第三杯是"清茶"，以清心爽口，并表示"亲昵"。茶食文化丰富，主要有：吃细茶、吃新人茶、打油茶、敬豆茶、罐罐茶等。

① **吃细茶**：是一种婚俗茶饮。男女青年通过"玩山""赶坳"唱歌定情。不过，侗族青年男女在谈恋爱的时候，一定要避开姑娘的父母兄弟。否则，就会被视为极不礼貌。因此，小伙子只好等到夜深人静时，才带上自制的琵琶、牛腿琴，扛着独木梯，悄悄地来到姑娘家的屋檐窗下，把独木梯架在姑娘卧室的窗外，爬上梯子开始轻声地唱起《常姑娘歌》，示意姑娘起身到窗边对歌。侗族有一俗语："大树受不了三百斧头砍，姑娘抵不住几句好话喊。"小伙子用最动人的歌词，轻声地反复对姑娘唱着《开窗歌》，终于打动了姑娘的心，姑娘便打开了约二指宽的窗口，尽情地同小伙子对起歌来。他俩越唱越情投意合，越唱心情越发昏人迷，随即，姑娘便抑制不住自己内心的情感，把窗门再开大一些，不由自主地伸出手来，拉着小伙子的手，并互送信物。然后，征得男女双方家长同意后，男方便请媒人去"讨口气"。如果女方父母有意，就择定吉日，让男方带上一包糖和"细茶"亲自登门。女方的父母看了人以后觉得满意，就把男方带来的糖摆列于桌上，再将"细茶"泡好，请寨上族中长辈和亲戚朋友一起来吃，叫作"吃细茶"。表示自家女儿已订婚。如以后有人再来提亲，女方父母就直言相告："我家的妹仔已经吃过细茶了。"

② **吃新人茶**：是一种婚俗茶饮。新人结婚之日，在喜气洋洋的洞房内，不论白天或夜晚，桌上都摆有糖果和茶水，招待贺喜的客人，由于糖果和茶水芬芳四溢，让人嘴馋。但"新人茶"是不能随便喝的，定要唱赞歌或讲吉利话语，烘托喜庆气氛，才享受得到。因为侗乡是"歌海"，人人都会唱歌、会讲吉利话（"四言八句"），所以并不困难。比如有人这样唱道："一见桌上新人茶，不由心里痒抓抓，口水只顾往上冒，蛮想自己动手拿。此茶不是别的茶，阳雀未叫先发芽，踏着露水去采摘，采得头晕眼睛花，十个指头摘痛了，提起篮子转回家。放到锅里炒一炒，又在盘中揉一揉，煨在罐里莲花现，筛到杯中起红霞。今日吃了新人茶，恭喜明年抱娃娃。"歌声刚落，闹房者便哄堂大笑。这时

新郎新娘喜滋滋地将香茶斟满茶杯，托起红漆茶盘双双送到唱歌客人面前，请他喝茶吃糖，谓之敬"新人茶"，并说："多谢贵言相赠。"

③ **打油茶**：为擂茶演变而来的一种民间特色饮食。"擂茶其法以茶芽盏许，入少脂麻（芝麻），沙盆中研烂，量水多少煮之，其味极甘腴可爱……今郡人食擂茶者，杂茶芽、鸡苏、脂麻研之，间加胡桃肉、火麻亦可研。先时盛用罂粟，种者非制此，无所用，自鸦片禁行，茶风亦稍衰矣"（宋袁文《瓮牖闲评》卷六）。

制作及配料和擂茶大同小异。以茶叶为主要原料，加上一些胡桃肉（核桃肉）、花生米、脂麻、黄豆等作为香料。其制作程序主要有备料、炒制、熬制3个步骤相应配套。黔东南油茶制作场景点制作分备料、蒸煮、磨制、成形、摊晾、油炸等过程。油茶按其质量和其制作过程分简易和精制2种。简易者通常是在农忙时，女主人早上煮饭沥米时将茶叶放入油锅中炒焦，然后将米汤倒入锅中，再舀少量沥起来的半生半熟的米进行熬制。农民把这种制作的油茶作为早餐，既经济又实惠。精制油茶一般是在有客人来或者是过节时精心制作的。特别是在春节前杀年猪熬油时，几乎家家户户都要制作这种油茶。首先将大约半碗黄豆半碗米炒熟，将花生米与适量的菜油或猪油放进锅中，待花生米要煎熟时放入茶叶、黄豆、米、猪油渣一起炒，然后舀水倒进锅中熬制。待黄豆、米煮烂时，用一木水瓢在锅中研磨成糊状，最后掺水入锅中烧制。这种油茶香味特浓，尤其喝过之后香味绵长。与油茶一道上桌招待客人的还有米花、荞皮、黄饺、糍粑、泡粑、花生、板栗、爆米花（亦称炒米）或爆玉米花（亦称苞谷泡）等。一边喝着油茶，品着点心，一边拉着家常，其乐融融。油茶油而不腻，且余香持久绵长。黎平、从江、榕江等县一带乡村将此纳入一日三餐必不可少食品。他们在外作客，经常因为没喝油茶而显得精神不振，因此主家往往会备好原料让他们自己制作油茶，然后大家分享。

④ **敬豆茶**：象征为吉祥如意的"喜茶"。豆茶是用米花、苞谷、黄豆、炒米等经过特殊加工后和茶叶一起入锅煮制而成，分为"红豆茶""白豆茶""清豆茶"3种。

"清豆茶"一般节日饮用。饮时各村各寨的人会聚，将各自自制的清豆茶献出；大家一起吃，并边吃边唱边跳舞。

"红豆茶"用于子女行婚姻大礼饮用。煮红豆茶时还要加入猪血汤。喝红豆茶时，新郎新娘同站于堂屋门前迎客。将一碗碗红豆茶放在托盘上，由新郎新娘共同托着，向贺礼宾客献茶。

"白豆茶"用于长者过世时饮用。煮白豆茶时则要加入牛血汤。喝白豆茶时，由死者儿女用托盘托茶，向前来祭奠的来客献茶。

⑤ **罐罐茶**：实为用罐罐煨的茶。煨茶的罐罐是当地生产的土陶罐，煨茶时先将罐斟

满清水，然后把茶罐靠近燃着的柴火边，待清水煮沸后将茶叶放入，至重新开沸，将罐移开，等到茶叶沉底之后便可倒出饮用。这种罐罐茶，色泽深黄，清香可口，回味甘甜，喝后不仅使人消除疲劳，振奋精神，心情舒畅，而且还能治病。如果患伤风感冒，可把一小块生姜去皮洗净压碎放在罐内与茶叶一起煨，睡觉之前喝一杯，第二天就会有好转。当地人把这种茶叫作"姜茶"，成为他们治疗伤风感冒的良药。如在刚从罐内倒出的热茶中掺入两小羹蜂蜜，能润肺止咳，对上了年纪的老人尤为见效。长期以来煨罐茶成黔东南人人生活中不可缺少的生活必需品。

三、茶调（歌）

① **茶调：**流传于黔东南的民歌民谣的调式属传统的五声调式，劳动歌谣以薅秧或除草时的"打闹歌"和犁田犁土时的散板山歌为主。节日期间的花灯车车灯，平常的盘歌、小调以及唱书、哭嫁歌等，其曲调和演唱风格大多婉转凄美，唯有采茶歌才显出热情奔放的韵味。

黔东南民间有玩灯的习俗，花灯是主要灯种，以"采茶花灯"为主。采茶花灯在某家的堂屋举行，由4~6人提着灯笼，用穿花的步伐演唱。中间有唐二和幺妹，首先是茶头土地从大门处唱起进屋来。唱腔独特，一人唱众人和，唱完一段击一次花灯锣，以下各步骤的唱腔各不相同，有采茶调、倒茶调、合茶调、有谢茶调。

② **腊洞茶歌：**起源于锦屏县启蒙镇腊洞侗寨。该寨人们自古爱茶，每每沏茶而歌，远近闻名，得名茶歌。锦屏平秋侗族唱花歌茶歌，侗语称"嘎谐"，是村中最庄重的歌。茶歌一般以七言为主，每首歌至少四句，多的不等。茶歌的题材丰富，内容广泛，除有叙述历史的古歌外，还有客人赞颂、感谢主人的歌，相互问答斗智的盘歌等。其曲调流畅优美，含蓄深情，音域宽广，开朗热情。以真假声结合的唱法，采用伴唱对答的形式，气氛热烈。歌曲中衬词衬腔较多，使乐句得到扩充，曲调更加优美。衬词常用"那""嗯年""阿欧"等助音。歌词一般都押韵，行数为偶数，韵脚一般在偶数行上。一般以每四句为一歌程，反复吟唱。

在婚姻嫁娶的大喜日子里，在喜庆筵席上要唱茶歌，在喜庆活动的整个过程中也要唱茶歌。姑娘出嫁，姑娘伙伴要与男方迎亲客人从唱拦门歌、进屋歌、敬酒歌、吃饭歌、挑水歌、炒茶歌唱到送亲歌、相思歌。男方迎新娘进屋，要唱吉祥歌。酒席上，主人或主人方唱谢亲歌；酒席直唱到第三天宾客离去时唱送客歌方才青年男女分成多组对唱伙伴歌、斗智歌、聪明歌束。不论是唱什么内容，都不离开茶的内容，也不离开茶歌调。敬老茶歌以敬、礼、福、寿等吉祥内容为基调，年轻人则以盘歌、斗智歌、聪明歌为主题交流情感。青年男女送客送到村外，主客对唱的茶歌渐渐演变为情歌，为下门亲事奠定基础。县腊洞地区自产的茶歌品种是地道的腊洞"土特产"，其流唱也只在腊洞地区及附近启蒙一带，它的唱腔既别于南北侗族的侗族大歌，也别于东西苗族汉族的河边腔，突显了地处南、北侗族过渡带的腊洞特色。

第九章　茶人篇

历朝历代，茶叶都与历史上一些重要人物有着重要的关联，黔东南州茶叶也是如此。黔东南州产茶历史悠久，茶叶品质也一直上乘，茶产业更是不断壮大、做强。特别是近现代以来，不同时期，都有一些著名人物与之结下良缘，并得到他们深情关注和实地亲身体验。他们的到来，为黔东南茶文化丰富了人文，增添了光彩。

第一节　名人情系黔东南茶

在中法战争中立下赫赫战功的晚清将领苏元春，在贵州当总兵时，与思州绿茶结下一段尘缘。1875年，苏元春率领的镇河水师改为陆队，分驻贵州，便在古府雄基的思州选址建苏氏帅府，经实地观察，定于今岑巩县凯本乡街上。在下基脚之初，专程从杭州运茶树栽在帅府基地对面的山上。苏氏帅府后因故没有建成，却留下40hm²茶园。至今这片茶林如绿色地毯覆盖了几座山头，茶叶品质极佳。

1990年6月，在全国茶叶评选会上，浙江农业大学教授、茶学博士生导师、国家级重点学科负责人简庆福，对靠自学成才跻身全国17位茶叶评委专家毛克翕，刻苦钻研的精神给予高度评价，并与毛克翕合影留念，欣然题词："银球传友情，玉杯暖人心"。

2009年5月，中国茶叶流通协会会长刘锋为"游天下西江·品雷公山茶"活动做了"苗茶飘香"题词。

2009年12月3—4日，受《西部开发报·茶周刊》和贵州省茶叶协会的邀请，中国茶文化研究专家林治教授在雷山、黎平县作题为《茶文化促进县域经济发展》讲演。

香港人陈至成，2013年在雷山县望丰乡带领当地200余户农户种植75hm²茶园，有了茶青，陈至成便在望丰乡大塘镇办起了茶叶加工厂，注册了贵州雷山合兴生态产品开发有限公司办起了茶叶加工厂。至2017年，公司年产红茶40t多，年交易金额达3000余万元，已成了把茶叶销往香港地区和国外的贵州省茶叶企业之一。

2016年5月17—18日，国家茶叶产业技术体系红茶加工岗位专家、中国农业科学院茶叶研究所副所长江用文研究员，国家茶叶产业技术体系红茶加工岗位团队成员、茶加工专家邓余良副研究员等一行到黎平考察调研茶业。

第二节　人　物

一、毛克翕（1931—2014年）

汉族，贵州余庆人，中共党员（图9-1）。1952年镇远干校毕业后分配在雷山县委宣传部工作，之后在雷山县农资公司工作，在农资公司工作期间创办过农药厂，1980年调雷山县科委工作。同年11月他带领40多名工人，经2年的努力，将荒芜的31.25hm²老茶园全部垦复，办起了茶叶加工厂。先后生产的"银球茶""天麻茶""清明茶""云雾绿茶"，1983年被评为"全国轻工系统优秀新产品"，1988年和1991年分别获得国家发明专利。1984年雷山县政府任命毛克翕为县饮料厂厂长。其间，他一

图 9-1 毛克翕

手抓饮料厂的技改，一手抓茶叶的创新。1985年10月被推选为"贵州省各界人士为四化服务先进代表"。1985—1990年被轻工业部、林业部聘为茶叶评委，跻身于全国17位茶叶专家组成的评委之中。1989年8月被评为"全州科协先进个人"。1989年担任雷山县银球茶叶公司经理，1990—1991年先后荣获"全州科协先进个人""雷山县专业技术拔尖人才""州首届科技兴州奖""雷山县科技先进工作者"等。银球茶特种绿茶创制工艺工研制项目获"贵州省科学技术进步三等奖""轻工业部优质产品奖""外交部馈赠礼品""全国食品行业名牌产品"等。2006—2007年雷山县银球茶叶公司被国家税务总局贵州省税务局、地方税务局评为"A级纳税大户"。2007—2012年"毛克翕"商标连续被授予"贵州省著名商标"称号。2007—2009年，雷山县银球茶叶公司先后被雷山县委、县政府授予"茶叶产品研发优秀单位""先进企业"称号；黔东南州政府授予毛克翕为"黔东南州民族民间文化优秀传承人"称号。2010年、2012年分别荣获第十七届上海国际茶文化金奖和中国上海（国际）茶业博览会特别金奖。

毛克翕于1992年起享受国务院特殊津贴。2014年4月毛克翕因病逝世，享年83岁。

二、欧阳章权（1968—2018年）

男，侗族，生于1968年10月9日，籍贯贵州天柱人，中专文化，无党派人士。2008年前在天柱县粮食局买断工龄赴丹寨县发展茶产业，在丹寨县兴仁镇排佐村种有以品种金观音为主的良好农业GAP示范茶叶基地198.75hm²。2009年12月注册成立贵州省丹寨县传福茶业有限公司。任贵州省丹寨县传福茶业有限公司法人代表、董事长。2011年任丹寨县政协委员、丹寨县工商业联合会（民间商会）副会长；2012年任州工商联执委、丹寨县质量协会会长；2013年任贵州省农产品产业商会副会长。

在他的带领导下，公司一直致力于茶叶生产技术的发展，拥有国内茶叶企业先进的、完备的生产加工技术和设备，专业化程度高，生产标准严格。现有职工87人，其中外籍

专家3人、专业技术人员13人、管理人员12人。茶叶初加工厂和精加工厂房20000m²，良好农业GAP示范茶叶基地198.75hm²，年生产550t的绿茶、红茶、乌龙茶（台湾冻顶乌龙加工工艺）高标准生产线3条，形成了以种植、生产、加工、销售、文化推广于一体，是黔东南州丹寨县农业生产企业茶叶行业中重要的企业之一，是奉献健康、改变生活方式的农业生产企业。

公司通过"公司+基地+农户"运营模式进行茶园建设，通过了杭州万泰认证有限公司GAP认证（贵州省第一家），利用优质茶叶资源，积极发挥基地公司示范作用，辐射和带动周边乃至全县茶农的茶叶安全生产。

目前公司已经获得杭州万泰认证有限公司颁发的茶鲜叶有机认证转换证书，成为了贵州省外国专家局有机茶生产加工示范单位、丹寨县良好农业GAP示范基地单位、州级农业产业化经营重点龙头企业、贵州省第六批省级农业产业化经营重点龙头企业。

欧阳章权2018年7月因病逝世，享年50岁。

黔东南州1987—2018年茶系统获副高以上专业技术职称人员名录和获州级表彰的单位和个人名录见表9-1、表9-2。

表9-1　黔东南州茶系统获副高以上专业技术职称人员名录（1987—2018年）

序号	姓名	性别	民族	籍贯	学历	职称	工作单位	政府津贴
1	周哲麟	男	汉族	贵州贵阳	大学	高级畜牧师	黔东南州农业农村局（已退休）	省政府津贴
2	周定生	男	汉族	安徽芜湖	大学	高级农艺师研究员	黔东南州农业农村局（已退休）	国务院津贴
3	左松	男	苗族	贵州黎平	大专	高级经济师	黔东南州农村经济经营与农业信息服务站	—
4	廖承	男	汉族	贵州黎平	本科	高级农艺师	黎平县农业农村局（已退休）	—
5	石伟昌	男	侗族	贵州黎平	研究生	高级农艺师	黎平县农业农村局	—
6	黄孝武	男	侗族	贵州黎平	大专	高级农艺师	黎平县孝武古树茶开发有限公司	—
7	林其良	男	汉族	福建福安	中专	高级农艺师	黎平富春农业发展有限公司	—
8	张博学	男	汉族	陕西宝鸡	大学	高级农艺师	黎平博远生态农业科技有限公司	—
9	潘皇斌	男	水族	贵州丹寨	大学	高级农艺师	丹寨县农业农村局茶叶发展中心	—

表9-2　黔东南州茶系统获州级表彰的单位和个人名录（1987—2018年）

序号	表彰年份	获奖产品或表彰内容	获奖单位或个人	获奖名称	颁奖单位或组织
			黎平县 59项		
1	2007.04	"侗乡春"牌（系列）黎香绿茶	黎平县侗乡春茶业有限公司中潮分公司	上海国际茶文化节名茶评比金奖	第十四届上海国际茶文化节组委会

序号	表彰年份	获奖产品或表彰内容	获奖单位或个人	获奖名称	颁奖单位或组织
2	2005.04	"侗乡春"牌雀舌茶	黎平县侗乡春茶业有限公司	"中绿杯"金奖	2005 中国宁波国际茶文化节组委会
3	2001.06	"侗乡春"牌雀舌茶	黎平县侗乡春茶业有限公司	"中茶杯"特等奖	中国茶叶学会
4	2005.07	"侗乡春"牌雀舌茶	黎平县侗乡春茶业有限公司	"中茶杯"特等奖	中国茶叶学会
5	2005.10	"侗乡春"牌雀舌茶	黎平县侗乡春茶业有限公司	"中茶杯"金奖	中国茶叶学会
6	2001.06	侗乡春翠针茶	贵州省黎平县茶叶公司	"中茶杯"优质奖	中国茶叶学会
7	2007.10	黎平县侗乡春茶业有限公司	黎平县侗乡春茶业有限公司	贵州省饮食与茶文化节贵州省优秀茶叶企业	贵州省饮食与茶文化节组委会
8	2007.10	"森绿"牌黎平雀舌茶	黎平县侗乡森绿茶业有限公司	贵州省饮食与茶文化节贵州省名优绿茶	贵州省饮食与茶文化节组委会
9	2008.04	"侗乡福"牌毛尖	黎平县侗乡福生态茶业有限公司	"中绿杯"优质奖	第四届中国宁波国标茶文化节组委会
10	2008.04	侗乡雀舌茶	黎平县侗乡媛茶厂	"中绿杯"银奖	第四届中国宁波国标茶文化节组委会
11	2009.07	"侗乡雀舌"牌侗乡雀舌	黎平县侗乡媛茶厂	"中茶杯"一等奖	中国茶叶学会
12	1988.06	古钱茶	黎平县桂花台茶厂	贵州省地方名茶	贵州省茶叶品质评审委员会
13	1995.01	金银花茶	黎平县桂花台茶厂	全国新技术新产品（南宁）交易会金奖	95 全国新技术新产品（南宁）交易会组委会
14	1999.05	古钱茶	黎平县桂花台茶厂	名茶评比会二等奖	湘鄂黔渝武陵山区茶叶集团茶叶评审委员会
15	2011.08	"森绿"牌黎平白茶	黎平县森绿茶业对外贸易有限公司	"中茶杯"一等奖	中国茶叶学会
16	2011.08	"森绿"牌黎平雀舌茶	黎平县森绿茶业对外贸易有限公司	"中茶杯"一等奖	中国茶叶学会
17	2010.08	"呀啰耶"牌香茶	黎平县侗乡呀啰耶生态茶业有限公司	"国饮杯"一等奖、特等奖	中国茶叶学会
18	2010.08	"侗乡福"牌黎平香茶	黎平县侗乡福生态茶业有限公司	"国饮杯"一等奖	中国茶叶学会
19	2010.04	"侗乡福"牌毛尖茶	黎平县侗乡福生态茶业有限公司	"中国名茶"评选金奖	上海国际茶文化节组委会
20	2011.05	"侗乡福"牌雀舌茶	黎平县侗乡福生态茶业有限公司	"中国名茶"评选银奖	2011 中国（上海）国际茶业博览会组委会
21	2011.10	"侗乡佬"牌雀舌茶	贵州省黎平雀舌茶业有限公司	国际绿茶评比金奖	世界绿茶协会

序号	表彰年份	获奖产品或表彰内容	获奖单位或个人	获奖名称	颁奖单位或组织
22	2011.07	黎平县高屯镇	黎平县高屯镇政府	贵州最美茶乡	贵州省农业委员会 贵州省旅游局
23	2010.10	黎平县	黎平县茶叶产业发展局	全国重点产茶县	中国茶叶流通协会
24	2011.10	黎平县	黎平县茶叶产业发展局	全国重点产茶县	中国茶叶流通协会
25	2010.10	黎平县	黎平县茶叶产业发展局	全国中国名茶之乡	中国茶叶学会
26	2012.06	"鸬鹚架"牌雀舌茶	黎平县生态茶业贸易有限责任公司	国际茶文化节名优茶评比金奖	黑龙江省茶文化学会
27	2012.09	"鸬鹚架"牌雀舌茶	黎平县生态茶业贸易有限责任公司	国际名茶评比银奖	世界茶联合会
28	2012.09	"侗家佬"牌雀舌茶	贵州黎平雀舌茶业有限公司	国际名茶评比金奖	世界茶联合会
29	2012.10	黎平县	黎平县茶叶产业发展局	全国茶叶县评比银奖	中国茶叶流通学会
30	2012.10	黎平县	黎平县茶叶产业发展局	全国十大生态产茶县	中国茶叶流通学会
31	2013.04	"天生桥"牌古钱茶	黎平县桂花台茶厂	全国名茶评比金奖	中国茶叶学会
32	2013.08	"黔贵源森"牌黎平雀舌	黎平源森茶业开发贸易有限责任公司	"中茶杯"一等奖	中国茶叶学会
33	2013.08	"森绿"牌黎平雀舌茶	黎平县森绿茶业对外贸易投资有限公司	"中茶杯"一等奖	中国茶叶学会
34	2013.08	"森绿"牌黎平白茶	黎平县森绿茶业对外贸易投资有限公司	"中茶杯"一等奖	中国茶叶学会
35	2013.08	"黔东"牌雀舌茶	黎平县侗乡媛茶厂	"中茶杯"一等奖	中国茶叶学会
36	2013.10	黎平县	黎平县茶叶产业发展局	全国重点产茶县	中国茶叶流通协会
37	2013.10	黎平县	黎平县茶叶产业发展局	中国茶叶产业发展示范县	中国茶叶流通协会
38	2014.10	黎平县	黎平县茶叶产业发展局	全国重点产茶县	中国茶叶流通协会
39	2014.12	黎平县	黎平县茶叶产业发展局	中国西部最美茶乡	中国西部茶产业联席会
40	2015.10	黎平县	黎平县茶叶产业发展局	全国重点产茶县	中国茶叶流通协会
41	2015.12	"森绿"牌黎平白茶	黎平县森绿茶业对外贸易投资有限公司	"中茶杯"银奖	中国茶叶学会

序号	表彰年份	获奖产品或表彰内容	获奖单位或个人	获奖名称	颁奖单位或组织
42	2015.11	"侗乡福"牌香茶	黎平县侗乡福生态茶业有限公司	全省秋茶斗茶大赛优质奖	贵州省斗茶赛活动组委会
43	2016.06	"侗乡福"牌云雾茶	黎平县侗乡福生态茶业有限公司	中国（贵州）好网货征集大赛十佳精锐奖	中国县域互联网行动联盟
44	2016.10	黎平县	黎平县茶叶产业发展局	全国重点产茶县	中国茶叶流通协会
45	2016.10	黎平县	黎平县茶叶产业发展局	中国十大生态产茶县	中国茶叶流通协会
46	2016.10	黎平县	黎平县茶叶产业发展局	中国·侗乡茶城	中国茶叶流通协会
47	2017.04	黎平县	黎平县茶叶产业发展局	全国加工职业技能竞赛优秀团体奖	中国茶叶流通协会
48	2017.06	黎平古树红茶	黎平县侗乡观音茶叶有限公司	贵州古树茶斗茶大赛金奖	贵州省茶叶协会
49	2017.07	"侗韵红"牌红茶	贵州省黎平县侗乡茶城有限公司	"黔茶杯"一等奖	"黔茶杯"名优茶评比组委会
50	2017.07	高岩红茶	黎平县花桥春茶叶加工厂	"黔茶杯"一等奖	"黔茶杯"名优茶评比组委会
51	2017.10	黎平县	黎平县茶叶产业发展局	全国重点产茶县	中国茶叶流通协会
52	2018.05	"佳绿"牌黎平白茶	黎平县侗乡佳绿茶业有限公司	中国国际茶业博览会茶叶评比金奖	中国国际茶叶博览会组委会
53	2018.07	"黎农御茶"牌黎平白茶	黎平县农林产业科技农民专业合作社	中国国际茶业博览会茶叶评比金奖	中国国际茶叶博览会组委会
54	2018.11	黎平县	黎平县政府	2018中国茶业百强县	中国茶叶流通协会
55	2018.12	"欧帮根"牌黎平白茶	黎平县天益家庭农场	国际鼎承茶王赛金奖	中国茶叶博物馆
56	2018.12	中国质量信用评比	黎平县天益家庭农场	中国质量信用AAA级示范农场	中国质信（北京）信用评估中心
57	2018.12	贵州茶行业新锐茶人评选	黎平县侗乡福生态茶业有限公司（王文超）	贵州茶行业十大新锐茶人	贵州茶叶经济年会组委会
58	2018.12	乡土专家评选	黎平县天益家庭农场（欧帮根）	中国林业乡土专家	中国林学会
59	2018	省级新型农民培育教学评比	黎平县（石伟昌）	名师	贵州省农业委员会
			雷公山43项		
1	2016.07	雷公山醉美人红茶	雷山县云雾茶叶专业合作社（吴汶潭）	国际武林斗茶大会红茶类第一名金奖	第六届国际武林斗茶大会组委会

序号	表彰年份	获奖产品或表彰内容	获奖单位或个人	获奖名称	颁奖单位或组织
2	2016.11	醉美人红茶	雷山县云雾茶叶专业合作社雷山县松木坡优质茶果开发基地（吴汶潭）	中华茶奥会红茶组银奖	中华茶奥会组委会
3	2016.11	雷公山醉美人红茶	雷山县松木坡优质茶果开发基地	"国饮杯"一等奖	中国茶叶学会
4	2017.08	雷公山醉美人红茶	贵州苗岭醉美人茶业有限公司	"中茶杯"一等奖	中国茶叶学会
5	2017.07	雷公山醉美人红茶	贵州苗岭醉美人茶业有限公司	"黔茶杯"红茶类特等奖	"黔茶杯"名优茶评比组委会
6	2017.07	雷公山明前贡茶	贵州苗岭醉美人茶业有限公司	"黔茶杯"绿茶类一等奖	"黔茶杯"名优茶评比组委会
7	2018.05	雷公山古树红茶	贵州苗岭醉美人茶业有限公司	"太极古茶杯"贵州省古树斗茶赛优质奖	贵州省茶叶协会、中国国际茶文化研究会民族民间茶文化研究中心
8	2018.09	雷公山醉美人红茶	贵州苗岭醉美人茶业有限公司	"国饮杯"一等奖	中国茶叶学会
9	2018	雷公山醉美人红茶	贵州苗岭醉美人茶业有限公司	中国茶叶博物馆茶萃厅茶样征集主题活动"馆藏标准茶样"	中国茶叶博物馆
10	2018	雷公山醉美人红茶	贵州苗岭醉美人茶业有限公司	中国茶叶博物馆茶萃厅茶样征集主题活动"馆藏优质茶样"	中国茶叶博物馆
11	2018.12	雷公山醉美人红茶	贵州苗岭醉美人茶业有限公司	鼎承茶王赛特别金奖	中国茶叶博物馆、云南省农业科学院茶叶研究所等
12	2017.05	雷山银球茶（特级）	贵州雷公山银球茶业有限公司	金奖	中国（上海）国际茶业博览会
13	2018.05	雷山银球茶（特级）	贵州雷公山银球茶业有限公司	金奖	中国（上海）国际茶业博览会
14	2018.05	雷山银球茶（一级）	贵州雷公山银球茶业有限公司	金奖	中国（上海）国际茶业博览会
15	2010.04	银球茶	贵州敬旺绿野食品有限公司	金奖	上海国际茶文化节组委会
16	2010.08	"雷公山"牌银球茶	贵州敬旺绿野食品有限公司	一等奖	中国茶叶学会
17	2011.05	雷公山银球茶	贵州敬旺绿野食品有限公司	特别金奖	2011中国（上海）国际茶业博览会组委会
18	2011.08	"雷公山"牌银球茶	贵州敬旺绿野食品有限公司	一等奖	中国茶叶学会
19	2014.05	"银球"牌雷山银球茶	贵州敬旺绿野食品有限公司	金奖	第七届中国宁波国际茶文化节组委会
20	2015.05	雷山银球茶（特级）	贵州敬旺绿野食品有限公司	银奖	贵州省斗茶赛活动组委会

序号	表彰年份	获奖产品或表彰内容	获奖单位或个人	获奖名称	颁奖单位或组织
21	2015.12	"银球"牌雷山银球茶	贵州敬旺绿野食品有限公司	贵州省名牌产品	贵州省质量兴省工作领导小组
22	2016.01	雷山银球茶	贵州敬旺绿野食品有限公司	全国名特优新农产品目录	农业部优质农产品开发服务中心
23	2016.05	雷山银球茶	贵州敬旺绿野食品有限公司	银奖	2016年中国（上海）国际茶业博览会
24	2016.05	特级银球茶	贵州省雷山县绿叶香茶业有限责任公司	"中绿杯"银奖	第三届两岸四地茶文化高峰论坛暨第八届中国宁波国际茶文化节组委会
25	2016.10	绿茶	贵州省雷山县绿叶香茶业有限责任公司	贵州省秋季斗茶赛银奖	贵州省斗茶赛组委会
26	2016.11	一级银球茶	贵州省雷山县绿叶香茶业有限责任公司	"国饮杯"一等奖	中国茶叶学会
27	2016.12	雷山红茶	贵州雷山合兴生态产品开发有限公司	中国世界功夫茶大赛茶王赛红茶茶王	中国茶业发展研究院、中国管理科学研究院品牌推进委员会、中国世界功夫茶大赛组委会
28	2016.11	"脚尧"牌雷山银球茶	贵州省雷山县脚尧茶业有限公司	金奖	中国国际茶业博览会
29	2017.05	脚尧红茶	贵州省雷山县脚尧茶业有限公司	金奖	中国（上海）国际茶博会
30	2017.05	银球茶	贵州省雷山县脚尧茶业有限公司	金奖	中国（上海）国际茶博会
31	2017.07	脚尧茶	贵州省雷山县脚尧茶业有限公司	"黔茶杯"一等奖	"黔茶杯"名优茶评比组委会
32	2017.07	脚尧红茶	贵州省雷山县脚尧茶业有限公司	"黔茶杯"一等奖	"黔茶杯"名优茶评比组委会
33	2018.10	脚尧红茶	贵州省雷山县脚尧茶业有限公司	民族文创特展优秀奖	中国人类学民族研究会博物馆文化专业委员会
34	2018.10	脚尧精神茶	贵州省雷山县脚尧茶业有限公司	民族文创特展二等奖	中国人类学民族研究会博物馆文化专业委员会
35	2018.06	脚尧茶	贵州省雷山县脚尧茶业有限公司	推介产品	中国茶叶流通协会
36	2018.06	脚尧清明茶	贵州省雷山县脚尧茶业有限公司	金奖	中国茶叶流通协会
37	2018.06	脚尧清明茶	贵州省雷山县脚尧茶业有限公司	推介产品	中国茶叶流通协会
38	2019.12	"脚尧"牌高山绿茶、脚尧精神茶	贵州省雷山县脚尧茶业有限公司	金奖	第十二届中国绿色食品博览会组委会
39	2014.12	雷公山清明茶	贵州省雷山县毛克翕茶叶发展研究所	贵州省名牌产品	贵州省质量发展领导小组
40	2015.05	雷山银球茶	贵州省雷山县毛克翕茶叶发展研究所	绿茶类金奖茶王	贵州省斗茶赛活动组委会

序号	表彰年份	获奖产品或表彰内容	获奖单位或个人	获奖名称	颁奖单位或组织
41	2016.01	雷山银球茶	贵州省雷山县毛克翕茶叶发展研究所	入选全国名特优新农产品目录	农业部优质农产品开发服务中心
42	2017.12	雷公山清明茶	贵州省雷山县毛克翕茶叶发展研究所	贵州省名牌产品	贵州省质量发展领导小组
43	2018.07	雷山银球茶	贵州省雷山县毛克翕茶业有限公司	"黔茶杯"一等奖	"黔茶杯"名优茶评比组委会
丹寨县 28 项					
1	2009	全国产茶县评比	丹寨县	全国重点产茶县	中国茶叶流通协会
2	2011	全国产茶县评比	丹寨县	全国重点产茶县	中国茶叶流通协会
3	2012	全国产茶县评比	丹寨县	全国重点产茶县	中国茶叶流通协会
4	2013	全国产茶县评比	丹寨县	全国重点产茶县	中国茶叶流通协会
5	2014	全国产茶县评比	丹寨县	全国重点产茶县	中国茶叶流通协会
6	2015	全国产茶县评比	丹寨县	全国重点产茶县	中国茶叶流通协会
7	2016	全国产茶县评比	丹寨县	全国重点产茶县	中国茶叶流通协会
8	2017	全国产茶县评比	丹寨县	全国重点产茶县	中国茶叶流通协会
9	2018	全国茶业县评比	丹寨县	中国茶业百强县	中国茶叶流通协会
10	2010.04	"黔丹"牌苗岭御剑	黔丹硒业有限责任公司	金奖	上海国际茶文化节组委会
11	1995.06	"黔丹"牌神笔咏春	黔丹硒业有限责任公司	贵州名茶	贵州茶叶品质评审委员会
12	1995.06	"黔丹"牌毛尖茶	黔丹硒业有限责任公司	贵州名茶	贵州茶叶品质评审委员会
13	2000.06	"黔丹"牌毛峰茶	黔丹硒业有限责任公司	斗茶会优秀奖	贵州茶叶品质评审委员会
14	2000.06	"黔丹"牌毛尖茶	黔丹硒业有限责任公司	斗茶会第四名	贵州茶叶品质评审委员会
15	2006.04	"黔丹"牌毛尖茶	黔丹硒业有限责任公司	"中绿杯"银奖	第三届中国宁波国际茶文化节组委会
16	2006.04	"黔丹"牌苗岭御剑	黔丹硒业有限责任公司	"中绿杯"优质奖	第三届中国宁波国际茶文化节组委会
17	2007.11	"黔丹"牌毛尖茶、毛峰茶	黔丹硒业有限责任公司	贵州名牌农产品	贵州省农业厅
18	2007.11	"黔丹"牌毛尖茶、毛峰茶	黔丹硒业有限责任公司	名特优产品	贵州名特优农产品展销组委会
19	2009.07	"黔丹"牌苗岭御剑	黔丹硒业有限责任公司	"中茶杯"优质奖	中国茶叶学会
20	2009.07	"黔丹"牌硒锌丹红	黔丹硒业有限责任公司	"中茶杯"优质奖	中国茶叶学会

序号	表彰年份	获奖产品或表彰内容	获奖单位或个人	获奖名称	颁奖单位或组织
21	2012.11	"三泉"牌毛峰茶	三泉茶业有限公司	"国饮杯"一等奖	中国茶叶学会
22	2016.07	"三泉"牌丹寨白茶	三泉茶业有限公司	"黔茶杯"特等奖	"黔茶杯"名优茶评比组委会
23	2016.05	"三泉"牌丹寨白茶	三泉茶业有限公司	"中绿杯"银奖	第八届宁波茶文化节组委会
24	2016.07	"三泉"牌丹寨红茶	三泉茶业有限公司	"黔茶杯"二等奖	"黔茶杯"名优茶评比组委会
25	2017.07	"三泉"牌硒锌红茶	三泉茶业有限公司	"黔茶杯"一等奖	"黔茶杯"名优茶评比组委会
26	2017.07	"三泉"牌硒锌白茶	三泉茶业有限公司	"黔茶杯"特等奖	"黔茶杯"名优茶评比组委会
27	2017.07	"三泉"牌硒锌毛尖	三泉茶业有限公司	"黔茶杯"一等奖	"黔茶杯"名优茶评比组委会
28	2017.08	"三泉"牌白毫银针	三泉茶业有限公司	"中茶杯"一等奖	中国茶叶学会
岑巩县 6 项					
1	1994.11	思州银钩	岑巩县天马镇白岩坪茶场	贵州保健品展销展销会金奖	贵州首届保健品展销展销会组委会
2	1994.11	思州毛峰	岑巩县天马镇白岩坪茶场	贵州保健品展销展销会金奖	贵州首届保健品展销展销会组委会
3	1995.06	思州银钩	岑巩县天马镇白岩坪茶场	贵州名茶	贵州省食品协会茶叶分会、贵州省茶叶品评审委员会
4	1995.09	天仙剑雪	岑巩县天马镇天仙茶场	广东珠海国际名优食品贸易博览会金奖	珠海国际名优食品贸易博览会组委会
5	2015.04	玉钦翠芽	黔东南州天壹茶业有限责任公司	优秀奖	中国茶叶流通协会
6	2018.12	"思州"牌绿茶	贵州思州茶业有限责任公司	贵州省名牌产品	贵州省质量发展领导小组
榕江县 1 项					
1	2018.07	两汪白茶	榕江县继武茶业有限责任公司	"黔茶杯"特等奖	"黔茶杯"名优茶评比组委会

第十章　茶文篇

黔东南州历来是贵州乃至全国重要产茶区之一。从唐末到民国、从新中国成立到21世纪，伴随着黔东南州茶业发展，也积淀了底蕴深厚的包括物质和非物质的黔东南州茶文化遗产资源体系，为宣传推广黔东南州茶产业、建设茶旅一体化，发挥了重要作用。

第一节　议论文

黔东南州茶产业发展的对策措施

摘要：近年来，黔东南州逐步引进先进加工设备和改进加工工艺，茶叶加工要水平有所提高，部分企业和茶叶品牌具有较高的市场知名度。目前黔东南州茶产业发展面临很多的问题和困难。必须采取切合实际和有力措施，促进黔东南州茶产业的发展。

一、黔东南州茶叶产业发展的基本情况

黔东南属亚热带季风湿润气候，高山森林特征明显，雨量充沛，四季分明，茶叶生长的自然条件较好。目前，黔东南州有黎平、雷山等10个县（市）种植茶叶，目前茶叶种植面积发展到35100hm^2，2013年茶园投产面积18120hm^2，占总茶园面积的51.63%，春茶总量（干毛茶）3088t，与上年1830t增长68.74%：春茶总产值41702万元，与去年36480万元增长22.54%，品种主要有福鼎大白、龙井43、龙井长叶、安吉白茶、金观音和黄金贵等。全州有近24万户农户涉及茶产业，茶叶企业47家，有一定产加工能力茶叶企业有47家，全州各中小叶加工企配有杀青、揉捻、烘干、成形、筛选等制茶成套设备200多合（套），年加工能力达10000t以上，近年来，黔东南州还逐步引进先走加工设备和改进加工工艺，茶叶加工水平有所提高。

黔东南州部分企业和茶叶品牌具有较高的市场知名度。全州茶叶批准注册商标16个，已注册商标主要有黎平"侗乡春"、雷山"银球"、丹寨"黔丹"、黄平"飞云"、岑巩"思州"等。成品茶其产品以雷公山银球茶、黎平雀舌茶、黎平香茶、丹寨毛尖茶，丹寨硒锌绿茶等较为有名，均先后获部、省优质产品称号及各类全国性茶展评金奖。

二、黔东南州茶叶产业发展面临的问题和困难

1. 基础工作滞后，技术力量弱

黔东南州的气候、水、土等自然条件十分适合茶叶的生长，优越的自然生态条件赋予黔东南茶叶优良的品质。因此一些品牌在外地有较高的知名度，但对黔东南茶叶具备哪些优良品质，以及这些良好的品质如何巩固并进一步提升，长期以来，既缺于系统的论证研究，也没有聘请有资质的机构法进行理化指标的检验，并将检验数据进行广泛的

宣传报道。在机构设置上，没有州一级的茶叶研究所，也没有类似烤烟办公室的机构协调产业布局、项目报批、技术培训、品种选择等工作。

2. 品牌散、弱，未形成龙头企业带动效应

与黔南州主推都匀毛尖茶，杭州主推西湖龙井茶的情况不同，黔东南州没有在市场上形成代表性的主打茶叶品牌。主要茶叶产区的品牌散、弱现象较为突出。品牌的散、弱又导致一时难以培育出龙头企业，由于企业的实力弱，缺乏资金购置高档茶加工设备和开展QS认证，"绿色茶""有机茶"产地和产品认证，高档茶的加工制作和市场准入一直未获得重大突破。"白条收茶"的现象时有发生，不同程度的挫伤了茶农的积极性。企业也无能力去扶持、培训茶农、优化茶园的种植条件，使得黔东南州茶叶产业的规模较小，茶叶产业的上规模、上档次困难较大，企业发展后劲不足，难以形成强大的市场竞争力。

3. 基础设施弱，产业配套水平不高

优质高级茶叶的关键一是茶叶基地，二是生产加工，三是营销。黔东南州的茶叶产业在这3个环节还需进一步加强。在基地建设环节，部分茶园的水、电、路配套设施滞后，土地平整，科学施肥、合理使用农药的认识不深；在茶叶加工环节，缺乏技术骨干和必要的设备制作高档茶叶，现有茶叶产品价值较低，部分茶叶低价流入外地，充当高档的龙井茶原料，并且主要用春茶来加工茶叶，对夏、秋茶的利用基本上是空白，原料浪费较为严重。在销售上，销售对象较为单一，市场促销力度较小，承受风险的力量较弱。茶农的组织化程度低，与茶叶生产企业的联系松，没有普遍建立茶叶协会、经纪人队伍等中介组织并实实在在地发挥作用。茶叶生产企业采茶时节用工难的矛盾较为突出，较少使用网络联系，电子商务平台开展销售活动。

三、对策措施

针对以上存在的问题和困难，必须采取切合实际和有力措施，促进黔东南州茶叶产业的发展

1. 转变增长方式，实现持续发展，科学发展

与其他产业的发展一样，要做大做强黔东南州的茶叶产业，必须毫不动摇地走科学含量高、经济效益好、资源消耗低、环境污染少、人力资源得到充分发挥的可持续发展道路。

2. 培养强势企业，提高加工水平

加强茶叶和种植、加工、销售的系统研究，依托科技和人才队伍提高黔东南州的精深制作茶叶工艺，稳步增加高档茶的产量，同时不断提高夏、秋茶的加工水平，帮助企业开展质量、环境等各项认证工作，提高茶叶生产企业的市场准入能力。加快构建以技术指标为主体，包括管理标准和工作标准在内的黔东南茶叶产业标准化体系，以标准体

系整合州内的茶叶企业，通过打造龙头企业来形成品牌效应。

3. 加强茶园建设，夯实原料供应

建设高品质的茶园基地是做大做强黔东南州茶叶产业的重要条件。对茶园建设要统一规划，合理布局，并参照国际标准、国家标准对茶园实行规范化管理，精耕细作，改善茶园的供水、道路等基础设施，保障中高档茶叶加工的优质原料供应。对集中连片的大面积茶园可采取贷款贴息、修建简易公路等方式予以扶持。

4. 加强市场促销，推进品牌建设

逐步将品质高、市场竞争力强、销量大的品牌作为黔东南州茶叶对外促销的主导品牌。综合多种资源，通过旅游、文化、名人等平台大力开展茶叶促销工作，特别注重用科学的数据和知识来解释黔东南茶叶优良的保健功能，在巩固黔东南州茶叶传统销售地北京、上海等地区市场份额的同时，积极拓展西藏、新疆等新兴市场，力争黔东南州茶叶的销售收入实现跨越式增长。进一步加强茶叶品牌的整合，帮助企业加强商标注册和保护工作，加大招商引资力度，遵循公平、互利的原则推动州内外茶叶企业的兼并、重组、联合，通过企业的合作实现品牌的整合，通过品牌的整合逐步扩大合作企的利益，在合作方共赢的前提下做大做强黔东南的自主茶叶品牌。

5. 提高公共服务水平

构建政府主导、中介服务和专业协会积极参与的市场化服务体系。开办州一级的茶叶研究所，为茶叶产业的快速发展提供科学支撑。设立茶叶产业发展的工作机构，协调全州茶叶发展的产业布局、技术培训、资金扶持等事宜。同时加快茶叶协会、茶叶经纪人等中介服务机构的建设，提高茶农进入市场的组织化程度，规范种植、收购、加工等行为，建立市场化分工协作和订单生产的发展格局。

（潘贵春）

浅谈黔东南民族茶文化的传承弘扬保护与发展

一、黔东南民族茶文化的历史背景

1. 黔东南民族茶文化的现状与渊源

黔东南是以苗侗2个少数民族为主的多个民族共同生活的州，优秀的民族茶文化多姿多彩，又各有较为鲜明而浓郁的特色，有源于唐代的黎平侗家油茶，岑巩的思州茶，雷山丹寨的苗家姜茶和大碗茶，还有源于宋代的镇远天印贡茶，源于明代的凯里香炉山小叶种茶。更有古典的民族茶艺、茶具、茶俗、茶饮、茶礼、茶歌、茶诗等，这些都是中华民族茶文化的精粹。岑巩、黎平、雷山、丹寨、麻江等县还保存有数万亩的野生古茶树资源，有的丛径过二尺，有的主杆直径大过四寸，其古树茶品质十分优良，可见黔东南苗侗人民早在远古时期，就有种茶吃茶的历史，造就了苗乡侗寨厚重的茶文化。随着社会的进步，各民族丰富多彩的茶文化得到不断发展。由于民族的地域、信仰、习俗不同，对食茶、饮茶，方式、爱好千差万别，茶与民族文化相结合，形成各自民族特色的茶礼、茶艺、茶饮、茶俗，为民族的节日，迎宾送客等喜庆盛事，保障有丰富的茶文化资源。

2. 黔东南民族茶文化经久不衰

在苗乡侗寨那永不熄灭的沟火塘边、风雨桥上、鼓楼寨旁，山间清澈如许的溪泉畔，迎送宾客的寨门边，都飘荡着原生态茶特有的幽香。黔东南的民族茶饮展示的文化，更是一幅历史悠久的长轴诗情画，色彩斑斓，五彩缤纷，令人陶醉，使人遐想……到过黔东南的人都会听到一首歌就是："醉在苗乡诶，醉在侗寨诶，让心灵回归、回归自然嘞。"侗族的打油茶、新娘茶、敬神茶、迎宾茶、谢客茶、送婆茶、拦路茶，苗族的姜茶、大碗茶，充分展示了生活文明茶饮的民族性，构成了丰富多彩的民族茶饮文化，为发展黔东南民族茶文化奠定了坚实而宝贵的资源基础。有力地推动、促进茶产业的发展，为巩固生态、提升农村经济、精准扶贫谱写了历史的篇章。

二、茶叶品质优良

1. 生态优良环境好，高山处处出好茶

黔东南境内地形地貌多为平缓，多雨雾、寡日照、高海拔、低纬度，雨量充沛。松杉苍翠、竹木混交，气候宜人，形成了独特的山区小气候环境，是早春名优茶生长的最佳适区。造就了茶产品叶肉肥厚、芽头粗壮，香高馥郁、滋味醇厚、鲜爽回甘、香气持久的品质特征。

在茶叶树种、茶产品、茶技艺，民俗风情、民族茶文化、人文景观等多样性的组合下，构成了黔东南民族茶文化资源多样性的亮点。有力地促进茶产业的快速发展，茶叶面积在67万亩的基础上，其规模在逐年扩大，优良品质的茶类花色品种在省内、国内都享有一定的盛誉，一是古时保留而延续的侗家油茶，思州茶，苗家的姜茶、大碗茶、天印贡茶、炉山小叶种茶。二是新时期开发的有雷山银球、清明茶、黎平侗乡炒青、翠针、红碎茶、雀舌茶、古钱茶、亮江新翠、凤鸣茶、龙须白、丹寨黔岭春、天香缘、苗岭利剑、毛峰、毛尖、锌西茶、岑巩的思州绿、翠芽。三是近年来又研制开发了一大批新的名优产品，如：黎平香茶、侗乡观音茶、雀舌茶、白茶（绿茶类）、侗乡龙珠茶、侗乡红、侗乡罗汉茶、丹西红、黑毛茶、古树红茶等名优产品，有跨洋过海出口外销的珠茶、红碎茶，还有药用保健功效的青钱柳茶、黄精保健茶、玉竹保健茶等。畅销了国内外市场，给黔东南茶产业发展带来勃勃发展生机。

茶产品获"中茶杯""中绿杯""国饮杯"等国际、国内大小奖80多项荣誉。为茶文化的保护、传承、推广、弘扬扎下了永久的根基。

2. 黔东南茶起源悠久

"岑巩—思州"乃唐代茶人陆羽《茶经》中指出的：茶产黔中，生于思州，夷州，播州，贵州，其味及佳。茶圣陆羽的这一论述充分说明，一是黔东南在唐代就有产茶，二是由于产地山清水秀，优良环境生态良好，处处出产好茶。还有镇远的天印贡茶、炉山小叶种茶、黎平的油茶等，可见茶文化寻根探源，在黔东南是有渊源可追溯。黔东南茶资源丰富，无论是野生的、过渡的、还是栽培的都有，历经艰辛的茶产业发展，现全州已引进、挖掘、利用的茶叶树种就有20个（有性系良种5个，无性系良种15个）。每年就有上1000余亩的茶树良种苗木繁育，为全州每年乃至全省新建茶园，出圃达国家标准的优良苗木2000万株以上，为全州或全省茶产业的健康发展奠定了坚实的基础。

黔东南州现优质茶园面积规模44667hm^2，其中3.2万hm^{2}已丰产，年产值达30亿元以上，产量2.7万t以上（边茶除外），助农增收达20亿元以上。解决农村富余劳力、城镇下岗职工就业达2500万人次以上，是一个巩固生态、助农增收的好项目，是党的阳光工程与雨露工程对贫困山区的普照与滋润，是建设社会主义新农村，提升农村经济的最佳途径。

优质的茶产品一直吸引着中外茶商的到来，探究苗侗民族茶文化的奥秘，追根溯源。丰富而古老的苗侗茶文化与浓郁的民族风情资源，是发展黔东南民族茶文化的源泉。传承、推广、弘扬、开发利用好这一资源意义十分重大。

三、传承发展黔东南"民族茶文化"的意义及目的

1. 传承、弘扬、推广、发展黔东南"民族茶文化"是时代文明与民族文化进步的需要

当今以文化意识来谋求社会经济的发展已成为检验一个国家、一个民族和一个地区文明进步的尺码。随着社会的发展时代的进步"渴盼原生态、回归大自然"已成为人类一种健康理念，人们对健康和保健的要求有更高的要求和认识，茶是当之无愧的健康饮品。中国是茶的故乡，种茶、饮茶、用茶、就有着数千年的历史，唐代《茶经》的相关论述，以及距今100万年的古茶籽化石出土于贵州的晴隆县，这就更充分证实茶在贵州有着更悠久的历史。因此，发展、弘扬、传承民族茶文化是时代文明进步的需要，也是茶远久历史文化的传承与推广的需要。

2. 传承发展黔东南民族茶文化是建设民族文化大州和促进民族进步与团结的需要

建设黔东南民族文化大州，就是要建设具有鲜明特点、特色的民族茶文化，把全州的

茶文化推向新的高潮，提高人们爱茶，懂茶，提高饮茶有利于健康的理念，全面提高各族人民的思想、道德、素质和科学文化水平。发展黔东南民族茶文化，作为建设民族文化大州的重要组成部分来抓，对于塑造民族精神，提高国民的整体文化素质，具有深远的历史意义和政治意义。因此，发展民族茶文化是建设民族文化大州和提高民族素质的需要。

3. 传承发展黔东南民族茶文化是弘扬先进文化的需要

黔东南"民族茶文化"内容十分丰富，涉及科技教育、文化艺术、医学保健、历史考古、经济贸易、餐饮旅游和新闻出版等学科与行业，包含茶叶专著、茶叶期刊周刊、茶与诗词、茶与歌舞、茶与画、茶与小说、茶与美术、茶与婚礼、茶与祭祖、茶与禅、茶与楹联、茶与谚语、茶事掌故、茶与故事、饮茶习俗、茶艺表演、陶瓷茶具、茶馆茶楼、冲泡技艺、茶食茶疗、茶事博览和茶事旅游等诸多方面。因此，发展黔东南"民族茶文化"是弘扬先进文化、促进经济繁荣、提高人们素质的需要。

4. 民族茶文化的传承与推广是人与自然的和谐

茶是自然界的灵物，你爱它，它就会爱你。自古以来，黔东南各民族把茶种在森林里，而进行林茶间作，茶中有林，林中有茶，相互吸之灵气，茶在森林的保护下得到漫射光的照射，茶物质积累丰富，茶保水固土，维护了森林，森林保护了茶、水土保持、生态巩固、经济生产、给茶农带来效益，解决农村富余劳力。城镇下岗职工就业、生态得到巩固、达到了自然和谐完美的统一，创造了人与自然和谐相处的优良环境。茶与人共同生存于和谐的自然生态之中，也就如"茶"字一样上有草，下有木，人在草木间……这就是人在自然中生存的一种现代生态文化的体现。充分反映了黔东南各民族的高度智慧和对自然生态环境的深刻认识，为当今追求的茶叶生产生态化、有机化和可持续发展提供了范例。这种人与自然的和谐，是黔东南民族茶文化发展的根基。

5. 黔东南茶文化的传承将有力助推茶产业的快速发展

黔东南茶产业发展前景宽广，不但是植被生态良好，而且气候宜人，很适合优良茶树品种的生长，是茶产业发展的最佳适宜区，黔东南优质茶产品市场前景广阔，茶叶畅销湖南、湖北、广西、广东、江苏、浙江、上海、北京、青岛、西安、内蒙古等地，深得消费者的好评，目前飞机航班已开通贵阳、上海、广州、长沙、福州。夏蓉高速、贵广高铁贯穿境内，具规模性的湘、黔、桂三省边区"黎平侗乡茶城"及将开业，它将吸引大量的商家进驻，将进一步有力地拉动助推茶叶产业及旅游业的发展。茶旅互动，以茶促旅以旅带茶，为茶文化的传承与茶产业发展打造了又一平台，前景将更为广阔。

四、对黔东南民族茶文化传承发展的建议

1. 加大政府对民族茶文化的传承、发展、保护和扶持力度黔东南民族茶文化的现状是缺乏认真细致挖掘整理，针对性研究和系统规划传承、发展、保护，这种不适应发展的状况，必须依靠政府强有力的政策措施去传承、保护、扶持和开发。否则，任其自由发展，只会导致民族茶文化的不断消亡和后退。因此，需要政府资金投入、资源挖掘、人才培养、科学规划、保护开发等方面担当起主导、组织、引导者，并发挥作用。

2. 成立相应茶产业发展的专业管理及技术指导机构

黔东南茶产业的发展较为滞后。因此：一是要制订科学完整的发展规划，决策咨询，对茶叶产业的科技发展、民族茶文化基地建设、方针、政策，重大茶事、茶文化活动，进行决策前咨询研究，提出方案建议，供政府参考；二是组织参与省内国内国际民族茶文化学术交流，节日、盛会、盛典，论坛，编辑出版民族茶文化刊物、诗歌画册等进行广泛宣传；三是对民族茶文化进行调研挖掘，精选提炼，做到艺术升华，层次清晰规范，不断向社会推出科学、健康、丰富多彩的民族茶文化。

3. 建立黔东南民族茶文化理论标准体系

黔东南茶文化一直以来都没有一个标准和体系，而是各自为政。要想推动茶文化的传承发展，就得建立起以茶为起源的理论导向，我们的民族是怎样发现茶和利用茶的，以及茶文化的形成、演变、发展、特点及表现形式的茶史学，以茶文化对社会各方面的影响、社会发展与进步对茶文化的作用、社会各阶层与茶文化关系的茶文化社会学，以历史和现代、各个民族、城市和农村饮茶习俗的饮茶民俗学，以黔东南民族传统文化标识茶的形状和包装、成品茶包装外形设计、名茶冠名及宣传广告等，都要以民族文化的特色及茶的美学为基础，以国际国内研讨、茶文化展示、民族茶艺表演、茶叶历史文化博览及茶事旅游的茶文化交流学，以茶文化资源、特性、历史茶文化和新时期茶文化、茶文化对现代社会及精神文明建设作用的茶文化功能学，这是奠定黔东南民族茶文化发展基础的必需举措，应当创新建立好这个理论标准体系。

4. 让民族茶文化与旅游相结合促旅促销

黔东南许多旅游胜地都令人向往，千户苗寨西江，千户侗寨肇兴，万亩连片的观光茶园、古楼、风雨桥，以及田园风光，都有着浓郁的民族风情所在。但是黔东南没有充分利用其资源优势，以市场为导向、以举办民族茶文化艺术节或万人品茗活动等多种方式，推动旅游业的发展。要想改变，一定要做到以茶促旅，以旅促销，有条件的尽可能增加体验，让游客自采、自炒、自泡、自品、自购，让游客充分体验做茶的工艺，借此机会提高游客对茶的兴趣，让他们了解茶爱茶，这是拓展黔东南茶叶市场、弘扬民族茶文化的有效方式，应当努力去做好这方面的工作。

5. 加强民族茶文化基地培训建设

力争政府和企业的投资，率先在各地、州、市、县建设一批民族茶文化基地。民族茶文化基地应是综合型的，它应包括：茶叶博物馆、民族茶艺、艺术团或队、民族茶文化宫、茶文化互联网站、茶文化旅行社，以及茶饮、茶食等商业设施。要大力推动全州民族茶文化建设，使其成为民族文化大州的支柱文化产业。

6. 加大民族茶文化建设的资金投入

发展黔东南民族茶文化，在目前完全靠政府投入是不够的，应通过招商引资、合资、集资、银行信贷等多渠道、多种形式，让民族茶文化形成产业，以其日益增长的经济效益推动民族茶文化的建设和国民经济的发展，成为社会生产力发展中的一个重要组成部分。

7. 建立独具民族特色的茶文化茶艺场所

茶艺是茶文化的物质载体和独特艺术表现的形式。应广泛收集整理黔东南各民族，古朴、浓郁的茶品饮方式及食饮茶的习俗，加以创新利用，研究开发出具有民族特色的现代茶艺，并不断培养出高素质的民族茶艺人才，使茶艺馆成为各民族休闲娱乐、陶冶身心、陶冶情操、以茶会友、交流信息、洽谈商务的理想场所。

8. 提高加工技术、加大宣传力度、提高标准质量是产业文化发展的有效途径

多年来茶产业虽然得到一定标准快速发展，但在整体上还有待进一步提高，一是加大各优质茶基地的高标准建设与加工技术的培训使其得到提高，生产一定批量优质的茶产品。二是加大茶文化的宣传，扩大内需促销。三是打造以历史悠久的思州茶为品牌的多个系列名优产品畅销国内外。四是依托科技支撑，把茶产业做大做强，使之成为当今乡村振兴的一大支柱产业。这些广阔的努力途径，将给发展黔东南民族茶文化带来美好的前景。

黔东南乃贵州南大门，茶文化历史悠久，民族风情浓郁，是闻名世界的民族文化艺术之都，是弘扬民族文化的热土。要进一步提高对茶文化的认识，并加以重视，同时要加大对茶文化的宣传、推广、传承与保护，依据悠久的茶文化历史渊源，举全州之力，把黔东南茶文化的宣传、推广、传承、保护推向新的高潮，助推全州茶旅互动的快速发展，助农增收利国利民，只要我们人人都付出一把力，我们坚信，黔东南民族茶文化及茶产业的发展定能走向更加美好的明天。

（廖承 左松）

茶与茶文化

茶与可可、咖啡同为世界三大饮料。但茶因形美、色艳、香浓、味醇"四绝",健康指数高,而更为人们喜爱。目前,全世界已有160多个国家和地区,20多亿人饮茶,专家预测:如果说19世纪是可可的世界,20世纪是咖啡的世界,那么21世纪将是茶的世纪。

中国是茶的故乡。中国种茶、饮茶的历史已有5000多年。茶最初由先民发现、应用、种植,尔后经历历代文人雅士将饮茶作为一种高级享受和精神力量,而超出它的一般自然使用价值,从而确立了中国独具一格的茶文化。茶有绿茶、黄茶、黑茶、红茶、白茶、青茶(乌龙茶)诸类,以"以茶修身、以茶养生、以茶会友"为其主要社会文化功能,呈现"以茶为媒、以茶祭祀、以茶为名、客来敬茶、以茶馈赠"等多姿多彩的茶俗。可以说,从作为物质的茶叶,到古朴典雅、款式优美的茶具,环境优雅的茶室、茶楼及其茶艺、茶道表演,以至纯精神享受和消遣的茶诗、茶书、茶画及渗透到国民精神中的种种茶俗茶礼,都是茶文化所涵盖的内容,既包括了茶,又包括了饮茶之人,更包括了茶饮本身的行为及茶人所成就的一系列物质性和精神性的成果。

贵州是茶的原产地之一,现在世界发现的唯一的茶籽化石,就是在贵州出土的。作为贵州省生态环境最良好的地区,黔东南山清水秀、林茂雾绕、阳光漫射、空气湿润、土壤酸性且含硒锌,历来是出好茶的地方。雷山银球茶、黎平雀舌茶、丹寨毛尖茶等黔东南绿茶,彰显了此方茶的风韵和品位,为州内外茶客所称道。宋代大文豪苏轼有两句诗,集在一起足可以体现环境与好茶之优美,那就是:欲把西湖比西子,从来佳茗似佳人。如果我们借用这两句诗的意境,稍加改动来衬托全州的环境与好茶,实也不为过,那就是:大美苗疆媲西子,清纯佳茗赛佳人。

朋友,如果你心情的流动中也有时纷乱如麻,只要有一种茶的姿态,就会如清纯的茶汤一样感觉无牵无挂。那好,生活在黔东南这样茶般清秀、茶般甘醇的地方,何不来学学品茶、热爱品茶,做一个快乐的茶客呢!

(周哲麟)

第二节　散　文

青龙洞拐李仙茶碑记

根据明万历贵州《黔记》,明、清《镇远府志》,《贵州省志·宗教志》等地方文献和镇远《谭氏族谱》史书记载,以及镇远民间传说:道教八仙之首铁拐李在明代(初年)这一世生于贵州省镇远邑一农家,十四岁时,其父送他到城东凌元洞(古称七间房、又称吴王洞）出家拜凌元子学道，取名李道坚。云游四海，得太上老君真传，后回镇远青龙洞（中和山南洞，即玉皇阁）立观传道，在明弘治年间募捐，施水火升降之神仙法术，续建真武观（现镇远青龙洞道观）。为寻找建筑材料和采摘治病药方，足迹遍布镇远各地山水。一日，铁拐李来到城西扎营关，在此看到将士栽培的满山茶树，欣喜若狂，品茗后站在茶园青龙方位，并面向东方用道教神功施法加持茶山、茶树，使茶树得宇宙精华，日月光照，甘露滋养，火石子生，油沙土长，天赐茶灵。之后带回茶叶用青龙泉和万寿泉勾兑加温沏茶，茶甘甜爽口，回味留香，堪称茶中极品。铁拐李择吉时将青龙泉和万寿泉勾兑的阴阳水浇灌他在此山亲自栽种的三株茶树，余之神水兑在茶园的水井中，而得名"茶叶关"，其种植和制茶工艺传承至今。其茶故名拐李茶、拐李井、拐李茶山（园）。

茶叶关茶道养心，精制珍品，茶药神效、常饮祛病、延年健身，是"青龙洞拐李仙茶"也。藩王吴三桂屯兵镇远时以茶易马，只饮此茶。此后"青龙洞拐李仙茶"作为"贡茶"，成为皇宫贡品。今国运昌盛，幸福人民，是饮贡品，为求秘方，仙茶养生，拐李仙茶，人人常饮。故"青龙洞拐李仙茶""镇远天印贡茶"，两名一品传之，以此示民。

（刘高君，镇远青龙洞道观道长）

等你在茶山

微风吹过，春雨殷酬，草木已日渐丰茂。深绿色的茶丫尖稍上，嫩嫩的叶芽仿佛一夜疯长，鲜嫩得叫人心疼，直抵人内心柔弱的神经，不经意间就被这春天的精灵俘获了所有的感触。漫步在侗乡黎平山间的生态茶园中，呼吸着四野里清新的空气，信手拈来几叶新鲜的叶芽，缓缓地临近鼻端，一缕缕淡淡的清香茶味便沁入心脾，浸入到四肢百骸里去，让人顿觉神清气爽，赏心悦目起来。不禁对这小小的天地灵物刮目相看，对它所赋予的文化内涵心向往之，为它所有的风华风物而倾倒、而折服，对它高山仰止般的敬畏与衷情！

在侗乡黎平这片生态保持完好的净土上，处处山清水秀，沟谷纵横，峰峦叠翠，一步一景，百里芬芳。这里没有工业污染，没有污水横流，没有雾霾灰尘，这里是一片山穷水尽疑无路，柳暗花明又一村的人间胜景，这里是一处调养生息、旅游休闲、生态养生、宜居宜游的梦里水乡。行走在这片青山绿水的田园景致里，人内心所有的郁闷都得到了释放与释然，荣辱得失、悲欢离合的情结得以修合，得到了前所未有的心灵感悟。在翠绿的茶山上，一行行油亮光泽鲜嫩的叶芽蓬勃生长，娇嫩欲滴，叫人爱不释手，喜不胜收。春风化雨，渐次催生出这天地间灵性的生物，春风化雨，渐次延伸了侗乡人民美好生活的梦想！有风拂来，茶山上采茶的村姑、妹子们多情浅唱的山歌，闺房秘密，便依稀婉约在这茶园坡垴荡漾开来，春色满园，激艳在山间谷地的茶园里，经久不息，撩人情趣。

这山，这水，这春天，这歌舞飞扬的侗乡，风和日暖，草长莺飞，天地祥和，一团静合。这是一方生态保存完好的乐土，这是一片风景如画屏的人间天堂。在碧日蓝天下，物华天宝，才孕育出这尘世间俏丽喜人的叶芽，这生态的人间尤物，这至情至性旷世稀奇的清新灵异珍宝。它不仅对人体健康有着举足轻重的影响，还对延缓容颜衰老有着积极的作用，预防或抑制着某些疾病的发生，是人体不可或缺的微量元素，是养生保健的生态饮料，是怡情养性、修身，陶冶情操、情怀，愉悦身心的琼浆玉液。是人际交逢联络情感的暖意温馨，是茶余饭后惬意的享受……! 沉浸在它深厚的文化内涵里，细心去品味，去感知它丰富多彩的魅力，去挖掘它潜在的生态价值理念，去弘扬与传承它清秀脱俗的品格，无疑是人生最好、最舒爽通达慰怀的境遇遭逢。生命何其精彩？因为结缘它而芬芳灿烂！人生何其有幸？因为有它的无私侍奉而恬静怡然，情怀安合！

在黎平侗乡茶园，在空气清新不染尘埃的侗乡福地，在四野空旷空明的茶山坡和山垴，处处是一派繁忙的场景。采茶的妇孺与男子们在悠闲地对唱山歌，或闲话家长里短，有一摞没一摞地低吟浅唱着。手上的活计却一点儿也不曾放松，懈怠，铆足劲地暗暗相互追赶，以期达到自己预期的目标，以期达到丰收的喜悦和傲人的谈资。春风里尽是人们愉悦开怀的声息，视野中满是人们轻松欢快忙碌的身影，空气中荡漾着她们对未来美好的愿想和期盼。农家人对幸福生活的向往与憧憬，便都寄予在这片清凌凌的水，蓝莹莹的天空下，在这片青山绿水的茶园中，快乐欢畅的劳动里，期待着前景甜蜜动人的新生活。苍穹上，云空里，充斥着她们怡然自得的欢歌，飘荡着她们梦想的羽翅。展翅翱翔在生命的旅途中，人生的境遇里，飞得更高，飞得更远，飞的充实和自信。

在这片青山绿水的田园春色里，在这方绿油油的生态茶园中，不时看到都市丽人的身影，她们是慕名来此观光旅游，生态养生，体验农家人的农耕文化，采茶文化的。她们在茶山的步道上歇息、玩耍、摄影，也采茶。她们并不奢望一天能有多少收入，她们只是迷离在这片翠绿的茶山景色中，感受着大自然清新的空气，感应着采茶人的辛苦和快乐。她们欣喜若狂地将这一份不一样的境遇，定格在多姿多彩的人生经历里，细细去品味生活的酸甜苦辣，去诠释生命的意义。她们将愉悦的欢声笑语洒满在山间茶园中，任凭着春天微微的风信传递到远方，也传递到香甜的尘梦里，记忆深处中去！

远方的朋友哦！等你在茶山，欢迎你到侗乡来，欢迎你到黎平侗乡万亩生态茶园去走走，去看看，去感受农家采茶人勤劳质朴的劳动，去感应这一方青山绿水的美好。大自然赋予人类的碧日蓝天，风轻云淡，空气清新，会让你找回童年的梦想，找回记忆深处的味道。茶山上一行行碧绿的茶树，宛若一条条色彩翠绿的彩带飘荡在山间，起伏连绵，如波如浪，动态万千地游荡在山山岭岭间，行走在茶园深处，步履轻快地奔走，欢呼雀跃，张开双臂，放声嚎叫，呐喊出心中的梦想与郁闷的心结，真真切切地投入到这诗意的田园春色里，拥抱自然，拥抱蓝天，拥抱春天的那一刻，万种感触，万千情怀尽在心胸中涌动，那是何等的醉意阑珊！惬意慰怀！直抒胸臆哦！

远方的朋友，这一方灵性的水土，这一片歌舞飞扬的山水人家，这一处如诗如画的茶园画卷，因为有你的到来而变得更加绚丽多彩，因为有你的知遇而更加春意盎然。放下手中琐碎的事物吧，逃离高楼大厦的围堵，到青山绿水中去调节你郁郁寡欢的情结，到黎平侗乡茶园来洗涤你心灵上的尘埃，寻觅到你久违的笑靥，重拾你曾经遗失了的那份感动，那份似曾相识的童年愿想！蓦然回首，你会发现原来生活中竟然还有如此让人怦然心动的感触，荡气回肠，撼人魂魄！在这不经意的转身或回眸里，你一定被侗乡多姿多彩的民族风情，农耕文化，茶园文化，侗族大歌文化所感染，所震撼。在与这方灵性的山水对话中，你心里所有的郁结和失落早已一扫而空，心情舒畅地轻歌曼舞在人生的舞台上！从此海阔天空，心胸开阔地游走在前行的征途里，游刃有余地面对生活中的困苦和艰难，笑靥从容，荣辱不惊地笑看这世间的岁月变更，春来秋往，花落花开！

在侗乡，在山间茶园坡埂，处处都是如梦如幻的美景，处处都是撩人情趣的画卷，远方的朋友哦！等你来，等你在茶山！我在茶山等着你，等你来相见！侗乡香醋的米酒，侗乡饶舌余香缠绵的清茶，会让你的味蕾芬芳多彩，回味无穷，留恋在这方神仙眷侣般自由自在的田园山水里不思归去，不愿归去！会让你有梦里寻他千百度，蓦然回首，那人却在侗乡灯火阑珊中，安合静好，清新脱俗的感触！远方的朋友，远方的人，侗乡邀请你，侗乡欢迎你，侗乡等你来，等你在茶山！等你来体验采茶文化，侗乡原汁原味的民族风情，侗乡多姿多彩的民风民俗，侗乡溪水潺潺，小桥流水人家的乡间静谧，宛若瑶池仙境，亦如你半梦半醒，依稀仿佛里意态中朦胧婉约的人间天堂，亦如你疲惫心灵无处安放，不期而遇的净土。春江水暖，数竿修竹，几叶芭蕉，人面桃花相映红的诗情画意，直切你历经岁月沧桑的心扉，不经意间就被这山，这水，这田园景致荡开心门，沉醉在这方青山绿水里，叹为观止，感慨良多。

翠绿的茶山，鲜嫩喜人的叶芽，在和煦的春阳抚育下，折射出润泽的光亮，熠熠生辉，宛若新生的婴儿，叫人亦如初为人父、人母的人们，喜不自禁，爱不释手，倍感珍惜。早起晚归的采茶人，穿云破雨，披星戴月，尽情地陶醉在茶园里享受着劳动的快乐，将这一份暖暖的，幸福温馨的画面渲染在蓝天下的侗乡生态茶园中，天成地就般铺展开来，给这一方灵性的山水田园增添了一抹靓丽的风景。远方的朋友，远方的客人们，在这一片山清水秀、风轻云淡的侗乡土地上游走，生态养生，观光旅游，休闲娱乐，纵情山水，放逐情怀，体验采茶文化，农耕文化，无疑是最理性的选择，无疑是最让人魂牵梦绕的回忆！

远方的朋友，等你来，等你在茶山！我在茶山等着你，等你一起来体验侗乡乡间的生活，等你一起去采茶，去聆听茶园里采茶妹子情意绵绵的民歌，去看茶山上热火朝天的劳动场景，去亲吻大自然清新的空气，去感应内心真实的自我，去救赎人生五味杂陈的心结，敞开心扉，静心去呼吸山间泥土芬芳的味道，在春花烂漫的山林中休息小憩，听风信在耳鬓边厮磨，鸟雀在自由自在地歌唱，虫鸣蛙叫，这侗乡，这人生际遇，竟是如此的安好！

（杨思华）

第三节　故事（民间）

银球茶的故事

相传很久以前，贵州雷公山附近方圆百里的十多个苗寨的男人，经常结伴采食打猎。往往到了深山雾重，常会出现腹泻、中毒等现象；但众人渐渐发现有一个寨子里的男人不仅没有出现这些反应，且个个身强体壮。经多方探究后得知，虽然彼此平时吃的东西都几乎一样，但唯有一样不同，那就是这个寨子有一种特殊的制茶、饮茶习惯，女子会手持数十片晒半干的茶叶嫩芽于手心，一边把叶子揉成球状，一边默念咒语，以此祝愿丈夫健康、平安，族人兴旺发达。后来这种制茶、饮茶的方法被其他寨子纷纷效仿，渐渐地腹泻、中毒等现象不再出现。

由于它的独特滋味和神奇功效，并且揉制过程中的咒语非常灵验，给人们带来好运、健康、平安。尤其是在20世纪70年代末，受到"小球拔大球"，实现中美外交的启示，以及银球茶独创的十二道工艺，为此人们把它与苗族银饰齐名来突显其珍贵，故用"银"字开头，取名"银球茶"。

（白柜铭）

72 井泉眷顾嘉木

"一片树叶，落入水中，改变了水的味道，从此有了茶。"纪录片《茶一片树叶的故事》里，茶和水的关系，如此简单又如此复杂。

走在黎平县城东部的翘街上，看着明清时代遗留下来的古代建筑、砖木结构、雕梁画栋，笔者不禁为侗族人民的智慧折服。在翘街青石板路的中间，一口古井静静地淌着水，就像城市的眼睛，含情脉脉地记载了这个城市的变化。

黎平古城区地貌特殊，地下有喀斯特岩溶洞穴，储水量丰富。古往今来，在古城区，人们为了生存开凿利用的泉眼，有数百之多。历代所开饮用水井有近百口，能直呼其名者就有72口。其中，最享盛誉的有神鱼井、大抻、双井、螺蛳井、南泉井、鉴泉井、火焰山井、乌鸦井、林家井、杨家井、宦来井、相思井、琵琶井、何家井、雷公井等28口。

这些泉井形状各异，泉汁甘美。更奇特的是，与唐代陆羽在《茶经》中所说的"其水，用山水上，江水中，井水下"的煮茶之道完全不同，用这里的泉水冲泡出的茶香高味浓、回甘悠长。轻呷一口，茶之风韵如尖上的芭蕾，美妙优雅，让人沉醉迷恋，还是应了"一方水泡一方茶"的说法。

对每一口井，古城人都能讲述一个或美妙动人或惊人心魄的传说或故事，形成了黎平古城独特的井泉文化。

据传，很久以前，深居吊桶潭水晶宫的黄、青、赤、白、黑五条龙，听说五脑即今黎平县城有一位貌若天仙、心灵手巧的翠鹅姑娘居闺待嫁，便化成人身，衣着华丽，带着金银珠宝，一起上门去求婚。但翠鹅却看中与她青梅竹马的邻居邢三郎，并与其私奔他乡。

翠鹅的突然失踪，被五龙知道，相互猜疑、争执，继而大打出手。一场恶斗，天昏地暗，白浪滔天，五脑寨被洪水淹没，民房被水冲翻，不少人死于非命，井水也被五龙毒汁污染。玉帝得报，非常震怒，派看守银河的七十二仙螺下界，镇制五龙作孽，用神链捆住五龙，并在五龙身上点五下，五龙即变成五座小山头，分别置于今古城的东门坡（赤龙）、鼓楼坡（青龙）、司法局（黑龙）、城关一小（白龙）、县政府（黄龙）五处，十万年也不准动一下。

鉴于五脑寨已无洁净之水可供民众饮用，玉帝则钦命七十二仙螺化为七十二泉置于五脑寨内外，为民众提供清洁的泉水，准许她们每逢闰年腊月三十回天庭述职。从此，众仙螺就隐身在古城地下再也没有离开五脑寨，只有最小的一个仙螺因修炼不到家，尾部未能完全隐形，至今仍暴露在天地之间，故人们以其形状称之为螺蛳井，今仍在黎平县人民医院职工宿舍旁。这便是黎平古城七十二泉井和五龙山的传说。经过千百年的历史浪淘、时代的变迁，古城七十二泉井为古城民众提供了永不干涸的生活用水，每天井边挑水的、洗菜的、洗衣服的人山人海，古城井泉为众生提供了源源不断的源泉，也滋润着黎平茶叶的生长，默默眷顾着这南方嘉木。

（佚 名）

第十章 ~茶文篇

阿梭阿螺的传说

相传在远古时，苗族居住在深山老林的半山上，共81寨，他们的首领叫蚩尤，这里男耕女织，人们快乐地生活着……

然而好景不长，有一天祸从天降，部落里发生了严重的瘟疫，往日的幸福村落，再也没有了欢声笑语，蚩尤命各部落首领寻找解毒良药，这急坏了部落中一对青年男女："阿梭、阿螺"，他们奉命寻找良药，为了拯救部落里的父老乡亲，他们相约外出到远方寻求解救的方法。历经千难万险，翻越了千山万水，来到了武陵郡（今贵州黔东地区），已经是饥渴难耐、精疲力竭。在一片树林里休息时，阿梭顺手采下身旁嫩绿的树叶咀嚼充饥，顿觉神清气爽，浑身轻松，于是他们就将嫩芽采下，为了便于携带将其挤压揉搓背回部落，到了部落嫩芽全干了，有的似织布梭的形状、有的卷曲如螺浑身披露银毫，发出阵阵清香，用水冲煮后，让大家喝下，奇迹出现了！部落里的人疲劳消除，康复如常，大家齐声称赞阿梭和阿螺带来的嫩芽能祛病消灾，比银子还贵重，后来知道是"垂耳妖婆"施展法术毒害苗民，蚩尤为了除掉危害苗民的法术，率部攻打"垂耳妖婆"。被法术毒害的苗兵同胞喝了"阿梭、阿螺"带来的嫩芽毒气早已消除，康复如常，战胜了妖婆，使百姓过上安居乐业的生活，后来妖婆的3个妖娃请来了赤龙公和黄龙公复仇，蚩尤率领苗族人民英勇作战，多次打败赤龙和黄龙二公。后人为了纪念他们，于是就把这种绿树——苗语称为"吉"，汉语称作"茶"的嫩芽，加工成梭型和螺型，取名为梭螺茶，世代相传。这种独有的饮茶祭祖习俗，说得近乎有点神秘，饮茶不仅仅是苗侗同胞生活中不可缺少的组成部分，更是一种对祖先的奠祭与崇敬。茶在他们的生活中出了招待客人以外，还将茶与草药配制成一种能治病、防病、强身健体疗效的茶枕和茶浴。这种习俗将代代相传，希望得到这两位先人的庇佑，让部落的人们风调雨顺、岁岁平安。

（聂顺祥）

黄龟年入黔的故事

黄龟年生于北宋元祐三年（1088年）三月初七。自幼颖异，性忠直，年十九（1106年）登进士，调洺州司理参军，屡官河北西路提举，以勤慎闻，入为太常博士，旋招大驸马。

靖康元年（1127年）时值南宋时期，兵荒马乱，悍匪殃民，民不聊生，百姓苦不堪言。为平定暴乱，身为兵部尚书的黄龟年被朝廷派遣南征，大军沿途剿匪平乱，经数载南征北战，平定边疆安宁，人民安居乐业，坐镇边疆（今湖南靖州县甘棠镇）。皇上念龟年久役未归，下旨召其回京。龟年辞不赴召，因入黔之时，但见黔东南山清水秀，柳暗花明，气候宜人，是发展茶叶生产极适宜地区，即率官史随从人员实地考察了以香炉山为主峰的周边山区，沿经黄平旧州的回龙寺，镇远古思州等辖区地域。革故鼎新，推行屯兵扎营，允许官兵人员就地与当地村姑联姻，成其百年之好。

黄龟年入黔的作用不仅促进汉苗两地关系的和谐交流。还带去了当时汉族发达的技术。当时，苗族人民的农作技术不发达，而他的到来，就开始教他们如何耕作，种植茶树，茶叶的产量与质量也在大大地提高。同时，家眷和侍女们也教苗族妇女纺织和刺绣技术。各种酿酒冶金造纸等技术，促进苗族地区经济的发展。

经过几年辛勤耕作种植茶树，以及技术革新，黄龟年挑选了五种口味不同的茶叶极品上贡朝廷，有凯里香炉山云雾茶、黄平旧州回龙茶、镇远天印茶、岑巩思州绿茶、从江滚郎茶等贡品。帝品尝大喜，召集朝廷文武百官品茶宴会。

众官品尝，茶味醇香，皆口称赞。其中思州绿茶，色泽翠绿、汤色明亮，叶底清晰、高香耐泡、回味绵长。

帝方知龟年不愿回京的缘由后，诏封黄龟年为兴国侯，坐镇边疆。

南宋淳熙三年（1176年）正月十三日酉时，黄龟年去世享寿88岁，葬湖南靖州县甘棠镇贯头乐山坡，其墓被靖州县政府于1987年批准列为县级重点文物保护单位。

（黄　耀）

第四节　诗　词

一、古诗词

思州茶赞

古来佳人饮佳茗，朝夕相伴一身轻。思州绿茶天姿娇，清香四溢人销魂。

（佚　名）

赞天印贡茶

龙江河畔金鼎山，形似印章欲盖天。三桂在此茶易马，贡茶美名世代传。

（佚　名）

七律·在紫日公司鸿福茶楼品茶

滤尽尘嚣余雅意，琼楼流韵奉茗新。春香四泛缘酥手，玉露初尝瞩美人。
引盏绿漪心欲醉，浮杯兰媚意尤欣。慢夸龙井旗枪好，此处梭螺味更珍。

（周哲麟）

五排·吟"中华银梭茶"

佳名冠中华，芳姿媲银梭。美人明前采，智匠巧辉作。

入水兰初绽，历历渐生涡；晶杯犹春染，此梭漫织罗。

噙汤香渍齿，双颊弥太和；旷然添惬意，润兴好和歌。

佳人居苗岭，林秀雾弥坡。出山偎紫日，神州舞婆娑。

（周哲麟）

注："中华银梭茶"因形似银梭而得名，由凯里市贵州紫日茶业公司生产，系贵州名优茶、"中国三绿放心茶"。"佳人"指茶，苏东坡诗云："从来佳茗似佳人"。

七绝·品黔丹名茶

毛尖御剑大名传，啜品清香满齿间。喜借一瓯润诗兴，尊前好唱和歌篇。

（周哲麟）

七绝·品雷山银球茶

汤汁香嫩沁心怀，更炫奇花杯里开。多谢佳人情遗我，竟携苗岭妙春来。

（周哲麟）

注：银球茶为国内知名品牌茶。其冲泡时，于杯中徐徐曲展如菊花状、莲瓣兰花属之莲瓣兰菊花状，极美。

柳梢青·吟中华银螺茶

微细螺纹，茸毫满缀，翠隐香芬。嫩亮汤汁，晶宫绿漫，恰似春存。

佳茗如是佳人，抚酒醉，若云护身。竹炭初燃，惠泉三沸，好伴书魂。

（山　舟）

古风·致"紫日"董事长聂顺祥君

我识聂君已经年，感君勤力又勤想。初时茶楼欣开发，凯城顿时多嘉奖。

继而开发梭螺茶，市场一举美誉扬。茶是苗乡一特产，特产理应有大昌。

与时俱进抓机遇，辛勤建业闯市场。依靠科技增实力，精心研发铸辉煌。

茶立品牌利莅市，犹如佳人靓霓裳。自古茶意多和谐，从来佳茗流春光。

盛世茶业大发展，廉美和敬茶德彰。此等贤事非闲事，可比挽弓当挽强。

稍后又开药茶枕，入市即刻响叮当。原来苗疆有灵草，可为众人疗体伤。

颈痛肩痛肌劳损，用之可促血流畅。失眠偏头疼难忍，用之甜美入梦乡。

辅以绿茶作枕用，枕香久即除弊盲。血畅梦甜体康健，安能不拒病魔狂！

古有磁石玉石枕，今有药茶枕落床。枕头本为养静用，疗疾枕头更可倡。

难怪此枕一入市，竟教世界瞩苗乡。聂君此举有远见，苗疆因茶再远航。

我从个中悟一理：寸心当为事业长。人生达命岂暇愁，成功只待善谋详。

（山　舟）

七绝·题凯里鸿福茶楼（三首）

一

窗明几净品名茶，心旷神怡你我他。漫话古今天下事，此间境界胜仙家。

二

闲来乘兴且登楼，一盏香茗万事休。名利抛开心自爽，淡泊处世更风流。

三

草木葱葱最可人，修身养性长精神。幽香淡雅临佳境，明月清风美善真。

（张廷澜）

七绝·题紫日苗药茶枕

苗医自古有良方，头枕药茶眠更香。紫日创新翻历史，造福人类寿而康。

（张廷澜）

七律·银梭银螺远销全球

紫日公司中外闻，追求卓越树雄心。远销欧美商家赞，出口亚非顾客钦。

求教茶经和本草，承师药圣与茶神。药茗合唱显奇效，保健强身广惠民。

（杨长福）

七律·鸿福茶楼诗友品茶

华灯高照显辉煌，初夜品茶人满房。全套杯盘精制品，"双银"茶叶美包装。

佳人手巧娴熟动，骚客眸灵贯注量。轻指端杯文雅饮，鸿福楼上品茶香。

（杨长福）

七律·苗药茶枕保健良方

药枕芯中茶药装，强身健体是良方。枕头疗法祛疾病，颈部接触增健康。
血液循环流动快，神经调理睡眠香。科学保健鸿福享，珠贵不如身体强。

（杨长福）

七律·结合开发基地喜人

科技开发谋划宏，龙头企业展雄风。园中生产求精细，厂内加工讲效通。
禁用化肥防质降，不喷农药保纯供。名牌系列奇葩美，屡获殊荣一路红。

（杨长福）

七绝·鸿福楼品茗

鸿福楼内品香茗，边饮边听主述经。可口可心宾受益，留连半晌越初更。

（龙连荣）

五律·赞紫日公司银螺茶

苗岭有名茶，"银螺"最可夸。清芬融肺腑，绿叶映霓霞。
"紫日"辉寰宇，香茗誉海涯。纵然情外客，品过不思家。

（罗国刚）

五律·在鸿福茶楼品茗

惬意品香茗，凝神听古筝。纤纤酥手巧，淡淡紫烟腾。
墙上观诗画，杯中醉玉羹。名茶扬宇内，紫日照寰瀛。

（罗国刚）

七律·紫日开发系列茶产品颂

银梭茶美银螺好，醇厚清香韵味长。紫日公司求特色，顺祥干将铸辉煌。
药茶奇枕复康妙，本草秘方保健强。温暖人间呈挚爱，殊荣赞誉五洲扬。

（胡伟能）

七律·赞紫日茶业科技公司

一

紫日公司盛世昌，发挥科技制茶良。经销喜获群关顾，供应欣得众赏光。
茶片美观茶液亮，品牌优秀品题臧。银梭味隽银螺爽，苗岭飞出金凤凰。

二

紫日公司闯劲强，开发疗枕保安康。精钻本草寻灵药，细探茶经觅妙方。
药效透肤经络畅，功能通窍睡眠香。权威检定达标准，福惠民生受赞扬。

三

紫日公司誉远扬，龙头企业振苗疆。得天独厚茶源旺，因地制宜园厂襄。
走向全球足健壮，拓宽财路志轩昂。开发西部挥鞭进，振作精神奔小康。

（韦达旺）

七律·紫日临窗漫品茗（辘轳体组诗五首）

一

紫日临窗漫品茗，悠游岁月老苍生。清心悦性促思悟，知命乐天循矩行。
敬业爱岗诚奉献，培才育智谨传承。退休林下欣然度，见证沧桑赋挚情。

二

春光灿烂耀晴明，紫日临窗漫品茗。活色生香尝凤沁，浮光掠影见龙腾。
盏中韵味堪欣赏，壶里波澜耐品评。澹泊人生澹泊过，安闲拾趣妙天成。

三

绿水青山把客迎，苗疆秘境放歌行。白云出岫欣观景，紫日临窗漫品茗。
卓越追求高品位，健康保养好章程。孜孜传布茶文化，博大精深广继承。

四

欢欣鼓舞诉衷情，约友邀朋相与听。心旷神怡深缱绻，舒心悦耳漫洄漾。
黄鹂鸣柳忺开嗓，紫日临窗漫品茗。盛世华章抒盛典，铿锵遒劲颂时亨。

五

建业兴州显智能，龙头带动众雄腾。资源利用鸿图展，科技开发伟力撑。
做大做强持续进，更高更快迅捷升。参观激起重重感，紫日临窗漫品茗。

（王大为）

七绝·走访紫日公司

紫日公司出口型，目标远大巧经营。增强实力凭科技，奔向康庄锦绣程。

（崇安仁）

七绝·觅趣鸿福茶楼

茶楼雅聚享轻闲，海阔天空侃大山。城市尘嚣抛脑后，鸿福走运乐尧天。

（崇安仁）

七绝·咏 茶

一

黔东自古有佳茗，吻润枯肠韵味生。荡尽风尘无倦意，金枪倒立可通灵。

二

青冥耸翠蔚烟霞，云雾山间取嫩芽。练就杯中黄蕊色，银球胜是碧螺茶。

（徐明炎）

七绝·黔东南历史名茶（五首）

香炉山云雾茶

香炉一鼎傲苍穹，紫气东来万物荣。云雾佳茗独特味，方知贡品数年功。

旧州回龙寺茶

绿水青山蠹秀峰，移来嘉木万千丛。精挑巧制朝廷贡，寺庙回龙立首功。

镇远天印茶

天印一方地势雄，漫山遍野绿葱葱。遥观古代军屯堡，细品名茶韵味浓。

岑巩思州茶

思州嘉木古人夸，唐代时期进万家。稀世之珍今尚在，千年老树长新芽。

从江滚郎茶

宝地西山产翘英，如云商贾入乡城。下江铺子茶堆满，万户千家有笑声。

注：翘英，为茶叶别称。

（枫桦正茂）

七律·侗家油茶

生在侗乡少老家，时时思梦侗油茶。骨茶搓拌黑糊米，炒豆烹掺香爆花。
妹洗姜葱备佐料，嫂春藤糯抟甜粑。亲朋客至开锅煮，吃罢欢歌众口夸。

（陶光弘）

鹧鸪天·赞雷山银球茶

雷山高处入青云，万亩茶林向日生。缀玉恳珠缘好雾，餐霞饮露育清醇。
汤耐泡，色如橙，无穷回味果佳茗。银球不愧吾州宝，只要弯腰即是金。

（彭焕昆）

黎平茶

云林堪醉醒，鸟语蝉歌消俗累；世态任凉薄，佳人清友解愁心。

（孙泽羽）

侗乡茶韵

飘香暖雾覆轻纱，耳畔飞歌伴早蛙。玉爪尖尖偏带露，金芽细细正迎霞。
采来嫩叶升炉晚，留起深知送日斜。黔岭侗都云涧外，仙翁醉倒更呼茶。

（吴朝科）

侗乡茶韵

云上茶园岭上花，侗姑巧手弄春芽。迎着旭日奔茶岭，满载茶青送晚霞。

（龙　傧）

黎平侗乡茶

高山林间云下茶，冬藏春萌引人踏。翠峰晓岚千芽树，山泉茗香万户家。

（石伟昌）

阮郎归·黎平香绿茶

春雨归来雾薄天，嫩芽布满园。山间茗泉何处寻，香绿茶饮间。
春已去，夏已回，侗乡山水翠。郁香醇厚汤清绿，天涯海角情。

（石伟昌）

请品侗乡"雀舌茶"

春风吹艳碧桃花，一叶流经千万家。谁在花桥鼓楼处，请喝侗乡雀舌茶。

（廖　承）

赞侗乡春"雀舌茶"

山间流水暮潺潺，万树茶林绕翠岚。林茶间作披凤羽，叶芽苗壮碧玉蓝。
满园春色今何处，唯有龙井四十三。精心巧制茶雀舌，色香味形佳具全。
一叶扁舟杯中去，汤色嫩绿叶底鲜。香高馥郁口中品，醇厚鲜爽味回甘。

（廖　承）

忆王孙·雷公山茶园

雷公山上景尤佳，岭脚山头种满茶。云雾时时缭绕她，沐朝霞，二月青青冒翠芽。

（白柜铭）

忆王孙·雷公山上苗姑采茶

杜鹃花畔冒新芽，脱掉银装去采茶。一笑拈春动壁崖，笑开花！这岭歌来那岭答。

（白柜铭）

鹧鸪天·饮茶

陈陈幽香见品甜，纤纤玉手弄春颜。砂壶滚水精心泡，玉盏盛名快意添。
汤色亮，味清甘，休身养性在其间。闲来小聚相欢饮，笑谈人生万事宽。

（白柜铭）

二、赋

雷山茶业赋

　　雷公山高，凌霄踏云；雷公山美，毓秀钟灵。雷山之巅，弥漫云雾；雷山之土，富含硒锌。得天独厚且因地制宜，雷山茶产久沿承；与时俱进而图强发愤，雷山茶业又鼎新。雷山制茶有能人，毛克翕颇负盛名；雷山成茶有珍品，"银球"茶珠誉扬上京。物华天宝，雷山当同蒙山骈骖；雨沐风栉，翠芽应和玉芽共生。环境洁净，拒"三废污染"而远离市镇；供养纯正，拥"绿色有机"以扶仗乡村。仰日月之光华，秉山川之灵性。挺芳姿乎峻岭；敷风采乎茂林。明眸炯炯，放眼碧野蓁蓁；遐思频频，行吟豪兴欣欣。因有历史苗族同胞辛勤耨耘，不辍奋而再奋；更兼现今广阔市场畅盛销行，越发精益求精。健康理念，促进当代人文美奂美轮；高新科技，推动固有风格竞提竞升。玉盏里一泓碧澄，悦目赏心，唇齿间几度清馨，呷醇啜芬。旅途累身，料能祛疲解困；案牍劳形，定可醒脑提神。一喝润口，烦躁中乃得宁静意境；再饮沁脾，纷惑里洞察混沌乾坤。俯视瓯中叶片浮沉，感昊宇之氤；纵观座上友朋奉敬，觉友谊之温存。有诗赞曰：雷山茗事应时兴，欣慰苗乡泰运亨。行遍天涯幽韵远，茶香袅袅蕴深情。

（王大为）

三、新　诗

初识茶城

盛满农家粗碗的心　拜读文化品味的茶　是否溶我农夫田野的情　关闭已久的心

去与否的考量中　纠结的心　永承侗乡游子的牵挂　是谁驱我探寻梦中的缘

也许一句不用太多盛情的语言　便牵我步入烟雨多情的茶巷

对着雷雨后的金钩月亮　我细细地读你　慢慢地品你

梅花泪后隐藏多情的故事　萨玛园前定有难言的过往

茶城小巷醉眼朦胧中　我想　只要把红豆煮成茶

烟雨茶城的小巷中　一定会有曾经来过的身影

（石剑南）

茶　缘

茶本是那百草仙　嫩芽长在云雾间　只因世上缺义物　悄悄下凡到人间

驱除百毒是本意　席前饭后也不闲

好一次奇遇，话一段奇缘　壶中遇清泉，芬芳苦变甜

一品眉目笑颜展　二品人人手来牵　千品万品成文化

正道一声：好茶缘　大山里走出银梭螺

（聂顺祥）

醉美茶乡我的家

高屯，恰似一枚神奇而瑰丽的绿宝石，镶嵌在侗乡黎平出自绣娘之手的如诗如画的版图上，让你流连，令人遐想。这是一个神奇的地方，世界之最天生桥，鬼斧神工，雄奇壮观；飞龙洞惟妙惟肖，美轮美奂；还有那十里飘香的桂花台，崖险峻，怪石嵯峨，

如梦如幻。这是一方蓝色的家园，八舟河上歌声朗朗，好一派旖旎的田园风光鸬鹚架上，景色绮丽，鸟声飞扬。这是红色的故乡，回望那饱经风雨的少寨红军桥，依旧那模样情趣还依然；一群懵懂的儿郎，靠在环境幽幽的桥旁，聆听着吴老爷爷讲那过去的沧桑；伴着蝉鸣鸟唱，波光粼粼，返照着岸边的绿叶红墙，革命精神代代传扬。这是绿色的天堂，国家植物园——东风林场，林间路路相连，道道通畅；青山作底，绿树为裳，蕴育着奇杉异木，培育着祖国的栋梁；牢记习近平总书记嘱托：既要绿水青山，也要金山银山，绿水青山，就是金山银山；睁开惺忪的睡眼，推开虚掩的门窗，放眼瞭望，哇！——处处是茶场，深深呼吸，浓浓是茶香，香——香得醉人！醉——醉在茶乡。这是水的源头，清清的溪流，荫荫的绿洲，八舟的水与枫树屯的墨，绘就了一幅清新淡雅的水墨丹青。这是梦想起飞的地方，那年燕雀南飞的深秋时节，金菊盛开，瓜果飘香，银燕始从这里飞翔，飞出侗寨苗乡，飞越南北大江，沿着既定的航向，飞向祖国的心脏；侗乡黎平，我的醉美茶乡，展开中国梦的翅膀，从这里，起航……

（蓝承杰）

四、楹 联

取水烧茶，姊妹挑水姊妹井 杠枪夺鸟，凤凰各奔凤凰山

——清·陈步，为丹寨烧茶村而作

问黔中圣地芳容闺隐处 寻唐土思州春姑赠香茗

——佚名，为岑巩思州茶而作。

天子骑龙马，脚踏两屯岩，手握天印地印 太阳照金鼎，光泽三角庄，辉映南京北京

——佚名，为镇远天贡茶而作。联中"龙马、两屯岩、天印、地印、金鼎、三角庄、南京、北京"均为地名。

揽三省风光千古侗乡千古画 醉九州宾客一城茶韵一城诗

——陈亮

侗乡逐梦千商云集千商醉 茶城飞歌四海茗想四海春

——吴一辉

信铸黎平一片诚心赢客至　　情倾天下三杯香茗醉人来

——肖检生

旖旎风光千里侗乡千里画　　辉煌功绩一城茶业一城歌

——张新元

侗族大歌唱出崭新韵律　　茶香绿海翻开致富篇章

——吴继强

好茶出侗香雀舌钟情红土地　　极品源生态毛尖香沁曙光城

——邓伟林

融古韵新风，十里清香盈侗寨　　萃名茶盛事，八方雅客醉黎平

——刘喜成

侗乡筑梦铺开锦绣千重画　　茶韵开春唱响黎平一路歌

——常五香

缘聚侗乡，一种风情撩远客　　茶邀天下，千年文化品名城
侗寨水山奇，西部茶乡夸最美　　黎平风物秀，中华茗业领先声
不忘初心，一叶雀舌把春唤醒　　铭记春雨，四乡茶园随梦腾飞

——胡小敏

人仰润之，征途破雾掌航向　　我邀陆羽，侗寨续经醉大歌

——邱学华

黎平侗寨观光，又讲春天故事　　中国茶城品茗，齐讴时代新歌

——胡周崇

侗族大歌，唱出崭新韵律　　茶乡绿海，翻开致富篇章

——成小诚

汲山水精华，茶烹禅者韵　藉人文底蕴，城放曙之光

——吴继强

好茶出侗乡，雀舌情钟红土地　极品源生态，毛尖香沁曙光城

——邓伟林

雷山顶上清明，雾锁云遮，茶摄精华成妙饮　苗岭民风厚道，艰探细作，果赢盛誉在银球
　　　　苗家好客，珍品荣膺礼品　　　茶场争光，银球誉满环球

——白柜铭

第五节　歌　词

青钱柳之歌

还未来到你身边　多少神话把你传　你冲破万年冰川　与阳光雨露为伴
你大气包容万象　根扎地默默奉献　情洒苗寨心系山　健康幸福带人间
你动了谁的情谁的恋　每逢阳春三月想去摘　那一片青青，青钱柳叶　芬芳荡漾情满人间
遇你亲你那一刻　才知你不是虚传　颜如玉身躯伟岸　散发着慈爱情怀
万年青山披翡翠　冬去春来化金丹　一杯神茶入心甜　健健康康万万年
你动了谁的情谁的恋　多想与你浪漫山水间　摘一片翠绿味甘甜　享受幸福拥抱明天

（汪　燕）

锁不住的茶香

古老的村庄，在青山绿水中守望　祖祖辈辈，用勤劳改变了模样
愚公移山的故事，在山村里传唱　云雾缭绕，绕出脚尧茶的醇香
翠绿的茶园，在苗岭深处铺满　清幽的茶香，在雷公山上飘荡
勤劳的脚尧人，在云雾中采摘　采摘着大山，小康的希望
云雾锁不住，脚尧的茶香　一芽一叶绽放着，大山的希望
绿色的脚尧茶，绿色的梦想　幸福的歌儿唱醒了，唱醒了山梁

（杨胜星）

请喝一杯银球茶

雷公山下我的家　青山绿水美如画　远方的客人快快来　请喝一杯银球茶

雷公山上银球茶　茶在杯中开绿花　喝了青茶满口香　精神更焕发

喝了醇香的银球茶　天天都是想它

雷公山上银球茶　滴滴仙露滋润它　喝了青茶回味香　青春更潇洒

喝了醇香的银球茶　难忘我苗家

雷公山上银球茶　香茶美名扬天下

远方的客人你快快来　远方的客人你不要走　请喝一杯银球茶

（吴永安）

第十一章　茶旅篇

进入21世纪，黔东南州茶产业有新发展，各产茶县（市），尤其是黎平、雷山、丹寨等县加强了茶区乡村休闲旅游、茶叶科研、茶叶技术培训和茶产业管理机构的建设，取得了明显成效。

黔东南州厚重的茶文化和优越的自然山水环境，对发展山区乡村休闲旅游景区有着其他地方无可比拟的优势。"十二五"以来，黔东南州着力打造了一批茶园景区（图11-1、图11-2）。

图 11-1 黔东南风光

图 11-2 黔东南茶旅风光

第一节 茶园景区概述

黔东南州在茶产业发展中，认真贯彻落实黔东南州委、州政府关于"生态立州"战略，认真推动"茶旅一体化"发展，培育和发展了一些各具特色的茶叶园区风景区或风景点。

黎平县把"茶旅一体化"作为一件大事来抓。至2018年，涉及茶园面积为640hm²，建有"桂花台茶博园茶旅一体化观光区"和"花果山、漫坡、苦里井和天益家庭农场互动观光区"。桂花台茶博园茶旅一体化区，面积为126.67hm²；花果山、漫坡、苦里井和天益家庭农场互动区，面积分别为200hm²、166.67hm²、106.67hm²和40hm²。观光区内设有综合服务区、茶文化展示区、茶叶加工及体验区、休闲及配套设施包括停车场、公厕、观光旅游道、观景台、茶艺楼、商业服务区特色风情休闲度假区等。核心区桂花台茶博园已于2017年3月正式开放，举办了"黎平县农村淘宝2017年春耕节暨黎平香茶开采仪式""2017黎平·百里侗寨国际划骑跑三项公开赛"等一系列大型活动。是年，接待游客20万人次。

雷山县充分利用旅游业发展优势，加强对雷山茶文化历史渊源的挖掘和策划，将茶产业、茶文化与乡村旅游发展相结合，加快以茶叶为主的旅游商品生产销售、以茶园为主的农业观光体验和以茶艺表演为主的茶楼茶庄建设，实现茶产业与旅游业的良性互动发展。2015年，接待游客400余万人次，实现旅游综合收入70亿元，销售茶叶产品8000万元。

丹寨县新建有排佐—湾寨、马寨—白元和羊甲、排调高峰牛角山等"茶旅一体化"茶园3个（图11-3）。2015年接待游客16万余人，"五一"和国庆节期间，分别组织在龙泉山景区和石桥古法造纸景区开展"相遇多彩贵州、相遇贵州茶乡"为主题的品茗活动游客达10万人次，茶叶销售总额15.5万元。2017年万达旅游小镇的建成开业，小镇6家茶叶销售店每天接待游客180人次，销售金额0.2万元。此外，还创新"公司+基地+农户"的茶产业扶贫长效机制。具体做法是：以万达小镇的旅游为契机，让每个喜欢茶的游客到基地以4900元/亩购买茶园，每个贫困户的手上都发一张"扶贫茶园认领证"，得到此证的茶农长期在茶园务工。至2018年，共30余人通过此种模式在马寨村联合建茶园共10hm²，同时辐射带动周边高要村、白元村等茶园133.33hm²，带动贫困户204户714人，起到了产业扶贫的效果。

图11-3 丹寨县茶中有林，林中有茶（摄于2018年）

台江县2008—2018年，在雷公山区的排羊屯上村、九摆至上下南刀村、台拱的红阳村等一带营造茶叶园几百公顷，形成了最具有特色生态优势的茶叶产业带。

第二节　茶园景区选介

一、雷山县生态茶园示范区

距县城11km，308省道炉榕公路纵贯南北，园区以雷丹公路为主轴东起大塘镇新桥村、西至望丰乡乌的村，覆盖新桥、咱刀、新塘等13个行政村，总面积62km²。区内生态环境资源、民族风情、旅游资源丰富，交通便利，以生态茶叶为主导产业，配套发展经果林，特色种养殖，带动发展农产品加工、生态、民族文化旅游等产业，是一个综合培育和发展现代山地特色农业和乡村休闲旅游为一体的农业园区（图11-4）。

图 11-4　雷山县生态茶园示范区（摄于2018年）

① **科学规划，合理布局。** 雷山县生态茶园示范区规划聘请了台湾普品建设开发有限公司进行编制，充分借鉴台湾山地农业发展经验，结合园区的功能，布局了五区三园功能业态板块。一是核心接待区，面积637.33hm²，设置游客服务中心、停车场、会所、茶业调度中心及景观步道、景观亭、度假木房等休闲旅行设置，具备管理、餐饮、提供旅游咨询、园区项目展示、会议讨论等综合功能。二是九十九茶园示范区，面积780hm²，主要功能是将绿色有机茶园示范功能、观光与采茶体验相结合，做好做强茶园示范区。三是新联、新塘休闲农业度假体验区，面积1740hm²，重点功能是发展水稻、果蔬、特色养殖，利用独特的农业资源、乡村文化、民族风情，为游客创造休闲、度假、体验活动空间，围绕农业生产过程、农业蔬果种植、采摘及烹饪体验等活动，游客参与水稻种植、

收获和蔬果采摘体验，感受农耕传统村落底蕴，享受农家生活惬意。四是也耶山水茶园及独南茶叶推广区，面积2153.33hm²，主要功能是发展浓郁的农耕文化与优美的茶园风光，让游客亲自参与采茶制茶及茶产品为一体的茶文化，享受传统苗族村寨文化与溪谷、森林等自然资源，打造具有雷山苗族风情的休闲农业旅游与观光路线体验。五是排略民族风情园，面积520hm²，主要功能为短裙苗族风情旅游和游客集散中心，风情园的苗族建筑、服饰、习俗、歌舞、乐器、工艺等仍保留着传统、古老、原汁原味的丰富内涵，是一部解读苗族历史文化的教科书，让游客感受到唐代发型、宋代服饰、清代建筑、魏晋文化，将领略一部浓缩的中国农耕文明发展史。有机农产品出口加工园，面积20hm²，主要功能是园区出口有机农产品加工、销售。产品出口东南亚和韩国，年出创汇约2.2亿元。

②**倾力打造，成效显著。**雷山县生态茶园示范区启动建设以来，雷山县委、县政府倾力打造，以增加农业科技含量，提高农业效益和增加农民收入为重，建设取得了显著成效。科技示范区推广工作有效开展，辐射带动效应不断增强，山地特色农业与乡村旅游协调发展。一是园区基础设施进一步完善。按渠道不变、各负其责、各记其功的原则，投入和整合交通、水利、电力、农业等各部门资金2.4亿元完善农业基础设施。建成园区干道60km、产业路50km，建成观光水库引水渠6km、灌溉渠道66km、小水窖20口、山塘5口，建成园区服务中心大门、太阳能杀虫系统、茶青交易市场、休闲观光凉亭、休闲观光步道、风雨桥、民族旅游村寨道路等设施。园区的水网、电网、路网等各项设施不断得到完善。二是园区产业体系建设发展迅速。建成高标准生态茶园173.33hm²、青钱柳（非茶类茶）86.67hm²、中药种子繁育基地2个、黑山羊养殖基地1个、林下养鸡基地5个、黑毛猪养殖小区2个等产业基地，使园区产业基地面积达3000hm²。建成黑毛猪养殖场4个、标准圈舍20栋、标准化加工厂面积15000m²等设施设备，园区引领的龙头作用和辐射带动能力得了显现。三是园区市场及经营体系逐步健全。2014年以来，园区多次组织农产品加工企业参加境内外博览会、万人品茗等营销活动，推动雷公山茶城升级改造，积极与北京、上海等地经营企业多渠道合作，在省外重点目标市场设专卖场、直营店、专卖店，逐步建立了覆盖全国的市场网络、电商网络，雷公山红茶和雷山乌杆天麻2款农产品出口创汇，黑毛猪产品在北京、贵阳等城市实现了会员式专供。四是园区经营主体培育取得明显成效。2014年以来，园区充分利用设施、技术、资金、机制等优势，围绕主导产业，成功引进和培育贵州雷山银枫生态农业开发有限公司、贵州雷山合兴生态产品开发有限公司、万城黑毛猪繁育有限公司、雷山县百佳尚品农业有限公司等15家企业入驻园区，企业与农民建立了紧密的利益联结机制，采用"公司+农户+基地"的模式，以及产、加、销一条龙的产业链基本形成，一二三产业进一步得到融合发展。

五是乡村旅游业蓬勃发展，优势的自然资源和民族风情，造就了园区一系列山地特色农业示范片区和乡村旅游产业，游人穿梭于茶园和田园风光之中，游走于小河溪流之间，歇息于氧吧森林之隙，体验经典的苗族生产、生活方式，参与家事生产活动及传统的农村习俗，回归自然，放飞心灵，流连忘返，丰富了乡村旅游资源，促进了园区乡村旅游的发展，园区游客年接待量突破3万人次，年旅游综合收入达到2.4亿元。

二、丹寨县兴仁镇

位于丹寨县北部，政府驻地距县城16km，距州府58km。东与雷山县丹江镇接壤，南与丹寨县龙泉镇相连，西与麻江县宣威镇和都匀市坝固镇隔清水江相望，北与凯里市舟溪镇毗邻。有321国道、台下公路、凯羊高速公路穿境而过，是连接麻江、凯里的必经之路，是2市3县5乡镇交界中心地，是丹寨县的北大门重镇。从20世纪80年代起开始种茶，2008年全县大力发展茶产业后，茶区面积突飞猛进。到2018年，茶区总种植面积近2000hm²。

① **茶区特色**：兴仁镇土地面积189.3km²。属亚热带季风湿润气候，四季分明、冬无严寒、夏无酷暑。地处摆泥河、清水江分水岭台地上，年平均温度15.2℃，年降水量1372.9mm，年平均日照1321.6h，年平均降水量1446.9mm，4—10月为降雨期，占全年的75.6%。境内最高海拔1328m，最低海拔670m，有各种植被，树种较多。在茶叶种植过程中，充分考虑了茶园周边环境的建设，相继种有桂花、樟木等植被。在土地改造过程中，将成片的、具有观光价值的树木保留，形成了茶中有林、林中有茶的形态，茶区与自然环境相得益彰。

② **独特的地理气候环境**：兴仁镇是以农业为主、工业商贸为辅的新兴城镇，主要农作物有茶叶、水稻、玉米、烤烟等，是丹寨县的产茶大镇。其中，有以排佐村为中心区的排佐茶叶基地，海拔1270m，森林覆盖率达60.31%，是一个森林植被垂直分布、珍稀物种较为丰富、生态系统相对完备的天然基因库，是生态茶生产的天然保护伞，被誉为"天然氧吧"。现有茶园面积近2133.33hm²，延绵5km，年产茶叶200t多。茶区周边农户主要以农业为主，远离工厂污染、噪声污染及污水排放。周边群众常年直接饮用泉水，地下水水质良好。

③ **旅游资源开发良好**：兴仁镇旅游资源较为丰富。自然风景区有吊洞大峡谷、禾坝长官司、夹岩风光、宰雅营盘、三岔河风光、摆泥石龙、城江写字岩以及杉堡溶洞等。著名的夹岩峡谷是兴仁镇区最好的自然景点，位于兴仁镇东面岩英河段，起点距兴仁镇政府驻地15km，兴仁至新华公路自峡谷穿梭而过，是卓佐、排佐、翻仰、翻杠、岩英一

带出入兴仁、凯里、都匀等地的咽喉。夹岩峡谷幽深狭长，西起横跨摆泥河的新岩桥，东至岩英寨北大岩脚，全长40km，谷底海拔700m，至两面谷壁顶峰海拔1100m，相对高差400m，其最窄处为1975年修建的夹岩桥，宽度为15m。峡谷内壁洞与杉堡溶洞相连，最长洞路1.5km，洞内景物千奇百怪，阴河流水潺潺，空气非常新鲜，置身洞中，令人心旷神怡。

茶区附近有厦蓉高速、凯丹高速的互通立交。高速公路建成后，到都匀、凯里只需半小时，是2市3县5乡镇的交界中心地。从镇政府到茶区建有标准的水泥硬化路，美观的水泥道路覆盖整个茶区。茶区内建有机耕道，茶林间修有宽1.2m的水泥硬化步道，茶农采茶管护及游客旅游观光十分方便。

在茶区周边的旅游景区，设立有安全保护措施及危险提醒牌、旅游指路牌、景物介绍牌、休闲场所，有可供游客的炒茶、制茶等设施，该镇已与州、县多家旅行社联合开发茶旅线路，配备了专业的服务人员。在人文景区内，设立了商铺、引导标识、农家乐、表演队伍、观光区域等，对当地苗寨的服务人员进行了专门的业务培训，能够熟练接待来自省内外乃至国外游客。

进入21世纪以来，兴仁镇作为全省100个小城镇建设重点示范乡镇及100个现代高效农业产业园区之一的良好机遇，按照"茶旅一体化"的标准进一步加大茶区到各景点的道路管护及改扩建。修建了茶区观光亭，在茶区周边设立采茶炒茶基地供游客体验；延长了茶区内部步道建设，方便茶农和游客的出入；引进了有利于茶叶生长和旅游观光的树木及花草，丰富茶区环境；加大了对古茶树的保护，增加了茶区的底蕴；挖掘了茶区茶叶文化，提高了茶区的品位。茶区一线旅游景点正向生态旅游观光园迈进。

④ **多姿多彩的民族文化风情园**：茶区地处多民族杂居地区，有苗族、汉族、水族等民族，多民族在长期的生产生活中和谐相处，共同造就了茶区独特的民族文化气息，为茶乡增添了一股神秘的色彩（图11-5）。在这里，人们种茶、采茶、制茶秉承传统，具有自身独特的艺术。其中规模最大、影响最深的传统节目有"苗年""翻鼓节""吃新节""爬坡节""芦笙节""吃灰节"等。其活动内容丰富多彩，较为有名的就有跳芦

图11-5 茶乡风情

笙、踩鼓、斗牛、赛马、斗鸟等。歌有苗族的"贾""礼俗歌""伴嫁歌""生产歌""酒歌""飞歌"等。舞蹈有"芦笙舞""板凳舞""铜鼓舞"等，有酸汤鱼等独具风味的民间饮食文化；民居建筑均为苗家吊脚楼、干栏式建筑。这些民族优秀传统文化底蕴深厚，古朴独特，别具一格，具有重要的保护和开发价值。

兴仁镇在漫长的历史发展进程中，创造了各具特色、异彩纷呈的优秀民族文化。坐落于清水江支流岩英河畔的王家、岩英等村，至今保留着原始、古朴的生活方式、民族文化和民族习俗。是一个避暑休闲、体味苗家神秘风情的良好去处。2006年8月，王家村被列为第三届都匀国际摄影博览会苗族采风创作定点村寨。贵州电视台"五大民俗"摄制组曾前往拍摄制作过"五大民俗"专题片。同时，引了上海、韩国等国内外众多摄影爱好者前往摄影采风。

⑤ **茶文化浓厚**：兴仁镇，集中连片发展茶叶基地兴起于20世纪60年代，主要种植在烧茶、乌地、甲劳、排佐等地，产品以云雾茶、金观音为主。在兴仁镇，至今还流传着一种苗族同胞传统的茶叶加工手法。每年的清明节前后，村里年长的村民带着小孩上山采摘茶青。将采来的茶青裁剪成细长状，放在簸箕里晾晒，待到晚上便开始加工。将茶青放入高温的锅里加热到一定温度后，便再次放到簸箕里用手搓揉，等温度降下来后再次放到锅里加热。如此反复3~4次，如果时间允许便将其背干，若忙于农作时则将其放于簸箕内晾干。每逢家中来重要的客人时，自制的茶叶便用来招待贵宾。

在兴仁镇，有一个村叫"烧茶"村。在兴仁当地，以茶来为地方命名的情况很少。据《丹寨县志》记载：烧茶，因缺水，官兵及来往商客过往，必烧茶水伺候，故名。苗名称"呕及"（Eb JenI），系苗语直译名，意为茶水的寨。

⑥ **茶文化旅游景点解说词**：

在中国的西南部，在清水江畔，有一个充满传奇色彩的古老茶乡——贵州省丹寨县。就在丹寨县的北部，有一片茶香飘溢的热土，她，就是最美茶乡——兴仁。一方山水养一方人，在这189.3km2的土地上，孕育着3.5万多茶乡人民，她们日出而作，日落而归，用自己勤劳智慧的双手打造绿色家园。这里风景如画、四季如春。兴仁，物华天宝、地灵人杰。一处处历史遗迹，见证了一段段历史，讲述着一个个美丽又神奇的传说，吸引着四面八方来客。在这农家式的茅草房里，呷一口铁观音茶，听一支高山古曲，看一看茶艺表演，也是人生的一大乐趣！

在这里：

一座座茶山紧相连，一层层茶园绕云间，一曲曲茶歌相对唱，一阵阵茶香飘四方。

茶山、茶园、茶歌、茶香……

茶乡人祖祖辈辈与茶打交道，爱茶、摘茶、做茶、喝茶、唱茶、卖茶……以茶为生、以茶为本、以茶为荣。

幽静的山林，潺潺的流水，清脆的歌声，给古老的情人岩增添了诗情和画意。

这里是人们休闲的好去处，这里是陶冶情操的场所，这里是艺术家们创作的天地。

我们衷心地祝福艺术家们，在"最美茶乡地兴仁"摄影采风创作中取得优异的成绩。

斗牛，是最美茶乡最为常见的民俗活动，每逢节日，随处可见斗牛精湛的表演。

为期一天的旅游摄影艺术，转眼间就结束了，然而，最美茶乡之门永远是敞开的，古老又年轻的兴仁欢迎您！

欢迎您到兴仁来做客，欢迎您到兴仁来旅游，欢迎您到兴仁来投资。

朴实、诚信、好客的茶乡人，不会让您失望，当您每次来到最美茶乡时，一定会有新的惊喜和新的收获！

第十二章　科教与行业组织篇

第一节　茶叶科研

一、茶叶科研机构

20世纪80年代以来，黔东南州和有关产茶县先后根据茶产业发展的需要成立了茶叶科研机构。主要有雷山县茶叶科研所、雷山县毛克翕茶叶发展研究所、黔东南州中药和茶叶研究所等。

（一）雷山县茶叶科研所

该所始建于1988年2月，隶属雷山县农村经济委员会领导，编制3人，由县农村经济委员会内部抽调，李茂荣任茶叶科研所所长。是年，雷山县茶叶科研所向县科委提出开展福鼎大白群体种密植速成丰产、低产茶园快速高产、不同激素在茶叶增产上的效果比较、优良茶叶品种扦插繁殖推广、茶园密植免耕栽培、生态因子与综合农业技术对茶苗生产、茶叶产品制作7项课题研究。

1988—1992年，雷山县茶叶科研所主要开展茶园密植免耕栽培研究，完成了满天星大坳山茶场、公统茶场、脚散茶场约62.5hm²密植高产栽培技术推广，参与银球茶叶公司、民族茶叶公司完成特种绿茶云雾茶制备方法，特种绿茶天麻茶制备方法，特种绿茶清明茶、寿茶制备方法，三尖杉杜仲茶、龙珠茶的制备方法等产品制备专利。

1992年底，由于人事变动原因，加上本级财政无科研经费投入，雷山县茶叶科研所自然撤销。

（二）雷山县毛克翕茶叶发展研究所

该所成立于1996年4月，位于雷山县丹江镇羊场坝河滨道。占地面积105m²，厂房砖混结构，三层楼另加地下室共四层面积计420m²。2011年整体迁入乌开工业园区，厂房及办公用房总建筑面积4000m²多。

该所各种设备、科研、制度健全，安全、卫生、防火、防盗、车间、展会室、评茶室、科研室、办公室、所长室等均达到国家检验标准，2006年获得QS认证。该所主要产品有：银球茶、清明茶（特级、一级）、云雾雪芽、云雾绿茶、大众茶、苦丁茶（非茶类茶）、三尖杉茶、杜仲茶（袋泡茶）。该所年精制加工生产干茶11~18t，销售网点主要有北京、黑龙江、辽宁沈阳、山东济南、湖南长沙、广东广州、海南海口、上海及贵州。北京窗口每年销售5~6t，年茶叶销售总产值182万元。上缴税金平均每年2.1万~4.2万元，利润每年1.4万~2.5万元。

2004年7月，雷山县毛克翕茶叶发展研究所被雷山县工商部门评为在2003年度工作中诚实信用先进单位。2005年1月，被贵州省绿色产业促进会黔绿之星推介委员会评为"绿色消费企业黔绿之星"，被雷山县消费者协会评为（2005—2006年）"诚信单位"。2006年8月，被雷山县卫生局评审为"食品卫生等级为C级单位"，荣获雷山县工商业联合会、雷山县商会颁发2006年度"优秀企业会员"。2006—2007年被贵州省国家税务局、地方税务局评为"A级纳税企业"称号，2007—2012年"毛克翕"商标连续被认定为"贵州省著名商标"称号。2007年雷山县委、县政府授予茶研所"茶叶产品研发优秀单位"称号。2008—2012年，被黔东南州消费者协会评为"诚信单位"。2009年被贵州省国税、地税授予2005年和2007年"优秀企业会员""A级纳税信用企业"。2010—2013年被雷山县政府评为"先进企业"。2010年，被雷山县政府评为社会贡献大纳税"先进企业"。2013年被评为黔东南州级农业产业化经营重点龙头企业，荣获黔东南州重点扶贫企业，荣获共青团贵州省委、贵州省青年创业就业基金会授予贵州百万青年创业就业行动示范基地荣誉称号。2015年12月，被评为省级扶贫龙头企业。

（三）黔东南州中药和茶叶研究所

该所为黔东南州农业科学院内新设立的研究机构。主要从事中药材、茶叶驯化与品种选育、栽培、加工、防治技术研究，开展中药材、茶叶研究成果推广转化和新品种、新技术、新工艺引进试验、推广示范，承办院里其他工作。下设中药材、茶叶等研究室。

2017年初，启动了茶树种质资源圃建设工作。经过近一年的努力，至2017年底，已收集并入驻本地茶树种质6个，国家认定的茶树品种1个，初步建成了占地约0.125hm^{2}的资源圃。本地茶树品种为：思州绿茶、镇远天印茶、旧州回龙茶、锦屏野生茶、凯里香炉山云雾茶和从江滚郎茶。其中，除锦屏野生茶外，其余5个品种均在明清时期就有开发利用的历史记录，是黔东南州传统优质茶树品种，在茶产业发展历史上发挥过重要作用。国家认定品种为黄金芽，是源产浙江余姚市的一种黄色变异茶叶新品种。该茶芽叶一年四季均为黄色，干茶亮黄，汤色明黄，味道鲜美，又贵如黄金，因此得名黄金芽。

2018年主持编制黔东南州地方标准《雷公山茶 绿茶》《黎平红 红茶》，于2018年12月公布，2019年起实施。

黔东南州茶系统获厅以上科技成果名录见表12-1。

表 12-1　黔东南州茶系统获厅以上科技成果单位和人员名录

序号	获奖年份	获奖成果名称	授奖种类及等次	颁奖单位	主要完成单位	主要完成人	
1	1991	思州茶叶开发研究	贵州省农业区划优秀成果三等奖	贵州省农业区划委员会	岑巩县农业区划办	周定生 舒玮	汪才科 刘成华
2	1994	密植免耕示高产示范茶园	黔东南州科技进步四等奖	黔东南州政府	岑巩县区农业划办	汪才科	唐大荣

序号	获奖年份	获奖成果名称	授奖种类及等次	颁奖单位	主要完成单位	主要完成人
3	1993	苦丁茶开发研究	优秀奖	贵州省政府	台江县科技局	唐成望
4	1992	苦丁茶开发	优秀奖	贵州省政府	台江县苦丁茶厂	—
5	1993	贵州省保健精品苦丁茶开发	优秀奖	贵州省科学技术局	台江县科技局	—
6	1993	银角牌苦丁茶开发	优秀奖	中国保健科技协会	台江县苦丁茶厂	—
7	1998	银角牌苦丁茶开发	优秀奖	贵州省保健科技协会	台江县苦丁茶厂	—

二、名优茶（含非茶类茶）研制

（一）雷山银球茶

20世纪80年代初，以毛克翕为主研制的绿茶新品种——"雷山银球茶"，为贵州省雷山县特产、国家地理标志保护产品。产地范围为贵州省雷山县西江镇、望丰乡、丹江镇、大塘乡、方祥乡、达地乡、永乐镇、郎德镇、桃江乡共9个乡镇。原料为雷公山茶园每年开园前15天左右，1芽1叶初展的"清明茶"。加工工艺流程为：鲜叶→杀青→揉捻→回炒→拣块→筛末→回炒→人工造形（捏球）→烘烤→检验→成品→包装（图12-1）。

品质特征：雷山银球茶形状独特，是一个直径18~20mm的球体，表面银灰墨绿，球体紧结且表面光亮，用沸水冲泡后，小茶球在茶杯中徐徐舒展，似如一朵菊花绽放。雷山银球茶含硒量高达2.00~2.02μg/g，是一般茶叶平均含硒量的15倍。清明茶，是上年秋季形成的越冬芽，在清明前后发育而成。越冬芽的物质积累丰富，茶叶品质优异，叶肉肥硕柔软，香味浓醇，爽口回甘，耐于冲泡。系列产品有：银球茶、天麻银球茶、清明嫩芽、特级清明茶、雷公山雪芽、碧曲毫峰茶、云雾茶、苦丁茶、三尖杉杜仲茶。

1986年，雷山银球茶荣获轻工业部优质产品称号。1988年，雷山银球茶荣获中

图 12-1 雷山银球茶制作（摄于 2018）

国首届食品博览会金奖。1990年，雷山银球茶荣获贵州省科技进步三等奖。1991年，雷山银球茶被外交部选作馈赠礼品。2005年，雷山银球茶被评为贵州省特型名茶，2011年，雷山银球茶荣膺中国（上海）国际茶业博览会"中国名茶"特别金奖。2013年，雷山银球茶获日本绿茶赛金奖。2014年9月，国家质检总局批准对"雷山银球茶"实施地理标志产品保护；11月，荣获贵州省名牌产品。2015年，雷山银球荣获贵州省首届绿茶类金奖茶王、消费者最喜爱的茶叶产品、入选全国名特优新农产品目录。

（二）两汪白茶

2012年，以闵继武为主研制的白茶新品种——"两汪白茶"，其原料采摘榕江县两汪乡吉安白茶幼嫩芽叶。两汪乡位于雷公山腹地，平均海拔1000m，平均气温16.4℃，年积温6559℃，无霜期282d，年降水量1500mm，属亚热带季风湿润气候。主要工艺流程：鲜叶摊放→分拣→杀青理条→初烘→摊晾回潮→复烘→做形→烘干→精制→成品。"两汪白茶"氨基酸30.2g/100g、茶多酚13.5g/100g、咖啡因1.92g/100g、钙197.0mg/100g、铁8.56mg/100g、锌44mg/100g、钾2277mg/100g、镁161.2mg/100g、锰122.62mg/100g。"两汪青白茶"千茶凤尾形，嫩绿带金边，茶汤绿明清亮，味香淡雅润甜。

（三）"银角"牌苦丁茶（非茶类茶）

20世纪80年代末至90年代初，以徐鸿忠为主研制的苦丁茶新品种——"银角"牌苦丁茶（非茶之茶，下同），其原料采摘于纯天然木樨科粗壮女贞植物的幼嫩芽叶，生长于台江境内海拔800~1200m的雷公山山区。主要工艺流程：鲜叶→杀青→冷却→脱水→沤堆→做形→烘干→精制→成品。台江"银角"牌苦丁茶有"三绿"（外形色泽绿润、汤色碧绿、叶底鲜绿），真所谓"青山绿水"，其显要的品质特征为外形紧卷细匀，色泽墨绿油润，汤色翠绿明亮，香气清高持久，滋味鲜爽微苦回甘，叶底嫩绿匀整，饮后先苦后甘，耐冲泡。产品主要有："银角"牌苦丁茶、苦丁茶春芽（毛尖）、苦丁龙眼（球茶）、苦丁袋泡茶、苦丁茶枕、苦丁保健茶系列产品及苦丁茶饮料等。

"银角"牌苦丁茶先后荣获中国保健科技精品奖、贵州保健品奖、贵州省科技进步奖、贵州优秀新产品奖、贵州省保健学会推荐产品奖和农业部无公害农产品茶叶产地认证，产品覆盖全国并远销日本、美国等国家和中国港、澳、台地区。

三、绿茶质量标准及生产加工销售规范研究

（一）黎平县生态茶叶技术标准体系研究

2010年7月，黎平县为使茶叶发展尽快走上建设标准化规程，启动茶叶标准体系建设工作。先后成立了黎平县茶叶标准体系建设领导小组、编写专家组和聘请了编写指导

顾问。经过近一年的研究，尤其是在中国农业科学院茶叶研究所专家白堃元、贵州省茶叶协会专家朱志业、王亚兰、莫荣贵、梁永和黔东南州质监局李穗渝等专家的指导下，在黎平县质监局、农业局茶叶产业局、茶叶产业协会、供销合作社、林业局、扶贫办、桂花台茶厂、侗乡春有限公司、森绿茶业对外贸易有限公司、侗乡福生态茶业有限公司、黎绿春茶叶有限公司、侗乡呀啰耶生态茶业有限公司、雀舌茶业有限公司、富春茶苗有限公司、侗乡缓茶厂、中潮村茶叶农民专业合作社和佳绿茶业有限公司的共同努力下，制定了《黎平生态茶叶技术标准体系》。该标准体系从品种选育、栽培、茶园规划、设计、种植、管理、采摘加工、销售至茶叶冲泡的全过程制定了一套完整的、规范的技术规程。该标准体系紧密结合黎平县乃至黔东南州的实际，也综合了江南茶区尤其是贵州省先进茶区的技术经验。

（二）黎平县茶叶行业准则研究

为建立黎平县茶叶行业自律机制，规范行业生产经营行为，推动黎平县茶业行业健康发展，黎平县制定了《黎平县茶业行业准则》，共五章四十条，从行业道德、建园条件、茶园管理、茶加工条件、茶销售、茶产品包装、违规处罚等方面做了较为详细的规定。

准则中要求行业会员的茶园基地按绿色食品茶或有机茶要求管理和生产，打造多样性生态茶园，多用生态有机肥农家肥。不得使用城市垃圾、养殖场中使用合成添加剂的牲畜粪便等污染物作茶园肥料，不得使用高毒高残留农药、含氯化肥、除草剂、水溶性高的农药、"催芽素"等。茶园管理提倡使用菜籽枯、厩肥、草堆肥、茶叶专用肥等，使用生物农药、杀虫灯、粘虫板、高效低毒和水溶性低的农药等方式防治茶树病虫害等。

《黎平县茶业行业准则》于2014年1月由黎平县茶叶产业协会发布。

（三）雷山县茶叶质量标准研究

雷公山绿茶除了国家强制茶叶加工厂房及设备达到生产许可QS条件外，茶叶行政主管部门积极组织县内茶叶技术专家、茶叶生产技术人员和茶叶加工企业于2009年在茶叶质量标准建设方面研究制定出了种植、加工、仓储、销售为一体的《雷山县雷公山绿茶综合标准体系》（地方标准）。此"标准体系"分为7个规范，即《雷公山银球茶、清明茶产地环境技术条件》《雷公山银球茶、清明茶生产技术规范》《雷公山银球茶鲜叶与加工技术规范》《雷公山清明茶鲜叶与加工技术规范》《雷公山银球茶、清明茶销售门面规范》等。标准由雷山县茶叶发展局提出，雷山县质量技术监督局批准并发布。标准起草单位：雷山县茶叶协会、贵州省雷山县毛克翕茶叶发展研究所、贵州省雷山县银球茶叶公司、贵州省雷山县苗家春茶业有限公司、贵州省雷山县鑫鼎农业科技发展有限公司。

2015年3月发布《地理标志产品 雷山银球茶加工技术规程》《地理标志产品 雷山银球茶检验检测》，此标准由雷山县政府提出。标准起草单位：雷山县茶叶协会、黔东南州质量技术监督局、贵州省茶叶研究所、国家茶及茶制品质量监督检验中心（贵州）、贵州省雷山县银球茶叶公司、雷山县毛克翕茶叶发展研究所、贵州省雷山县敬旺绿野食品有限公司、雷山县质量技术监督局、雷山县茶叶发展局。

（四）雷山县茶叶种植规范研究

2009年12月，发布《雷公山银球茶、清明茶产地环境技术条件》《雷公山银球茶、清明茶生产技术规范》。《雷公山银球茶、清明茶产地环境技术条件》规定了雷公山银球茶、清明茶产地环境空气质量、农田灌溉水质和土壤环境质量的各项指标及浓度限值、监测和评价方法。此标准适用于利用雷山县宜茶荒山、农田、旱地种植的茶叶和现有茶园生产的银球茶、清明茶。产地环境质量要求原料生产基地应选择无污染、生态良好、远离工矿区和公路干线，避开工业和城市污染源的影响，同时生产地应具有可持续的生产能力。土壤肥力要求：为稳定、提高银球茶、清明茶产品产量和质量，鼓励广大茶农采取割草覆盖茶园、积制农家肥、发展沼气、发展茶园绿肥等措施，增施有机肥，提高土壤肥力。空气、土壤、灌溉水检测数据结果应符合雷公山银球茶、清明茶产地本标准产地环境条件的要求。监测周期每3~5年监测一次。采样方法和所有分析方法均按本标准引用的相关国家、行业标准执行。《雷公山银球茶、清明茶生产技术规范》规定了雷公山银球茶、清明茶生产的基地规划与建设、土壤管理与培肥、病虫草害防治、茶树修剪和茶青采摘。此标准适用于雷公山银球茶、清明茶的基地规划与建设、道路和水利系统建设、茶树品种与种植、茶园生态建设、土壤管理与培肥、病虫草害防治、茶树修剪、鲜叶采摘等。

（五）雷山县茶叶加工规范研究

2009年12月发布《雷公山银球茶鲜叶与加工技术规范》《雷公山清明茶鲜叶与加工技术规范》。《雷公山银球茶鲜叶与加工技术规范》规定了雷公山银球茶鲜叶品质、加工厂的环境条件、厂区布局、生产车间、库房要求、卫生要求、生产设备、加工工艺。此标准规定了鲜叶盛装、运输、贮青的要求，加工厂和加工设备的要求、人员的要求、加工工艺技术的要求、加工工艺流程、茶叶包装、运输与贮藏、检验设备的要求。"雷公山清明茶鲜叶与加工技术规范"规定了原料及产品要求、鲜叶盛装、运输、贮青要求，加工条件和人员要求，加工工艺技术和加工工艺流程的要求。2015年3月，发布《地理标志产品 雷山银球茶加工技术规程》，规定了原料要求，加工场所要求、工艺流程、加工技术要求。

（六）雷山县茶叶检验规则研究

2009年12月发布《雷公山银球茶》《雷公山清明茶》。《雷公山银球茶》规定了贵州省雷山县"雷公山"银球茶的品质特征，技术要求、试验方法、检验规则、商标标识、包装、运输和贮存。此标准适用于贵州省雷山县生产企业采摘1芽1叶、1芽2叶初展，芽叶长度3~3.5cm，新鲜、匀嫩、无病叶、无紫叶、无杂物。并按《雷公山银球茶鲜叶与加工技术规范》规定生产的雷公山银球茶。对技术要求、检验规则、标志、包装、贮存、运输作了规定。《雷公山清明茶》规定了雷山县生产企业以采摘1芽2叶初展、1芽2叶全展或1芽3叶初展、无病虫害、嫩、匀、鲜、净为原料，经精制加工而成的雷公山清明茶的原料要求、品质特征的审评指标、理化指标、卫生指标、净含量指标、试验方法、检验规则和标志、包装、贮存、运输的要求。2015年3月发布《地理标志产品 雷山银球茶》规定分级和实物标准样、要求、试验方法、检验规则及标志标签、包装、运输和贮存。

（七）雷山县茶叶销售规范研究

《雷公山银球茶 清明茶销售门店规范》规定了雷公山银球茶、清明茶产品销售中，门店环境、标志使用和销售服务要求。

第二节　茶叶技术培训

1949年后，茶产业百废待兴，黔东南州各产茶县（市）都十分重视茶叶生产加工销售的培训。

一、20世纪50年代

期间，茶叶的培训重点在于茶树的种植和"炒青茶"等工艺的传授与培训。其中1953年4月10日，中国茶叶公司镇远收购站（1957年并入州社筹委会）举办首次茶叶技术训练班，为镇远县66个制茶组和各区合作社培训"炒青茶"初制技术骨干81人（其中农民63人）。随后，在龙场、都坪、大地的4个制茶组安装揉茶机8台，提高了制茶功效和质量。1954年3月，镇远专区合办处与茶叶收购站联合举办为期8天的茶叶鉴评学习会，为镇远、岑巩2县培训茶叶生产技术干部15名。是年4月，镇远收购站举办第二期茶叶技术训练班，站长王治云亲自操作、示范歪锅斜灶炒制"炒青绿毛茶"的初制技术。是年，各制茶组的茶叶质量有很大提高。小坝乡蒋孝勋制茶组炒制的"炒青绿毛茶"一级率达90%。1957年，各县供销合作社除举办培训班对茶农进行技术培训外，还雇请一批有经验的茶农作辅导员，就近分片进行技术指导。

二、20 世纪 60—70 年代

期间，黔东南州各产茶县（市）每年都相应的开展茶叶种植、加工等技术培训。其中1964年1月，举办茶叶技术训练班，共训练各县供销合作社主管茶叶的业务技术干部115人。1986年4月，镇远县在羊场举办了全县茶农技术培训班，培训茶农78人次。雷山县为恢复已荒芜茶园的生产，从省里请来茶叶农艺师传授技术，全年共举办3次培训，共培训人员202人次。1987年3月，雷山由县委书记和分管农业的副县长带队，组织4个区、2个镇的区长、镇长、书记和县直有关科局主要领导和各区供销合作社主任及11名茶农，前往湄潭、贵定学习参观茶叶的"种、管、采、加工"技术与经验。1994年县政府以委培方式选送初中毕业生学员26名到黔东南州民族农业学校茶叶专业班学习，毕业后按合同规定聘用到银球茶叶公司工作；是年，县职业技术学校同时开设三年制茶叶专业班，招录学生36名，于1997年毕业。

三、20 世纪 80 年代至 21 世纪初

期间，每年春茶开采之前都要举办一次培训班，内容有3个方面：贯彻当年茶叶生产和经营的方针政策；介绍茶叶计价办法；传授茶园培育管理技术、采摘技术、初制技术及收购验收方法。每年冬季要举办一次培训班，内容有3个方面：帮助指导农民发展茶园；提高茶园管理水平；传授茶叶加工中提高质量方式方法。其中2002—2003年，在浙江茶科所龙冠公司技术员徐胜祥、许八金的指导下，黎平县分别办了3期优质茶手工制作加工技术培训班，共培训了300余人次。其中：2002年用15天时间培训了120人次。培训分初级和中级2个级别，并通过了理论和实际操作考核。对合格人员颁发了合格证书和由县农办颁发的绿色证书（农民技术资格证），82人被聘为该县供销合作社侗乡春系列名优茶产品加工技术人员，并签订了为期五年的聘用合同。2003年用20天时间培训了180人次。

2003—2004年，在中国农业科学院茶叶研究所和贵州省茶叶研究所的帮助下，雷山县派茶叶加工企业12名学员到中国农业科学院茶叶研究所学习茶叶加工技术。2004年9月，雷山县职业技术学校招录三年制茶叶专业班20名学员。是年，县职业技术学校与北京市民族文化艺术职业学校联合开办三年制茶艺与营销专业，2007年7月有20名学生毕业。2001—2005年，黔东南州供销合作社共派出技术人员230余人次，帮助、指导农民发展茶园；为提高茶园管理水平和茶叶加工质量，先后聘请中国农业科学院茶叶研究所教授到黎平举办了10期培训班，培训人员（含农民）600余人次，编写技术资料600余份印发给受训人员。在请进来的同时，每年还选派2~3名技术人员到中国农业科学院茶叶研究

所学习深造，提高其技术水平，先后培训出具有农艺师、助理农艺师管理水平人员10人次，茶叶加工技术人员600余人次，2003年初又选派24名技术人员到由贵州省农办、省供销合作社联合举办的茶叶加工培训班学习，经劳动部门考试，获劳动和社会保障部认可的茶叶专业技术人员职业资格证书。2007年，黎平县共举办20期名优茶建园、生产管理及加工等技术培训，培训人员达1600余人次，先后开发雀舌、碧螺春等18个"侗乡春"牌产品。2008年黎平县首次举办了规模50人为期15天的中级评茶员、茶艺员培训班，历经考试成绩合格都已拿到资格证书。2009年10月和2010年1月、7月，雷山县先后选送3批人员分别到北京、西安进行茶艺学习培训后，开始有了茶艺表演队，并开设了茶楼、茶馆以及品茶卖茶专柜，与雷山县优异茶品质、宜茶冲泡方法、苗族服饰文化和热情待客方式融合，独创了具有苗族特色的茶艺。2013年7月，雷山县选送茶叶加工人员26名到贵定"贵州国品黔茶公司"茶叶生产基地培训绿茶、红茶加工技术。是年8月，雷山县与贵州省青年创业就业服务中心共同在雷山清新茶楼培训茶艺32名。2015年，黎平县茶叶局培训新建茶园技术指导员5人，并聘请下村蹲点现场培训和指导种植业人员开展茶园开垦、施肥、植苗等新建茶园种植工作，发放培训资料3000余份，培训5000余人次。联合县科协、县茶叶协会共同组织病虫害防治及培训茶农2300余人次。此外，还选派18人前往中国农业科学院茶叶研究所参加茶艺、茶文化、茶叶加工及茶园管理等培训。是年10月，雷山县第二届茶艺培训班开班，培训分为2期共14天，第一期培训对象为茶楼、茶馆、茶企业青年人员，第二期培训对象为雷山县各级领导干部职工。培训的主要内容有：茶叶基础知识、茶艺基本礼仪、茶叶冲泡技能（雷公山银球茶、清明茶、翠芽茶的冲泡，红茶的功夫茶泡法）等研习形式学习茶艺学、实务操作指导、各种茶叶鉴别品评等内容。此外，还开展茶叶技术、茶叶采摘技术标准和茶产品质量安全培训5期300人次，发放《良好农业规范茶叶控制点与符合性规范》《雷公山茶叶栽培与管理培训教材》1200余本；丹寨县开展茶叶种植、加工等技术培训5期160人次。2016年，全州共开展全产业链使用技术培训28期2330人次，其中加工及标准技术培训9期427人次，其中黎平县共举办茶叶培训班4期共200人次，并组织干部职工、茶叶专家在春茶加工期间，深入各茶叶加工厂（点）进行加工技术指导50人次，发放宣传资料1000余份。雷山县完成对茶叶技术、茶叶采摘技术标准和茶产品质量安全培训5期420人次，发放《雷公山茶叶栽培与管理培训教材》500余份。丹寨县重点抓了4个方面。一是组织县内茶叶加工企业、合作社、茶农代表外出参观茶叶生产机械企业，并初步达成企业为该县茶企定制茶机的意向。二是组织技术人员分组深入全县各乡镇、茶区开展春茶生产技术指导，全面了解全县茶叶的开园采摘情况；现场指导茶农开展茶园夏季抚育，以减少茶园病虫害，增加夏茶的下树率，降低茶农经济损失；为进一步推进全县茶叶机械化采摘的普及，现场培训指导茶农使用采茶机采收茶青，向茶农讲解采茶机操作、采摘高度、采摘要领等方面的技术要点，确保茶农按照企业的质量要求采摘茶青。三是利用赶场天人员密集的地方开展"放心农资下乡宣传暨农业技术咨询活动"，向广大农民宣传绿色防控内容，介绍茶园的用药标准；传授识别假药的基本方法，向茶农发放贵州省茶园使用各禁用农药品种名单、茶园专用产品选购指南资料1000余份。四是邀请浙江安吉县具有多年种植管理经验的老师对全县所有种植安吉白茶的企业、大户和茶农20余人进行培训，让茶农在种植和管理茶园上又有新的提升，种植茶叶致富的信心更加坚定。2017年，黎平县举办茶叶培训班4期共200人次，此外，还组织干部职工、茶叶专家在春茶加工期间，深入各茶叶加工厂（点）进行加工技术指导60人次，发放宣传资料1200余份。雷山县开展各类茶叶技术培训31期，培训人员达2848人次，其中开展炒茶培训1期，受训48人；开展茶叶栽培、肥水管理、整形修剪、茶叶采摘技术标准和茶产品质量安全等适用技术培训30期2800人次，发放《雷公山茶叶栽培与管理培训教材》《贵州省茶园禁用化学农药品种名单》等技术资料近6000份（册）。2018年，丹寨县一是在"春风行动"中到茶叶基地开展春茶采摘现场培训，助推脱贫攻坚；二是在"夏秋攻势"中到各企业加工厂进行茶叶现场加工培训；三是邀请杭州市挂职帮扶专家组成员、高级农艺师姚福军老师为丹寨县茶农开展夏秋攻势茶产业技术培训。黎平县分别举办了茶艺师、评茶员、茶叶加工、茶园管理等培训6期共600人（次），此外，还组织干部职工、茶叶专家在春茶加工期间，深入各茶叶加工厂（点）进行加工技术指导60人次，发放宣传资料1000余份。黔东南州茶艺文化协会积极开展茶艺职业技能培训，同时运用选拔优秀选手参加2018贵州省职业技能大赛"多彩贵州·黔茶飘香"茶艺职业技能大赛总决赛活动的平台，组织全州38名茶艺人员通过理论考试、规定茶艺、个人创新茶艺培训，选拔出9名选手参加大赛总决赛。在2018贵州省职业技能大赛"多彩贵州·黔茶飘香"茶艺职业技能大赛总决赛中，黔东南代表队个人茶艺"青白人生"荣获优秀奖，团体赛"苗岭银球香溢四海"荣获优秀奖，黔东南州茶艺文化协会荣获最佳组织奖。

第三节　茶叶行业组织

一、黔东南州和有关县茶产业管理机构

（一）黔东南州茶产业管理机构

新中国成立以来，各级党委、政府十分重视茶产业。镇远专区刚成立，省里就设置

了中国茶叶公司镇远收购站，负责茶叶生产的指导和收购。1957年，中国茶叶公司镇远收购站并入黔东南州供销合作社。1965年4月，黔东南州对外贸易局成立后，茶叶划归黔东南州对外贸易局经营管理，黔东南州供销联合作社负责代购。对茶叶的生产与扶持，由黔东南州对外贸易局和黔东南州供销合作社共同负责。1982年初，贵州省政府决定，茶叶划归黔东南州供销合作社管理。黔东南州亦如此。20世纪90年代末，黔东南州各有关县（市）进一步强化了茶产业管理机构的建设。黔东南州雷山、黎平、丹寨、岑巩、台江、镇远等县先后成立茶产业管理办公室或茶叶发展局等管理机构，较好地规划、指导、协调全州茶叶产业的发展。2009年，黔东南州委办公室、黔东南州政府办公室下发《关于建立州茶产业发展联席会议制度的通知》，将茶产业划归黔东南州农业局管理，办公室设在州农业局。

（二）黎平县茶叶产业发展局

1999年9月，黎平县成立了黎平县茶叶产业办公室，专门负责协调管理全县茶产业工作。2008年8月，设立黎平县茶叶产业发展局，正科级事业单位，为黎平县农业局二级局。下设综合股、规划股、营销股，核定事业编制11名，领导职数设局长1名，副局长2名，内设机构领导职数3名。其职责职能为全县茶叶的种植、加工、销售的主管部门。

（三）雷山县茶叶发展局

1992年3月，雷山县设立雷山县茶叶生产办公室，属正科局级事业单位。次年7月，将茶叶生产办公室改设为雷山县茶叶开发总公司，为正科级事业单位。内设办公室，领导职数为一正三副，编制5名。1998年2月，将雷山县茶叶开发总公司撤并归口雷山县农业办公室，为农业办公室内设机构茶叶生产办公室。2002年8月，撤销雷山县茶叶生产办公室，成立雷山县茶叶发展服务中心，为副科级事业单位，行政归口县农业办公室管理，内设综合股、科技生产股、加工销售股，事业编制10名。是年末，实有10人（含农艺师2人，助理农艺师2人），其中大学本科2人，大学专科5人，中专及高中1人。2005年10月，将雷山县茶叶发展服务中心更名为雷山县茶叶发展局，属副科级事业单位。2007年8月，县茶叶发展局由副科级单位升格为正科级事业单位。负责全县茶产业行政管理、茶叶生产技术服务、茶叶生产物资供应、茶叶生产技术培训、市场信息服务、茶叶新品种开发和为农服务等工作。2009年，县茶叶发展局人员编制列入参照公务员管理。2015年，内设机构为办公室、科技生产股、加工销售股、茶叶产品质量检验检测中心4个股室。

（四）丹寨县茶产业中心

2007年，丹寨县茶叶产业化办公室从林业局划转至县农业局下辖的副科级事业单位。

2009年成立了丹寨县茶产业中心，属农业局管理下的正科级单位，编制人员12人，领导职数设一正两副，人员经费纳县财政预算，主要工作职责和业务范围有以下5个方面：负责全县茶叶生产发展规划并组织实施；协调茶叶企业与茶农之间的关系；负责茶叶生产中的宣传发动工作，搞好技术培训；检查督促茶叶生产并及时进行数据材料的统计上报；协调落实茶叶发展资金，负责资金分配与发放。

（五）台江县茶叶产业发展办公室

2008年3月，成立台江县茶叶产业发展办公室，为台江县农业局二级事业机构（副乡长级），人员编制8人，其中主任1人，副主任2人，专业技术人员5人。台江县茶叶产业发展办公室主要负责全县茶产业发展规划、政策宣传、年度实施方案、土地协调、资金使用与监管、技术培训与指导等工作。2008—2013年，台江县茶叶产业发展办公室争取省级茶专项资金80余万元，协调财政、农业、林业、水利、交通、扶贫等部门投入茶产业基地建设500余万元，完成茶产业基地标准化建设312.5hm^2，通过招商融资和项目资金补助办法，建成面积2500m^{2}的茶叶清洁化加工厂。

二、黔东南州和有关县（乡村）茶协会

21世纪以来，黔东南州和不少县和乡村都先后成立了茶叶产业协会，为黔东南州茶产业的发展，尤其是在茶产业创新、茶叶品牌打造与茶叶知识推介，弘扬茶文化与茶企业宣传等方面发挥了积极的作用。

（一）黔东南州茶叶协会

2008年，黔东南州茶叶协会成立。在10余年的工作中，黔东南州茶叶协会按照《黔东南州茶叶协会章程》的规定，主要开展了以下工作：一是积极开展茶叶生产技术培训与推广工作。充分利用农村致富技术函授大学、农民培训、绿色证书工程等教育平台，举办茶叶技术培训班10期，培训青年农民和茶叶技术骨干230余人次；把技术送到最基层，使广大茶农真正掌握茶叶生产的基本技能；对新种茶园的开垦、定植及投产茶园的采摘管理进行现场指导培训3000余人次。二是积极开展科普活动。协会会员在全州不定点地举行了"科技活动月"科普宣传活动，采取免费发放"茶叶生产技术规程"集中展示图片、现场咨询、现场解答等，从不同角度讲解发展茶叶产业优势，增强了茶农种好茶、管好茶的积极性。三是积极推广福鼎大白、龙井43、龙井长叶、安吉白茶、乌龙等系列优良品种，促进无性系茶园面积的增长，提高了茶园种植面积规模与质量。四是组织茶叶企业参加各类博览会与茶产业宣传推介活动。先后组织43家茶叶企业分别参加北京、上海、广州、贵阳、湄潭、凤岗等地举办的各类博览会、交易会59次。五是组织召

开黔东南州茶产业发展研讨会。至2017年分别在丹寨、凯里召开黔东南州茶产业发展研讨会3次，协会会员单位负责人、个人会员以及有关单位领导和相关人员共60多人次参加研讨。研讨会围绕全州茶产业发展的现状提出茶产业发展的措施与对策，为做强做大茶产业，加快茶产业发展起到较好的作用。六是协助会员单位做好无公害茶、绿色食品茶和有机茶产地认定与茶叶产品认证；做好为会员单位与会员提供产业政策、技术、信息等各类咨询和项目规划与申报以及市场营销服务。

（二）黔东南州茶艺文化协会

2017年9月，成立黔东南州茶艺文化协会。至2018年，主要抓了以下工作：一是举办的"一期一会""一茶一品"茶会，扩大茶文化的影响力，推广和发展具有黔东南特色的茶艺文化。二是举办茶艺大赛。2017—2018年举办2届茶艺大赛。三是开展茶艺培训。在茶艺培训中设特色课程，分职业培训及兴趣爱好培训，并开展茶艺及茶文化讲座，让旅游、酒店等专业的学生多掌握了一门技能。四是积极参加各类茶叶展会，为展会提供了优质的表演服务。五是组织省内专家深入茶园为茶农提供茶叶种植与采摘技术，组织会员深入工厂学习加工技术，为茶产品审评等方面提供技术支撑和服务。

（三）黎平县茶叶产业协会

2005年8月，黎平县茶叶产业协会成立。协会由会长、副会长、秘书长、理事共62人组成，有团体会员86家，个人会员56名。该协会设有生产技术部、市场开发信息部、财务部、办公室。该协会的业务主管部门为黎平县茶叶产业发展局，登记管理部门为黎平县民政局，接受黎平县茶叶办和黎平民政局的业务指导和监督管理。该协会为黎平县域内外从事茶叶生产、加工、流通、科研、教学、茶馆、茶室、茶艺、茶文化及相关监督管理的单位、部门和个人自愿结成的地方性、行业性社会组织，是黎平县政府及茶叶主管部门联系茶农、茶商、茶叶企业和其他茶人的桥梁和纽带，是黎平县县域经济和茶叶产业可持续发展的重要力量。该协会宗旨为：严格遵守国家宪法、法律、法规和政策，遵守社会道德风尚，坚持诚信原则，坚持以社会主义市场经济为导向，热心为会员服务，反映会员的呼声，积极发挥组织协调作用，维护会员的合法权益；加强行业管理，贯彻政府宏观管理意图，团结全县茶叶行业，宣传黎平茶叶，打造黎平茶品牌，创新茶产业，传播茶知识，弘扬茶文化，服务茶企业，发挥群体优势，把握和落实全面、协调、可持续的科学发展观。

（四）雷山县茶叶协会

2007年10月，雷山县茶叶协会成立，设有名誉会长1人，会长1人，副会长4人，常务理事3人、理事10人，秘书长1人。会员116人，来自各个茶叶加工企业、茶叶生产大户、茶叶行政管理人员、茶叶专业技术人员等。主管部门为雷山县茶叶发展局，其主要负责"雷公山"茶叶的市场整体运作及商标管理，监督雷山县具有QS认证茶叶生产企业对"雷公山"商标的使用情况，抓好雷山茶叶产品宣传，拓宽茶叶的销售市场。

（五）雷山县望丰乡望丰村茶叶协会

2003年12月，雷山县望丰乡望丰村茶叶协会成立。协会的宗旨为：团结组织本村热心于发展茶叶生产的专业户、农户、专业技术能手。遵守国家法律法规和国家政策，遵守社会道德风尚，以发展农村经济为中心。按照"民办、民管、民受益"的原则，以服务成员、服务种茶农户。谋求全体成员的共同利益和茶农的共同利益为宗旨。实行自主经营，民主管理，盈余返还。成员地位平等，加入自愿，退出自由，利益共享，风险共担。至2018年，会员发展到109户，协会会员经营茶园面积625hm²。并先后举办了茶叶种植、茶园除草、病虫害防治、茶树修剪、茶青采摘等技术培训，取得了较好效果。

参考文献

陆羽.茶经[M].哈尔滨：黑龙江科学技术出版社，2010.

梁月荣.茶叶[M].北京：中国农业出版社，2006.

《农业考古》编辑部.农业考古[M].北京：农业出版社，1982.

贵州省商务厅，贵州省农业厅.贵州茶叶[M].[内部资料]，2004.

扬雄.方言[M].上海：人民出版社，1959.

乐史.太平寰宇记[M].北京：中华书局，2000.

贵州省文史研究馆，贵州历史文献研究会.贵州图经新志[M].贵阳：贵州人民出版，2015.

郝大成.开泰县志[M].贵阳：贵州人民出版社，2016.

台江县供销合作社联合社.台江县供销合作社志[M].[内部资料]，1989.

《中国地方志集成》编委会.中国地方志集成·黎平府志[M].成都：巴蜀书社，2006.

贵州省台江县志编纂委员会.台江县志[M].贵阳：贵州人民出版社，1994.

遵义市地方志编纂委员会.遵义府志[M].成都：巴蜀书社，2014.

杜文铎.黔南识略·黔南职方纪略[M].贵阳：贵州人民出版，1992.

贵州省雷山县志编纂委员会.雷山县志[M].贵阳：贵州人民出版社，1992.

贵州省凯里市地方志编纂委员会.凯里市志[M].北京：方志出版社，1998.

鄂尔泰，靖道谟，杜诠.贵州通志[M].成都：巴蜀书社，2006.

贵州省镇远县地方志编纂委员会.镇远府志[M].郑州：中州古籍出版社，1996.

李宗昉.黔记[M].上海：商务印书馆，1936.

贵州省丹寨县地方志编纂委员会.丹寨县志[M].北京：方志出版社，1999.

附录一

黔东南州现代茶产业大事记

1986年9月20日，镇远县政府发出《关于加强农副产品收购管理工作的通知》，以布告的形式发至全县范围内张贴，明确规定五倍子、花生、茶叶、棕片、二类中药畜产品等主要品种，一律由供销合作社统一收购上调，任何单位和个人不准插手经营。

1986年12月，镇远县供销合作社成立茶叶公司。

1986年，雷山饮料厂制作的"银球茶""天麻茶""云雾翠绿茶"等系列产品获部优质产品奖，其中"银球茶"载入世界名牌产品中国分册系列丛书。

1986年，黎平县桂花台茶场开始生产红茶，由东坡茶场代为精制74.5t供州外贸部门出口。

1987年1月，镇远县茶叶公司，与基层供销合作社签订收购联销合同，基层供销合作社按国家规定的茶叶收购指导价上下浮动收购，调茶叶公司按指导价加15%的综合费率。是年，全县收购茶叶241.8t，创新中国成立后镇远县30年来茶叶年收购量最高纪录。

1987年1月，镇远县茶叶公司承包涌溪乡古楼坪茶场与羊场乡扎营关茶场，茶园面积35.56hm²，承包期限15年。

1987年3月，雷山县由县委书记和分管农业的副县长带队，组织4个区、2个镇的区长、镇长、书记和县直有关科局主要领导和各区供销合作社主任及11名茶农，前往湄潭、贵定学习参观茶叶的"种、管、采、加工"技术与经验。

1987年4月25日，黎平古钱茶在桐梓茶厂参加省名优产品试评，受到贵州省茶叶评委、省茶叶研究所所长王正客等专家的好评，批准正式"试制"。

1987年12月，雷山县民族茶厂的"云雾翠绿茶"和黎平县桂花台茶场生产的"古钱茶"在全国首届食品博览会展上分别荣获银质奖和铜质奖。

1987年，雷山县民族茶厂生产的"云雾翠绿茶""龙珠茶"被评为"省优产品"，另"龙珠茶"荣获省新产品三等奖。

1987年，雷山县供销合作社配备27名职工主抓茶叶生产，与68户、27个茶场签订承包合同；垦复茶园308.3hm²，建立9个茶叶初制加工点，购进加工机械45台，开展"珍珠茶""云雾茶"加工。

1987年，镇远县茶叶公司花费3000元聘请3名茶叶生产技术辅导员，在产茶区指导生产加工技术。

1987年，镇远县茶叶公司用700多元购买茶种1050kg，动员10户农民，播种1hm²新茶园。

1987年，黔东南州共有茶园面积1669.5hm²，总产量首次突破1000t。

1988年3月14日，黔东南州在凯里召开茶叶专业会，州供销合作社14个主管茶叶生产经营的负责人参加会议。会议着重安排了春茶生产和搞好春茶收购，提高细茶产量等事宜。

1988年6月27日，黎平县桂花台茶场生产的"古钱茶"被贵州省茶叶品质评审委员会评定为"贵州省地方名茶"。

1988年6月，黔东南州举行首届评茶会，各县（市）选送了53个品种，被评为州级名茶的有6个，推荐到省的4个，其中：雷山县民族茶厂的"云雾翠绿茶"和黎平县桂花台茶场生产的"古钱茶"经省茶叶品质评委会评为省级名茶。

1988年12月，在全国首届食品博览会评选中，雷山县民族茶厂生产的"云雾翠绿茶"荣获银质奖，黎平县桂花台茶场生产的"古钱茶"荣获铜质奖。

1988年12月25日，黎平县桂花台茶场生产的"古钱茶"荣获贵州名优茶新产品奖。

1988年，雷山县茶叶公司生产的"云雾绿茶"系列产品被评为省、州名优产品。

1988年，镇远县茶叶公司承包了2个乡镇茶园，发展了1个新茶叶生产基地，计38.69hm²，承包的2个茶园，由过去乡镇管理长期亏损的局面，扭亏为盈。

1988年，黎平县桂花台茶场，全年共产干茶330t，实现总产值120万元，茶叶销售327.3t，交纳税金21万元。

1989年9月2日，黔东南州供销合作社茶叶公司对边茶收购实行茶肥挂钩奖励优惠政策，即每交售100kg边茶，奖售25kg标准化肥。

1989年，边茶生产、加工和调拨为国家指令性计划，贵州边茶管理权在省商业厅，委托省茶叶公司对全省边茶实行管理，委托桐梓茶厂加工和调拨。

1989年，全州产茶1472t。雷山的雷公山，黎平的桂花台、高屯，岑巩的老鹰岩，黄平的东坡、旧州、平溪，丹寨的金钟、扬武等地已形成茶叶商品生产基地。

1990年5月4日，黎平县桂花台茶场生产的"古钱茶""亮江新翠茶"在黔东南州茶叶品质品评会上被授予"黔东南州地方名茶"。

1990年6月，贵州东坡茶场生产的"飞云"牌东坡毛尖被省茶叶品质评审委员会评为"贵州省名茶"。

1990年，雷山县供销合作社配备和聘请106名技术骨干，采取租赁承包经营方式，组织农民垦复荒芜茶园371hm²，新种茶园65.13hm²。是年，全县茶叶产量达19.75t，比上年增长0.6%。

1991年初，台江县中等职业技术学校为开发苦丁茶系列产品，成立了茶叶加工厂。

1991年6月12日，黎平县桂花台茶场生产的贵州名茶"古钱茶"经贵州省茶叶品质评审委员会复查合格，并颁发证书。

1991年11月2日，黔东南州供销合作社在凯里召开雷山、黎平2县茶叶生产技改项目论证会议，2县分管工业副县长和经委主任、农业银行行长、供销合作社主任、雷山县茶叶公司经理、黎平县桂花台茶场场长等人员参加会议。

1991年，镇远县在原县委书记胡化民率领下，县供销合作社组织80多名干部职工苦战半月，新增茶叶基地12hm²。

1991年，岑巩县农业区划办公室引入福鼎大白茶种子在白岩坪牧场种植，并获成功。

1991年，雷山县茶叶公司生产的"云雾绿茶"被评为省、州名优产品，荣获国家"四部一局"颁发的"天马杯"银奖和国家科委"星火计划"银奖。

1992年初，雷山县茶叶公司被贵州省经委列入"全省大中小型厂"之一。

1992年，丹寨县委、县政府积极争取农业发展项目，改造种植规范化密植免耕茶园125hm²。

1992年，黎平县桂花台茶厂总产值达152万元，比上年增长27%，所生产的638.55t烘青茶全部调州土产公司对外销售。

1992年，岑巩县利用扶贫资金100万元，引入福鼎大白茶种子14.4t，发放给天马镇、天星乡、龙田镇的下岑、思阳的岑丰村、白岩坪林场等地种植。

1993年初，台江"银角"牌苦丁茶荣获贵州保健金品奖、中国保健科技精品金奖、贵州省优秀新产品奖等。

1993年，黎平县桂花台茶厂产干茶（不含边茶）263.9t，销售237.9t，产值220万元，上缴国家税费34.3万元，实现利润3.9万元，支付茶农茶青款98万元，车间收入16.7万元，各项指标比上年都有较大幅度的增长。

1993年，黎平县供销合作社承办的茶叶生产项目共完成357.5hm²，总投资379.3万元。

1993年，雷山县民族茶厂申报的"黄芽茶"研制项目，被省经委列入省级重点开发项目，并拨开发资金1万元。

1994年，岑巩"白岩坪绿茶"荣获贵州省首届保健精品展销展评会金奖。

1994年，岑巩建成天仙茶场茶叶加工厂、白岩坪农场茶叶加工厂、岑峰茶场茶叶加工厂、客楼茶场茶叶加工厂、白岩坪国营林场茶叶加工厂、白岩坪国营林场茶叶加工厂。

1995年1月6日，黎平县桂茶台茶厂选送的"金银花茶"在1995全国新技术新产品（南宁）交易会上荣获金奖。

1995年7月20日，黔东南州委、州政府决定：加快农业产业结构调整，在全州建设12个商品生产基地（即：商品粮基地、优质烤烟基地、速生丰产用材林基地、优质果树基地、油桐基地、五倍子基地、中药材基地、茶叶基地、优质西瓜基地、种草养畜、竹林基地、蚕桑基地），成立州商品生产基地项目办公室，商品生产基地分别由州农业局、州烟草局、州林业局、州粮食局、州医药局、州供销合作社、州农经委、州计委、州科委、州扶贫办、州农业资源区划办、州外贸局、州经委、州乡镇企业管理局等单位主办和协办。

1995年9月16日，黎平县桂花台茶厂生产的"天生桥"牌古钱茶经贵州省食品协会和贵州省茶叶品质评审委员会审查通过，并颁发质量合格证书。

1995年，黎平县桂花台茶厂生产的"黎平古钱茶"荣获"贵州省地方名茶"称号。

1995年，岑巩县引入福鼎大白茶种子在天星、客楼、老鹰岩农场等地种植，并获成功。

1995年，岑巩"白岩坪绿茶""天仙剑雪""思州银钩"分别荣获"贵州名茶"、珠海国际名优食品博览会金奖、贵州省省级名茶、省州保健精品金奖。

1996年，岑巩县所产的茶叶经省地矿局化验，全省的67个样品中只有岑巩的茶叶含硒，其中思旸镇的岑丰村和天星乡所产的茶叶含硒量最高。

1996年，全州茶园面积发展到4680hm²，产干茶2140t，其中红茶2t、绿茶1119t、紧压茶原料801t、其他茶218t。

1997年1月，"飞云"牌东坡毛尖经国家优质食品评委及专家检评，产品质量到达全国食品行业优秀产品水平，中国食品工业协会授予"优秀产品"称号。

1997年5月4日，黎平县桂花台茶厂生产的"黎平古钱茶"在黔东南州茶叶品质品评会上被授予"黔东南州地方名茶"称号。

1998年1月，"飞云"牌东坡毛尖被贵州省经济贸易委员会、贵州省技术监督局确认为"贵州省名牌产品"。

1999年5月6日，黎平县桂花台茶厂生产的"黎平古钱茶"在湘鄂黔渝武陵山区茶叶集团茶叶评审委员会举办的99名茶评比会获二等奖。

1999年，黎平县茶叶领导小组成立，负责规划指导全县茶叶的发展。

1999年，经州委组织部和州供销合作社领导提议，将丹寨县烧茶村吴家大坡12.5hm²茶园转给丹寨县供销合作社经营。

1999年，黎平县确定松脂、茶叶、果品、食用菌、中药材五大产业开发目标，茶叶面积在原937.5hm²基础上新建276.38hm²。

1999年，黎平县从中国农业科学院茶叶研究所引进国家级优良茶树品种"龙井43"种植1.88hm²。

1999年，岑巩县"思州毛峰"在贵州省保健精品展评展销会中荣获金奖。

1999年，黎平县中潮供销合作社用60天时间建成31.25hm²高标准福鼎大白茶叶基地。

2000年8月，丹寨县委、县政府决定将茶叶产业作为农业产业结构调整的一项支柱产业来抓，并大力推广种植和发展，同时成立丹寨县茶叶生产工作领导小组，从相关单位抽调技术骨干具体办公，负责全县茶叶生产工作的协调和技术指导。

2000年12月8日，黔东南州政府在凯里召开全州茶叶生产工作会议。黎平、丹寨、岑巩、台江等茶叶主产县的分管县长和供销合作社主任、茶叶公司经理、茶场（厂）及技术人员共50余人参加会议。

2000年，黎平县杨梅井茶场引种优质"龙井43""龙井长叶"茶种种植并获成功。

2000年，镇远县羊场中学生产的"云中山雾茶"在五省年会评比中荣获三等奖。

2000年，岑巩"白岩坪绿茶"荣获湘鄂渝黔武陵山区名茶评比一等奖。

2001年6月，黄平县"飞云"牌东坡毛尖经贵州省茶叶质量评审委员会质量审评，贵州省食品工业协会、贵州省食品工业协会茶叶分会授予"贵州省名茶"称号。

2001年6月，黎平县选送的"侗乡春"牌翠针茶、雀舌茶分别荣获"中茶杯"优质茶称号和特等奖。

2001年8月8日，黔东南州供销合作社批复州茶叶协会筹建组报告，同意成立"黔东南州茶叶协会"筹建组，并解决开办资金0.5万元，办公室设在州供销合作社经济发展科。

2001年12月10日，黎平县成立"黎平县侗乡春茶业有限公司"。

2001年12月，黎平县供销合作社在中国农业科学院茶叶研究所的帮助和指导下，与福建省福安市花木果苗场联合投资50万元，在黎平德凤镇罗团村建成2.19hm²无性扦插优良茶叶苗圃基地。

2001年，黎平县充分利用实施退耕还林试点为契机，新造茶园53hm²。

2001年，黎平县桂花台茶厂在中国农业科学院茶叶研究所白坤元茶业专家等的指导下采摘龙井43茶叶加工扁形"侗乡春"雀舌茶。

2001年，"侗乡春"雀舌茶荣获黔东南名茶称号。

2002年初，黎平县供销合作社成立了"黎平县供销合作社名优茶开发生产经营部"。

2002年1月，"飞云"牌东坡毛尖被贵州省名牌战略推进小组确认为"贵州省名牌产品"。

2002年4月，雷山县银球茶叶公司生产的"银球茶""特级清明茶"和雷山县茶叶公司生产的"群峰"牌云雾翠绿茶（特级）被贵州省食品工业协会评为"贵州省名优茶"。

2002年7月，凯里鸿福茶楼民族茶艺表演队参加"南湖杯"国际茶艺茶道大赛荣获第三名。

2002年10月，凯里鸿福茶楼分别组织和承办了有日本、马来西亚、新加坡、斯里兰卡以及国内广东、广西、北京、云南、浙江、江苏、台湾、香港和贵州的茶叶界专家、茶商参加的中国凯里国际芦笙节"鸿福杯"名优茶评选和"鸿福民族茶艺茶道"大奖赛活动。

2002年，黎平县洪州供销合作社实施的坡改梯建园工程项目种植龙井43茶园6.25hm²，经黎平县坡改梯检查验收领导小组逐项检查，被评定为优良工程。

2002年，雷山县供销合作社茶叶公司选送的"群峰"牌特级云雾翠绿茶，荣获贵州省名优茶荣誉称号。

2003年4月17日，黔东南州委、州政府下发了《关于学习贯彻十六大精神，抓好十个方面工作的通知》。其中农业要抓好"八大产业"（畜牧业、水产业、优质稻产业、优质烤烟产业、优质无公害中药材产业、优质园艺包括果品蔬菜产业、优质竹类产业、优质茶叶产业、山野菜产业）和"四大农业产业化"（沼气、退耕还林、扶持龙头企业、农业科技培训）的落实。

2003年4月，凯里鸿福茶楼参加首届全国民族茶艺茶道大赛，荣获第三名。

2003年6月，贵州省东坡茶场被贵州省工商行政管理局评为省级"守合同、重信用单位"称号。

2003年6月，黎平县侗乡春茶业有限公司的"侗乡春"牌雀舌茶在"中茶杯"全国名优茶评比活动中荣获一等奖。

2003年8月，丹寨县委、县政府印发了《关于加快茶叶产业化生产的决定》。

2003年8月21日，黎平县供销合作社与县扶贫办联合举办为期20天的秋季名优茶手工制作加工技术培训班。

2003年10月，凯里鸿福茶楼荣获上海首届全国茶道大赛表演大赛二等奖。

2003年，凯里市鸿福品茗公司生产的"紫日"牌中华银梭、中华银螺茶叶荣获全国重点保护品牌。

2004年12月，贵州省东坡茶场生产的"飞云"牌东坡绿茶被贵州省食品工业协会茶叶分会分别评为"贵州省茶叶行业著名品牌"和"贵州省茶叶行业优秀企业"。

2004年，黎平县供销合作社系统利用财政扶贫资金、坡改梯资金、退耕还林资金、以工代赈资金和小额信贷资金，新建优质茶叶基地150hm²，用国内最先进茶叶品种龙井43和福鼎大白改造老茶园250hm²，带动并帮助乡镇和农户改造茶园1500hm²。

2004年，凯里鸿福茶楼被评为"全国百佳茶馆"。

2004年，台江县结合退耕还林种植苦丁茶1000hm²，年产茶叶10t，产值320万元，产品分别销往北京、上海、广东、浙江等21个省份。

2005年4月，黎平县侗乡春茶业有限公司选送的"侗乡春"牌雀舌茶荣获"中绿杯"金奖。

2005年7月，雷山县苗家春茶业有限责任公司选送的"苗家春茶"荣获"中茶杯"全国名茶评比一等奖。

2005年10月，黎平县侗乡春茶业有限公司选送的"侗乡春"牌雀舌茶荣获"中绿杯"特等奖。

2005年12月30日，雷山县委、县政府印发了《关于加快茶叶产业发展的实施意见》。

2005年，全州有茶园4683hm²，年产量达2535t。

2005年，"雷山银球茶"分别在贵州省首届文化节十大名茶评比中荣获"贵州特型名茶"称号和第五届国际名茶评比银奖；被黔东南州文明办、州质监局授予"名优特色产品"称号。

2005年，国家林业科技推广项目"优质茶良种及高效栽培技术示范"在丹寨县龙泉镇五里村实施，建设规模为9.4hm²，项目总投资20万元，贵州省茶叶研究所为技术提供支撑，选用的黔湄809、福鼎大白优良品种种植获成功。

2006年1月，《雷山县"十一五"茶叶产业发展规划》正式实施。

2006年3月，省农业厅组织开展全省茶产业发展情况调研（课题），5月州政府办公室下发《关于认真抓好茶产业发展调研工作的通知》，组织农业、供销等部门对传统产茶县和重点企业开展调研后，形成调研报告，并提出《关于加快我州茶产业发展的意见》。

2006年11月11日，雷山县举办苗年文化周"茶叶现场炒制大赛"活动。

2006年，黎平县桂花台茶厂，茶园已发展到625hm²，茶农1500余人、管理人员32人，年产干茶500t，产值380余万元。

2006年，"雷山银球茶"在贵州省茶文化节茶叶评比中，荣获"贵州省名优茶产品"

称号。

2007年4月，黎平县侗乡春茶业有限公司中潮分公司选送的"侗乡春"牌黎香绿茶在国际茶文化节名茶评比中荣获金奖。

2007年7月5日，雷山县委、县政府出台《关于进一步加快茶叶产业发展的意见》。

2007年9月，雷山县第一家茶叶专业合作社——雷山县望丰茶叶专业合作社成立。

2007年10月8日，丹寨县黔丹硒业有限责任公司在贵州省饮食与茶叶文化节上被授予"贵州省优秀茶叶企业"称号。

2007年10月24日，雷山县茶叶协会成立。

2007年10月，黎平县占地面积1028m²的德凤镇茶青交易市场（城关）建成。

2007年10月，黔东南组织有关专家编制《黔东南州茶产业发展规划》（2008—2012年，2012—2020年）中、长期规划。

2007年10月，黎平县侗乡春茶业有限公司被省评为贵州省优秀茶叶企业；黎平县森绿茶业有限公司生产的黎平雀舌茶被省评为贵州省名优绿茶。

2007年11月7日，黔东南州农业局组织黎平、雷山、丹寨、岑巩、台江5县及州内10家茶叶企业和专业合作经济的19个品牌茶叶品种参加了贵州省首届"万人品茗"活动。

2007年11月27日，台江县委、县政府印发了《台江县关于加快茶叶产业发展的意见》，文件规定：对新建茶园面积达6.67hm²以上，经验收合格予以补助苗木购置款600~720元/0.067hm²、整地费400元/0.067hm²。

2007年11月，黎平县侗乡春茶业有限公司经省级有关部门审定，被评为"贵州省优秀茶叶企业"。

2007年12月9日，应镇远县政府的邀请，省农业厅、省茶叶科学研究所专家一行7人到镇远县调研茶叶生产，并对茶叶生产提出了意见。

2007年，"雷山银球茶"商标被评为"贵州省著名商标"。

2007年，黔东南州农业局组织组织5家茶叶业企业随贵州团赴京参加"2007年第四届北京·中国国际茶业博览会"。

2008年4月，黎平县侗乡福茶业公司选送的"侗乡福毛尖茶"，在中国宁波国际茶文化节评选中，荣获银奖。

2008年4月，在中国绿茶（古丈）高峰论坛会上，"雷山银球茶""雷公山清明茶"分别荣获银奖和优胜奖。

2008年5月22日，黎平县委、县政府印发了《关于加快茶叶产业发展的意见》。

2008年8月5日，黎平县成立县茶叶产业发展局。为正科级事业单位，隶属黎平县政府领导，内设办公室、规划股、综合管理股。

2008年10月，黔东南州农业局组织黎平、雷山、丹寨3家茶叶企业、18个产品和3支民族表演队随贵州团赴京参加"第五届北京·中国国际茶业博览会"。

2008年10月，黎平县侗乡媛茶厂选送的"侗乡雀舌茶"荣获"中绿杯"中国名优绿茶评比银奖。

2008年10月，黎平县侗乡春茶业有限公司获无公害茶叶基地和茶产品的认证。

2008年，丹寨县境内的茶产业列入全省"中央财政资金茶产业项目试点县"，中央财政直接扶持近600万元，地方整合各涉农项目资金2000多万元倾斜扶持茶产业。

2008年，丹寨县引进安吉白茶种植81.25hm²、金观音种植93.75hm²。

2008年，"银球"牌注册商标被评贵州省工商行政管理局评为"贵州省著名商标"。以装潢精美，别具情韵，荣获多项国家发明专利，被收录入《世界名牌茶叶产品集·中国分册》。

2008年，按照贵州省农业厅要求，完成《雷山县茶叶产业发展规划》和1250hm²无公害茶叶产地土样采集和送样检测工作。根据土壤检测，雷山县规划种植茶叶的地区完全符合无公害茶、有机茶的生产条件。

2008年，雷山县完成625hm²无公害茶叶产地认定与产品证和62.5hm²有机茶产地认定与产品认证。

2008年，黎平县聘请12名技术人员和本县专家组成茶叶技术指导工作组，分片包乡，深入茶园建设实施点全程跟踪技术指导。

2008年，在贵州省茶叶重点县评选中，雷山县荣获贵州省"茶叶重点县"称号。

2009年4月1日，在贵州省农业厅的组织下，雷山县组织鑫山公司和鑫鼎公司和一支8人的苗族歌舞表演队，参与北京举办"贵州绿茶·秀甲天下"万人品茗活动。

2009年4月19日，丹寨县黔丹硒业有限责任公司选送的"黔丹"牌苗岭御剑茶在第十七届上海国际茶文化节参评活动中荣获金奖。

2009年5月1日，由黔东南州政府、省茶叶研究会主办，雷山县委、县政府承办的"贵州·雷山天下西江品茗会"在雷山西江举行。全州的33家茶叶企业参加了本次活动。

2009年5月2日，中国农业科学院茶叶研究所茶叶质量标准与检测技术研究中心主任、国家茶叶产业技术体系加工研究室岗位科学家刘新到雷山县指导茶产业发展。

2009年5月21日，在全省第二届采茶技能竞赛，雷山县参赛队荣获集体二等奖。

2009年5月24日，黔东南州政府在黎平县召开全州茶产业发展现场会，茶产业县分管副县长及全州29家省、州级茶叶重点龙头企业以及州直、县（市）相关管理部门参加了会议。

2009年7月6日，黎平县侗乡媛茶场选送的"侗乡"牌雀舌茶在"中茶杯"全国名优茶评比活动中荣获一等奖。

2009年7月28日，"雷山银球茶"在贵州十大名茶评选活动中，荣获"贵州省十大名茶"称号。

2009年9月8日，黔东南州茶产业发展现场会在丹寨县召开，各产茶县和有关企业代表参加了会议。

2009年9月17—19日，《西部开发报·茶周刊》编辑部主任陈大鹏到黎平县侗乡山水茶叶专业合作社、具供销合作社和龙形茶场调研茶叶产业。

2009年10月31日，在第五届中国茶业经济年会上，丹寨县被授予"全国重点产茶县"称号。

2009年11月23日，"雷山银球茶"荣获"多彩贵州100强品牌"和"多彩贵州十大特产"称号。

2009年12月3日，受《西部开发报·茶周刊》、贵州省茶叶协会的邀请，中国茶文化研究专家林治教授在雷山县作了《以茶文化促进县域经济发展》的专题报告。

2009年12月4—5日，贵州省茶叶协会2009年年会在黎平县隆重举行。贵州省茶叶协会各会员、茶业界专家、各茶叶协会负责人和全省各茶叶企业、全省各级茶叶主管部门和媒体记者190多人参加了会议。年会上，林治教授就贵州茶文化如何促进茶经济发展，做了演讲。

2009年12月19—28日，黎平、雷山、台江3县共18人参加了在湄潭县职业高级中学举办的贵州省农业委员会茶叶产业师资培训班学习。

2009年，黔东南州委、州政府印发《关于建立州茶产业发展联席会议制度的通知》，成立联席会议办公室，设在州农业局，负责日常工作。

2009年，黔东南州农业局组织全州50多个品种参加4月在北京、上海的"贵州绿茶·秀甲天下"万人品茗活动。

2009年，黎平县荣获"中国名茶之乡"称号。

2009年，由黔东南州政府、贵州省茶叶研究会、黔东南州农业局和雷山西江千户苗寨共同主办"贵州·雷山天下西江品茶会茶产业推介"活动，州内33家茶叶企业参加。

2010年1月，黎平县侗乡媛茶厂的"侗乡雀舌及图茶"商标被贵州省工商行政管理局认定为"贵州省著名商标"。

2010年4月，黎平县"侗乡福"牌毛尖茶在"中国名茶"评选中荣获金奖。

2010年4月，雷山县茶叶产品质量安全检验检测中心建成并开展检验检测工作。

2010年5月4日，"雷公山银球茶"在中国名优茶评比中荣获金奖。

2010年5月25日，黎平县在县城休闲广场举行茶叶产业发展奖励兑现仪式，黎平县政府对黎平县侗乡春茶业有限公司、黎平县侗乡森绿茶业有限公司、黎平县侗乡福生态茶业有限公司、黎平县侗乡媛茶厂、黎平县侗乡呀啰耶生态茶业有限公司、贵州春来早茶业有限公司、侗乡山水茶叶农民专业合作社、黎平县茶叶后续服务农民专业合作社等茶叶企业进行兑现茶叶产业政策奖共77.38万元。

2010年6月，黔东南州首届苗侗情原生态茶叶质量评鉴会中，黎平县侗乡呀啰耶生态茶业有限公司生产的雀舌被评为金牌。

2010年8月，雷山县"苗家春"牌雷公山清明茶，"雷公山"牌银球茶，分别荣获"国饮杯"全国茶叶评比一等奖。

2010年9月27日，丹寨县召开茶叶产业工作会议，兑现茶叶产业项目奖励补助资金41万元。

2010年10月8日，雷山县"银球""雷公山""脚尧""毛克翕"4个商标荣获"贵州省著名商标"。

2010年11月，"雷山银球茶"被评为贵州"多彩贵州100强品牌""多彩贵州十大特产"荣誉称号和荣获"中国名茶"金奖。

2010年11月，在第二届"中国名茶之乡"评选活动中，黎平县被评为"中国名茶之乡"。

2010年11月27—28日，由黔东南州农业产业化经营联席会议办公室、州农委、凯里市政府举办"首届黔东南州生态优势特色农产品展销会暨'万人品茗'"活动。

2010年，丹寨县"黔丹"牌苗岭御剑茶、"添香园"牌硒峰翠绿茶分别荣获"中国名茶"金奖和"中绿杯"银奖。

2010年，在首届"国饮杯"全国茶叶评比中，黎平县侗乡呀啰耶生态茶业有限公司、县侗乡媛茶厂、县侗乡呀啰耶生态茶业有限公司和中潮村茶叶农民专业合作社4家茶企业分别选送的"黎平香绿茶"荣获1个特等奖和4个一等奖，其中侗乡呀啰耶生态茶业有限公司选送的春、秋季香绿茶分别荣获特等奖和一等奖。

2010年，雷山县职业技术学校开设茶艺班、茶叶营销中专班，每期学员30余名，扶持阳继美等业主在县城、西江景区等地开设了茶楼、茶馆共5家，组建"清心茶艺表演队"。

2011年3月16—18日，中央电视台7频道《每日农经》栏目记者，深入黎平县乡村茶叶基地和茶叶加工企业作专题采访，并形成专栏节目于5月上旬在中央电视台7频道《每日农经》栏目播出。

2011年3月23日，贵州省质监局、省茶叶研究所、省农委、省茶协、省标准化协会及黔东南州质监局和银球茶生产代表企业等单位的专家在贵阳召开贵州省地方标准《雷公山银球茶》审定会议，并顺利通过评审。

2011年3月24日，黎平县政府与中国农业科学院茶叶研究所签订了战略合作框架协议，中国农业科学院茶叶研究所将在黎平县建立茶叶科技创新试验基地并提供相应技术、信息等服务。

2011年4月8日，雷山县"脚尧""雷公山""毛克翕""银球""康利"商标荣获贵州省"著名商标"。雷山县政府对"脚尧""雷公山"获奖商标的企业各给予10万元的奖励。

2011年5月20日，雷公山银球茶、黎平县"侗乡"牌雀舌茶在"中国名茶"评选中分别荣获特别金奖和银奖。

2011年5月24日，黔东南州茶产业发展现场会在黎平县召开。会议明确提出加快茶产业发展的思路与具体措施。黔东南州政府副州长杨胜勇、州长助理胡良温、州农委主任杨黎，州发展局、州国土局、州水利局、州质监局、州供销合作社、州扶贫办、州林业局、省信用联合社黔东南办事处以及黎平、丹寨、雷山、黄平、岑巩、台江5个茶叶主产县分管领导、农扶局局长及分管副局长、产业办主任、黎平县茶叶重点乡镇长和24个省、州级农业重点龙头茶企业等共计95余人参加会议。

2011年7月8日，在中国·贵州国际绿茶博览会上，黎平县高屯镇荣获首届"贵州最美茶乡"称号。

2011年8月8日，雷山县"雷公山"牌苗家白茶、黎平县"森绿"牌黎平白茶在"中茶杯"全国名优茶评比中，分别荣获特等奖和一等奖；"银球茶"在中国（上海）国际茶业博览会评选中，荣获特别金奖。

2011年9月23—25日，中国国际欧亚科学院院士崔伟宏先生携哈萨克斯坦专家一行6人对雷山县茶叶的生态环境、加工条件、产品质量、交通条件等进行了考察，并认定将雷山县有基础建设绿茶出口试选地。

2011年10月18日，黎平县"侗家佬"牌雀舌茶在日本岛田举办的世界绿茶评比会上，荣获金奖。

2011年11月12—14日，由黔东南州农业产业化领导小组主办，黔东南州农业委员会承办的"2011黔东南优势特色农产品展销暨万人品茗活动"在凯里民族体育场举行。参加活动的茶叶企业36家，展销茶叶品种多达196个，品茗人员达到2万多人。

2011年11月16日，《黎平县茶叶综合标准体系》审定会议召开，贵州省州茶叶专家、黎平县政府领导、县质监局、县茶业局、县供销合作社及该体系编写组等单位人员参加了会议。

2011年11月，贵州省黎平雀舌茶业有限公司选送的"侗家佬"雀舌茶，在世界绿茶评比中，荣获最高金奖。

2011年，黔东南州茶产业发展联席会议办公室积极组织茶叶企业参加上海、北京、深圳等地"贵州绿茶·秀甲天下"万人品茗活动。雷山县选送的雷山银球茶荣获2011中国（上海）国际茶业博览会"中国名茶"评比特别金奖，黎平"侗乡福"牌雀舌获银奖。

2011年，黎平县"森绿"牌黎平白茶、黎平雀舌茶、"黔东"牌金球茶，在"中茶杯"全国名优茶评比活动中均荣获一等奖。

2011年，雷山县完成1250hm²无公害茶叶基地认证和产品认证，编制完成贵州绿茶丛书雷山版和《雷公山茶》知识读本。

2012年3月16日，"2012年春黎平侗乡生态茶开园仪式"在黎平县高屯镇天益茶厂的茶园中举行，黎平县16家茶叶企业及浙江、江苏、贵阳等地茶商等共100多人参加仪式。

2012年5月29日，黔东南州农业委员会举办茶产业座谈会，州直有关单位、州县茶叶协会，以及部分茶叶企业负责人共40余人参加了座谈会。

2012年7月12日，雷山县组织了敬旺公司、脚尧茶厂等8家茶叶企业和1支由8人组成的民间表演队、茶艺表演队参加2012年中国·贵州国际绿茶博览会。

2012年7月13—20日，丹寨县选送的"云上硒锌茶""苗乡茶情""一杯硒锌茶、浓浓苗乡情"3个茶艺表演节目在贵州省第四届茶艺大赛中均荣获优秀奖。

2012年9月8日，黎平县举办茶园绿色防控暨用肥用药技术培训会，县供销合作社、质监局、农业局、茶叶局、茶协、红日农资公司、供销农资公司等单位部门领导和茶业公司、茶叶合作社、茶场、茶农等共100余人参加了会议。

2012年10月，黎平县被中国茶叶流通协会授予"2012年度全国十大生态产茶县"称号。

2012年11月25日，占地面积2hm²，总建筑面积12300m²，建成商铺80多间，交易摊位500多个的雷公山茶城隆重开业。

2012年11月，黎平县"天生桥"牌古钱茶、"侗家佬"牌雀舌茶和"鸬鹚架"牌黎平雀舌茶在杭州举行的第九届国际名茶评比中，分别荣获金奖和银奖。

2012年12月20—22日，由州农业产业化经营联席会议办公室、黔东南州农委、凯里市政府在凯里举办"黔东南州生态优势特色农产品展销会暨'万人品茗'"活动，来自省、州级重点龙头企业和农产品加工企业、相关农民专业合作社等100家参加活动。

2012年12月29日，在"国酒茅台·国品黔茶"北京开业暨黔茶高端推广会上，"黔茶之魅'雷公山·绿宝石'之夜"招待晚会（宴）在钓鱼台国宾馆举行苗族歌舞展演活动。

2012年，州农委茶产业专家组组织专家成员深入黎平、雷山、丹寨、岑巩、台江等县实地开展有重点、有针对性的调研，注重"思州"历史文化、苗侗民族文化与茶文化结合的挖掘，镇远天印贡茶与镇远历史名城追溯等，完成详细的调研报告，同时还起草和修改《黔东南州人民政府关于加快茶产业发展的意见》，编制《黔东南州2013—2015年茶产业发展规划》以及《黔东南州2013—2015年茶产业发展实施方案》。

2012年，黎平县桂花台茶厂生产的"古钱茶"获第九届国际名茶评比（世界茶联合会主办）金奖；侗乡媛的"侗乡雀舌茶"获得了2012年中国（上海）国际茶业博览会"中国名茶"银奖；黎平县获得了"2012年度全国重点产茶县""2012年度全国十大生态产茶县"荣誉称号。

2012年，黎平县引进国家级茶树良种"中茶108"和"鄂茶1号"落户黎平县茅贡乡进行示范种植。

2012年，丹寨县茶产业中心成为中国茶叶流通协会第五届理事单位，丹寨县被评为"中国富硒、锌茶叶之乡"。

2012年，丹寨县被中国茶叶流通协会评为"全国重点产茶县"。

2013年1月2—3日，湖北省孝感市茶叶商会会长、孝感市福梁山农业综合开发公司董事长乐子华一行3人考察黎平县茶叶基地和加工厂。

2013年3月，黎平县一部分茶园遭受霜冻，受灾面积达1250hm²。

2013年4月27日，由雷山县政府主办，雷山县茶叶发展局、雷山县西江千户苗寨文化旅游发展有限公司承办的"游天下西江·品雷公山茶"活动在西江千户苗寨景区西江北大门茶文化广场成功举行。

2013年4月，黎平县桂花台茶厂的"天生桥"牌古钱茶在北京"贵州绿茶·秀甲天下"的茶事活动中，荣获2013年北京第三届"中国名茶"评比金奖。

2013年6月13日，国家质检总局受理了"丹寨县硒锌茶"地理标志产品保护申请，并审查合格。

2013年6月17日，国家质检总局受理黔东南州"思州砚""丹寨硒锌茶"2个产品地理标志产品保护申请。

2013年6月，黎平县110人获人力资源和社会保障部颁发国家茶业技能职业资格证书，其中：初级评茶员3人、中级评茶员75人、中级茶艺师32人。

2013年6月，丹寨县兴仁镇在第二届"贵州最美茶乡"评选活动中获"最美茶乡"称号。

2013年8月5日，在共青团贵州省委创业就业培训中心、共青团雷山县委、贵州省城茶艺师、雷山县清心茶楼的大力支持下，举办了有32名茶艺爱好者和企业礼仪人员参加的茶艺培训班。

2013年8月26—27日，北京吴裕泰茶业股份有限公司总经理孙丹威、采购经理张澜澜，上海鸣龙茶业发展有限公司董事长陆德龙等一行到黎平县考察茶叶产业。

2013年，在"中茶杯"评比中，黎平县"森绿"牌黎平白茶、侗乡媛"黔东南"黎平雀舌茶双双荣获一等奖。

2013年10月30日，黎平县被授予"中国茶叶产业发展示范县"和"全国重点产茶县"称号。

2013年10月，中国国际茶文化研究会授予雷山县为"中国茶文化之乡"称号，"雷山银球茶"被评为"中华文化名茶"。

2013年，"黔丹"牌硒锌丹红茶、"三泉"牌丹寨硒锌红茶分别荣获"中茶杯"特等奖。

2013年，丹寨县传福茶叶有限公司198.75hm²茶叶基地通过杭州万泰认证有限公司GAP认证，成为贵州省首家获GAP茶叶基地认证的企业。

2014年1月7—12日，黔东南州20家绿色生态农特产品企业，受邀参加杭州·都市圈优质农产品迎新春大联展。参展的产品包括茶叶、中药材、粮油、畜禽等。

2014年1月19日，黎平县茶叶产业协会发布了《黎平县茶叶行业准则》。该准则分总则、行业道德、行业规则、准则管理、附则，共五章四十条，从行业道德、建园条件、茶园管理、茶加工条件、茶销售、茶产品包装、违规处罚等方面做了较为详细的规定。

2014年5月1—3日，黎平县在肇兴景区内举办"侗乡茶海·万人品茗"活动。

2014年5月8日，在"中绿杯"中国名优绿茶评比活动中，贵州敬旺绿野食品有限公司选送的"雷山银球茶"荣获金奖。

2014年5月，黔东南州茶产业发展联席会议办公室组织州茶产业专家组编制《黔东南州茶产业提升三年行动方案（2014—2016年）》。

2014年5月，丹寨县在"五一"期间，举办万人品茗活动。

2014年6月10日，在贵阳召开的国家质检总局地理标志产品保护技术审查会上，"雷山银球茶"地理标志产品通过技术审查。

2014年8月22日，在"多彩贵州·绿茶好"贵州茶行业十大系列评选活动中，雷山县大塘镇乜耶村村民余荣富获"贵州十大种茶能手"称号。

2014年8月，在贵州茶行业十大系列评选中，雷山县被评为"贵州十大茶旅目的地"。

2014年8月，丹寨县"三泉"牌丹寨硒锌红茶荣获"黔茶杯"一等奖。

2014年9月2日，经国家质检总局批准，黔东南州"雷山银球茶"产品获地理标志产品保护。

2014年9月4—6日，黎平县举办红茶加工技术培训会。25个乡镇的茶叶企业、茶叶合作社、茶农及县茶叶产业协会的会员共130多人参加培训。中国农业科学院茶叶研究所、国家茶产业工程技术研究中心邓余良副研究员在培训会上授课。

2014年10月1日，黎平县举行中国·侗乡茶城入驻签约仪式。来自北京、上海、青岛、重庆、贵阳、福建、广西等地客商和黎平本地茶企业代表和茶人共300多人参加活动。

2014年10月1—3日，黎平县在侗都印象广场举办黎平县"侗乡茶海·万人品茗"活动。

2014年10月10日，丹寨县"三泉"牌丹寨硒锌红茶荣获"黔茶杯"一等奖。

2014年11月9日，中央电视台著名主持人张泽群、管彤等人一行深入贵州省黎平县天益家庭茶场采访。

2014年12月上旬，在由中国茶叶流通协会组织的全国重点产茶百强县评选活动中，黎平县获"2014年度全国重点产茶县"。

2014年，州农委组织黎平、雷山、丹寨等县（市）45家茶叶龙头企业参与北京、贵阳、湄潭、凤岗等地的茶产品展销和"万人品茗"活动。

2014年，黎平县侗乡福生态茶业有限公司在天猫上开设的侗乡福网店，年销售额突破220万元。

2015年5月11日，腾讯公益慈善基金会"筑梦新乡村"公平项目第二期反哺颁奖仪式在贵州省黎平县举行，腾讯公益慈善基金会和黎平县农业、茶业、投资商务、乡镇党委政府、森绿茶业、天籁茶业、农业物种场等单位负责人、茶农等共400多人参加，仪式由"筑梦新乡村"公平项目负责人陈圆圆主持。

2015年5月18日，在贵州省首届春茶斗茶赛中，雷山县毛克翕茶叶发展研究所选送的"雷山银球茶"荣获绿茶类金奖茶王称号；雷山县敬旺绿野食品有限公司选送的特级银球茶、一级银球茶分别荣获绿茶类银奖、铜奖。

2015年5月29日，黔东南州25家企业参加在遵义市湄潭县中国茶城以"多彩贵州·生态茶香"为主题的2015中国（贵州·遵义）国际茶文化节暨茶产业博览会。

2015年7月9日，雷山银球茶在百年世博中国名茶评选活动中荣获金奖。

2015年9月9日，全球商报联盟第六届年会暨2015全球商报经济论坛在贵阳举办，雷山银球茶作为球商报联盟第六届年会暨2015全球商报经济论坛指定用专茶。同时荣获"全球商报联盟首批推介示范企业"。

2015年9月24日，雷山县入围中央财政现代农业生产发展资金项目（茶产业）重点县。

2015年9月30日，雷山县4812.5hm^{2}茶园获无公害茶园认证。

2015年9月，腾讯公益慈善基金会的"筑梦新乡村"公平贸易项目与黎平县森绿茶业对外贸易有限公司、黎平县侗乡天籁茶业有限公司开始合作，设计推出第一款公平贸易产品"侗乡茶语"礼盒系列，并将通过公平交易销售2家茶叶所得的全部利润首次回馈给企业。

2015年10月1—7日，雷山县举办了中国·雷山"游天下西江·品雷公山茶"活动。

2015年10月22日，国家质检总局批准雷山县被列为茶叶类"国家级出口食品农产品质量安全示范区"。

2015年11月29—30日，贵州省农业委员会常务副主任胡继承到黎平调研茶叶产业。

2015年12月，黎平县侗乡福茶业有限公司王文超被贵州省绿茶品牌促进会授予"2015年贵州茶品牌优秀营销精英"称号。

2015年，丹寨县被中国茶叶流通协会评为"全国重点产茶县"。

2015年，雷山县组织完成《雷山银球茶标准》修订，并得到贵州省质监局颁布实施和雷山银球茶获地理标志认证产品。

2015年，黔东南州茶产业发展联席会议办公室组织完成"十三五"《黔东南州茶产业发展（2016—2020年）》规划的编制。

2016年4月，黔东南州茶产业发展联席会议办公室，组织茶叶企业参加"中国·贵州国际茶文化节暨茶产业博览会"。

2016年5月3—5日，在第八届"中绿杯"中国名优绿茶评比活动中，"三泉"牌丹寨白茶荣获银奖。

2016年5月17—18日，国家茶叶产业技术体系红茶加工岗位专家、中国农业科学院茶叶研究所副所长江用文研究员，国家茶叶产业技术体系红茶加工岗位团队成员、茶加工专家邓余良副研究员，国家茶叶产业技术体系遵义综合试验站站长、贵州省茶叶研究所茶树栽培创新团队首席专家、贵州省茶叶研究所王家伦研究员等人一行到黎平考察调研茶叶产业发展情况。

2016年6月30日，在贵州茶业经济年会上，黎平县"侗乡福"牌黎平云雾茶荣获首届中国（贵州）好网货征集大赛"十佳精锐奖"；黎平县茶人王绍礼、谢昌明、刘海鹰、陆旭明、黄孝武、张博学6人获"贵州制茶能手"称号。

2016年6月，雷山合兴生态开发有限公司选送的红茶，荣获中国（佛山）首届茶王争霸大赛金奖。

2016年7月，雷山县云雾茶叶专业合作社选送的"醉美人1号"红茶，在第12届中国（深圳）国际茶产业博览会第六届国际武林斗茶大赛中荣获金奖。

2016年8月，雷山合兴生态开发有限公司选送的"情醉苗岭"牌红茶，荣获"国饮杯"全国茶叶评比一等奖。

2016年10月，中国茶叶流通协会授予黎平茶叶综合交易市场"中国·侗乡茶城"称号。

2016年10月，黎平县被中国茶叶流通协会授予"2016年度全国重点产茶县"称号。

2016年10月25日，在安徽黄山举行的第十二届中国茶业经济年会暨2016黄山茶会上，黎平县被中国茶叶流通协会授予"2016年度中国十大生态产茶县"称号。

2016年10月，雷山县绿叶香茶业有限公司选送的绿茶，在2016年贵州秋茶斗茶赛中，荣获绿茶类银奖。

2016年11月，雷山县脚尧茶业有限公司选送的"脚尧"牌雷山银球茶，荣获中国国际博览会名优茶评选金奖。

2016年，黔东南州在省内建立茶叶销售点175个，其中专卖店59个、店中店28个、专柜38个、代销点50个；省外销售点43个，其中专卖店10个、店中店1个、专柜11个、代销点21个。全州开启了"农户+合作社+公司+互联网"的创新发展模式，在天猫网创建"侗乡福"品牌旗舰店，建立电商茶叶销售平台10家。

2017年4月24—26日，在遵义市湄潭县中国茶城举行的中国茶叶加工职业技能竞赛（"遵义绿杯"全国手工绿茶制作技能大赛）中，丹寨县黔丹硒业有限公司荣获特等奖；丹寨县锦鸡生态茶叶开发有限责任公司选手龙明彪荣获三等奖。

2017年5月，在第十四届中国（上海）国际茶业博览会上，由雷山县脚尧茶叶有限公司选送的雷公山银球茶和红茶分别荣获"中国好茶"评比金奖，贵州雷公山银球茶业有限公司选送的雷公山银球茶（特级）、雷山银球茶（一级）双双荣获"中国好茶"评比金奖。

2017年6月2日，应联合利华（中国）投资有限公司的邀请，黎平县副县长张秀源带队前往上海出席联合利华中国消费者产品安全合作中心揭牌仪式暨可持续茶园项目签约仪式，并现场签约。

2017年6月9日，在"都匀毛尖·贵台红杯"首届贵州古树茶斗茶赛中，黎平县侗乡观音茶叶有限公司选送的"黎平古树红茶"荣获金奖。

2017年7月，由贵州雷公山银球茶业有限公司选送的雷公银球茶、贵州苗岭醉美人茶业有限公司选送的"雷公山"牌醉美人红茶双双荣获2017"黔茶杯"特等奖。

2017年8月，贵州苗岭醉美人茶业有限公司选送的"雷公山"牌醉美人红茶荣获"中茶杯"全国名优茶评比一等奖。

2017年9月1日，黔东南州茶艺文化协会在凯里市举行成立大会。参会人员有省、市（州）各级领导部门和茶叶文化专家及黔东南州30余家茶企茶商。

2017年9月，贵州省雷山县毛克翕茶业有限公司选送的雷山银球茶荣获"2017中国特色旅游商品大赛"入围奖；苗家春茶业公司职工潘丽菊在2017年由中国茶叶流通协会主办的全国茶叶加工职业技能竞赛中荣获一等奖。

2017年10月1—4日，黎平县在肇兴侗寨民族文化展示中心广场、高屯镇625hm^{2}茶海桂花台侗天楼举办了以"迎十九大，品黎平茶"为主题的万人品茗活动。

2017年10月15日，由黔东南州农委、州茶叶协会主办，黎平县茶叶产业发展局、黎平县茶叶产业协会承办的黔东南州茶园标准化管理、茶叶企业转型升级、提质增效、机械化采摘现场培训会在黎平杨梅井茶叶基地举行。黎平、雷山、丹寨、凯里、镇远、岑巩6县（市）100多家茶叶企业200人参加培训。

2017年11月25日，"中国聚宝盆·大美黔东南"茶旅推介会在香港香格里拉酒店举行。州农委组织了9家农业龙头企业、1家农民合作社、1家家庭农场以及黔东南州茶艺文化协会参会。黔东南州旅游局、州农委负责人对黔东南州旅游产业、茶产业进行整体推介。推介会上，黔东南州旅发委与香港中国旅行社签署了战略合作协议，黔东南州农委与香港宇利集团有限公司签订了茶叶销售意向性协议书。香港贵州商务促进会、香港贵州联谊会、香港中小旅行社协会、香港茶产业界150余人参加推介会，《香港经济日报》《香港文汇报》《香港商报》等媒体对推介会进行了报道。

2017年12月29日，在第六届贵州茶业经济年会上，黎平县侗乡福生态茶业有限公司生产的"侗乡福"茶品牌荣获"2017年消费者最喜爱的贵州茶叶品牌"称号，黎平制茶师王绍礼、谢昌明、刘海鹰、陆旭明、黄孝武、张博学6人荣获"贵州制茶能手"称号。

2017年12月，黔东南州茶艺文化协会、黔东南州茶叶协会举办黔东南州首届茶艺师大赛暨"多彩贵州·黔茶飘香"茶艺大赛黔东南州选拔赛，以通过竞赛提升黔东南州茶叶知名度，选拔出黔东南的高技能茶艺人才。

2017年，黎平县和丹寨县被中国茶叶流通协会授予"全国重点产茶县"称号。

2017年，黎平侗乡茶城有限公司选送"侗韵红"牌红茶和黎平县花桥春茶叶加工厂选送"高岩红茶"，在2017年举办的贵州省"黔茶杯"名优茶评比活动中，分别荣获一等奖和二等奖。

2018年1月10日至4月10日，黎平县以香茶主产区——"黎平香茶·茗侗天下"的形象在中央电视台7频道《农业气象——农业金品牌》栏目正式亮相。

2018年5月6—8日，黔东南州组织黎平、雷山、丹寨等地的23家茶叶企业、52个茶叶产品参展在遵义市湄潭县举行的"中国·贵州国际茶文化节暨茶产业博览会"，活动期间，现场销售茶叶达8万余元。

2018年11月15日，在中国茶叶流通协会"第十四届中国茶业经济年会"上，丹寨县、黎平县荣获"中国茶业百强县"。

2018年12月10日，黔东南州《雷公山茶 绿茶》《黎平红 红茶》地方标准正式发布。

2018年12月26日，黔东南州政府在凯里市举行黔东南州《雷公山茶 绿茶》《黎平红 红茶》地方标准公共品牌新闻发布会。

2018年，榕江"两汪白茶"荣获"黔茶杯"特等奖。

2018年，丹寨县三泉公司选送"白毫银针"荣获"黔茶杯"一等奖。

附录二

中共黔东南州委办公室、黔东南州人民政府办公室关于印发《推进现代高效农业示范园区建设"百千万"工程实现方案》（黔东南州党办发〔2012〕10号）的通知摘录。

《黔东南州茶产业发展实施方案（2013—2015 年）》

一、发展目标

（一）总体目标

规划总体发展目标6.67万hm²。未来三年每年高起点、高标准、高质量建设茶叶基地0.67万hm²，到2015年，力争新增茶园面积2万hm²，全州茶园面积达到4.67万hm²，建成现代茶叶农业示范园区5个，打造茶叶种植专业村50个以上；建成年生产能力200t以上的茶叶加工企业20家以上，年产值和年销售额超过1000万元的茶叶加工龙头企业达到10家以上，年产值和年销售额超过5000万元的茶叶加工龙头企业达到3家以上；新增州级以上农业产业化经营重点龙头企业60家，其中，省级以上10家；实现茶叶综合总产值30亿元；形成1~2个市场占有率高、品牌号召力强的茶叶品牌。

（二）具体目标

1. 良种苗木繁育基地建设

2013—2015年，每年在黎平、雷山、丹寨、岑巩、台江等县建设标准化茶树良种繁育基地133.34hm²，其中：黎平66.67hm²、雷山30hm²、丹寨23.33hm²、岑巩6.67hm²、台江6.67hm²，3年共建400hm²。

2. 生产基地建设

2013—2015年，每年在黎平、雷山、丹寨、岑巩、台江等县新建高标准茶叶生产基地0.665万hm²，其中：黎平0.266万hm²、雷山0.133万hm²、丹寨0.166万hm²、岑巩0.067万hm²、台江0.033万hm²，3年共建2万hm²。通过引种无性系良种，配套路、沟、渠、蓄水池、喷灌、防护林等设施，配套茶园耕作机械、病虫害的预测预报及防治设施完成。

3. 加工产业建设

2013—2015年，在黎平、雷山、丹寨3个县分别建3个茶叶精制加工厂，推动企业引进设备、改进生产工艺，全面提高茶叶加工分级水平。每个县均引进一套先进的精选设备生产线，配备色选机1台、提香系列设备2台（套），年总加工能力达1万t。

4. 产地交易市场建设

2013—2015年，在黎平、雷山、丹寨3个县建茶叶产地交易市场3个，总用地4hm²，建筑面积10万 m²，其中，黎平县新建茶叶交易集散地市场（茶城）。

二、工作重点

（一）加强良种苗木基地建设，统筹苗木供应

鼓励茶叶龙头企业、经济合作组织和种茶大户，采取自筹、信贷扶持、招商引资等筹资办法，加大无性系良种苗圃基地建设的资金投入，选择1~2个主推品种，建立与基地建设相配套的高标准母本园。由县（市）政府职能部门加强管理，搞好宏观调控，稳定苗木生产经营价格，保护产销双方利益，对苗木生产经营者实行生产经营许可和备案登记，实行保底价与最高限价签订订购合同，保证当地苗木供应。

（二）加强扶持和培育龙头企业，提升加工水平

对规模较大、效益较好的茶叶龙头企业，在项目用地、技改审批、贷款贴息、税收等方面给予优惠扶持。帮助企业高质量编制茶叶产业项目，积极争取财政、发改、扶贫、水利、林业、国土资源、农委、商务、工信委等部门的项目资金支持。积极做好招商引资，吸引民间资本、工商资本和外资的投入，走企业联合、资本运作股份化的路子。

（三）狠抓招商引资工作

要采取有力措施，进一步加大招商引资力度，重点引进有实力的大型企业发展茶叶产业，统一品牌，做大规模，推动茶叶产业快速发展。

（四）加强质量标准体系建设，切实提高质量安全水平

2013年底前建立和完善黔东南各类茶叶的标准体系、检测体系和产品质量监管体系，确立科学的技术指标和生产工艺，从茶园建设与管理、茶叶采摘、加工各个环节推行标准化生产。同时，积极组织企业申报无公害、绿色、有机产品（产地）认证，加快扩大全州无公害、绿色和有机茶的认证覆盖范围。

（五）加强产业人才队伍建设，强化专业技术培训

把茶叶技术队伍建设与培训作为茶产业建设的重点工作来抓，建设一支懂技术、善管理的复合型茶叶技术队伍，造就一批茶叶生产、加工等专业人才。一是力争从2013年

起，委托黔东南民族职业技术学院在产茶村组招收农村知识青年进行二年制茶叶专业的中专学业培养，委托贵州大学等在全州专门招收学习茶叶专业的大专、本科学生，并对在职从事茶产业工作的干部进行代培。二是加大专业技术培训力度，由州茶叶产业发展领导小组办公室牵头，充分利用各相关部门的培训基地和项目，分期分批组织茶叶企业技术与管理人员，涉茶单位的干部职工，乡镇领导、村干部农技人员，茶农进行茶树栽培技术、茶产品营销等知识的培训。

中共黔东南州委办公室、黔东南州人民政府办公室关于印发《黔东南州发展食用菌产业助推脱贫攻坚实施方案（2018—2020年）》（黔东南党办发〔2018〕6号）的通知摘录。

《黔东南州发展茶产业助推脱贫攻坚实施方案（2018—2020年）》

为贯彻落实《贵州省发展茶产业助推脱贫攻坚三年行动方案（2017—2019年）》（黔府办发〔2017〕48号）精神，按照州委、州政府的安排部署，全力推进全州茶产业转型升级，助推农业农村经济发展和脱贫攻坚工作，结合我州茶产业发展的现状，制定本实施方案。

一、发展思路

（一）指导思想

按照精准扶贫、精准脱贫的要求，以茶产业扶贫为抓手，以提升质量和效益为核心，围绕"强龙头、创品牌、占市场、促脱贫、带农户、增效益"的基本思路，通过茶产业的转型升级，提质增效，最大限度地发挥茶产业在产业扶贫中的作用，促进全州山区贫困农民脱贫致富，实现茶区生态美百姓富。

（二）基本原则

① **市场主导，政府推动**。充分发挥市场在资源配置中的决定性作用，大力培育市场主体，激发企业活力和创造力。强化政府在制定和实施茶产业发展战略、规划、政策、标准、激励机制、提供公共服务等方面的职责，推动资金、技术、人才等要素向产业集中。

② **转型升级，提质增效**。推动茶产业产量、企业、产能、安全、文化等全面提升，不断扩大规模，提升品质；发挥规模效应，促进产业分工，提高劳动生产率，提高产业综合竞争力。

③ **立足当前，着眼长远**。针对制约茶产业发展的工业化瓶颈和市场渠道等薄弱环节，加快转型升级和提质增效，切实提高质量安全、标准、品质、产品等核心竞争力和可持续发展能力。

④ **各方参与，惠及大众**。调动各方力量，形成合力，推动茶产业整体水平提升，完善茶产业发展利益联结机制，让茶产业发展带来更多红利，惠及更多农民。

二、目标任务

（一）总体目标

到 2020 年全州茶园面积稳定在 4.67 万 hm^2，投产茶园面积稳定在 4 万 hm^2。茶叶无公害产地认定面积达 3.33 万 hm^2，绿色食品产品认证面积达 0.33 万 hm^2，有机农产品产品认证面积达 0.33 万 hm^2。打造符合欧盟标准的基地 0.8 万 hm^2 以上。茶叶质量安全抽检合格率达 100%。全州每年新增茶叶加工企业 25 家，茶叶加工企业达 425 家，打造 2 家以上年销售额 0.5 亿元以上的茶叶企业集团。茶叶年产量 4.8 万 t，产值 38.5 亿元。3 年茶农总收入 32 亿元，茶农人均年收入 3067 元，其中共带动 4 万涉茶贫困人口脱贫，共增收 1.12 亿元，年人均增收 2800 元。全力打造黔东南州"雷公山茶"公用品牌，不断提升黔东南州茶叶规模、质量和品牌影响力。

（二）年度目标

2018 年，投产茶园面积稳定在 3.6 万 hm^2。新增茶叶无公害产地认定面积 0.2 万 hm^2，绿色食品产品认证面积 0.067 万 hm^2，有机农产品产品认证面积 0.067 万 hm^2。打造符合欧盟标准的基地 0.26 万 hm^2。总产量 3.75 万 t，总产值 32.6 亿元。强化黎平、雷山、丹寨 3 个茶叶主产县茶产业主导地位，脱贫 1.30 万人，每人年均增收 2700 元。

2019 年，投产茶园面积稳定在 3.87 万 hm^2。新增茶叶无公害产地认定面积 0.2 万 hm^2，绿色食品产品认证面积 0.1 万 hm^2，有机农产品产品认证面积 0.084 万 hm^2。打造符合欧盟标准的基地 0.267 万 hm^2。总产量 4.4 万 t，总产值 34.5 亿元。强化黎平、雷山、丹寨 3 个茶叶主产县茶产业主导地位，脱贫 1.25 万人，每人年均增收 2750 元。

2020 年，投产茶园面积稳定在 4 万 hm^2。新增茶叶无公害产地认定面积 0.2 万 hm^2，绿色食品产品认证面积 0.067 万 hm^2，有机农产品产品认证面积 0.08 万 hm^2。打造符合欧盟标准的基地 0.267 万 hm^2。总产量 4.8 万 t，总产值 38.5 亿元。强化黎平、雷山、丹寨 3 个茶叶主产县茶产业主导地位，脱贫 1.45 万人，实现稳定带动 4 万涉茶贫困人口脱贫，每人年均增收 2800 元。

三、工作重点

（一）抓好标准化茶园建设

抓好标准化茶园建设，建设黎平县 2 万 hm^2、雷山县 1 万 hm^2、丹寨县 0.67 万 hm^2、岑巩县 0.2 万 hm^2、镇远县 0.067 万 hm^2、台江县 0.067 万 hm^2、榕江县 0.04 万 hm^2。主要产品为：

① **卷曲形绿茶：**以黎平香茶、雷公山清明茶、丹寨锌硒绿茶等为代表的卷曲形名优绿茶和大宗优质绿茶产业带，覆盖黎平县、雷山县、丹寨县。

② **扁形绿茶：** 以黎平侗乡春茶（扁形茶）等为代表的扁形茶产业带，覆盖黎平县、雷山县。

③ **颗粒形绿茶：** 以雷山银球茶为代表的颗粒形绿茶产业带，以雷山县为核心产业带。

④ **直条形绿茶：** 以黎平白茶、雷山白茶、丹寨白茶、榕江白茶等为代表的直条形茶产业带，覆盖黎平县、雷山县、丹寨县、榕江县。

⑤ **红茶：** 以"侗乡天籁"牌黎平红茶、"情醉苗岭"牌雷山红茶、"三泉"牌丹寨锌硒红茶等为代表的红茶产业带，覆盖黎平县、雷山县、丹寨县。

（二）强化茶园提质增效，提高标准化管理水平

① **提高茶园肥培管理水平。** 实施化肥零增长行动，鼓励引导茶区增施有机肥。在黎平、雷山、丹寨3个茶叶主产县全面集成推广测土平衡施肥，大力推广有机茶叶专用肥，在高效茶园推广肥水一体精准施肥模式。每年黎平县、雷山县、丹寨县推广茶叶专用肥各1万亩，3年0.6万hm^2。

② **促进茶园标准化、专业化。** 茶叶主产县每年新增"三品一标"认定茶园面积0.33万hm^2以上，其中黎平县0.15万hm^2以上、雷山县0.86万hm^2以上、丹寨县0.47万hm^2以上，3年全州共新增认定面积1万hm^2以上。

（三）强化质量安全

① **病虫害防治等关键环节的技术指导与管理。** 主要狠抓茶树的病虫害绿色防控，在核心保护区、出口基地、专用基地、产业融合基地、茶旅基地、高速公路沿线的茶园基地，张贴黄蓝板、杀虫灯、性诱剂，开展病虫害统防统治。黎平县推广0.26万hm^2以上，雷山县、丹寨县推广各0.13万hm^2以上。

② **严格质量安全监管。** 针对重点时段、重要区域组织开展茶叶质量安全专项执法检查。坚决查处催芽素、除草剂、水溶性农药等的使用，以零容忍的态度，发现一处、查处一处。建设第三方检测平台，加强检验检测。

（四）推动加工升级

① **推进企业集群集聚。** 举办各类招商引资活动，吸引省外优强企业、省内工商民营资本进入茶行业，全州每年新增茶叶加工企业25家，到2020年增加75家（初制加工企业66家，精制加工企业9家），全州茶叶加工企业达425家。培育企业集团，依托主要区域品牌，推动组建企业集团。2019年完成在黎平、雷山各组建1个企业集团，依托企业集团，推动茶叶初精制分离，实行跨区域、跨季节、跨品种的数字化拼配，培育2家以上年销售额0.5亿元以上的茶叶企业集团。

② **加工标准化**。推动黎平、雷山、丹寨、岑巩、镇远、台江产茶县开展新标准的宣贯工作，在茶叶生产季节，各产茶县至少开展1次加工现场培训。以产茶县为主体，每年春茶、夏秋茶生产前，完成对所有采茶的采摘标准和技术轮训。推动开展SC，开展ISO9001、HACCP等认证培训，进一步提高茶叶企业对SC的认识和业务能力，全州每年新认证10家，3年共30家，其中黎平县13家、雷山县11家、丹寨县5家、岑巩县1家。

（五）扩大销售渠道

① **积极开拓省外市场**。支持以茶叶主产县为重点的茶区企业抱团到北京、上海、广州、深圳、西安、济南、南京、杭州、青岛、太原、哈尔滨等城市寻找经销商、代理商或建立营销窗口，每年新建黔茶营销窗口10个。

② **拓展销售渠道**。加强与知名电商平台合作，在天猫、京东等电商平台设立旗舰店，增强线上推广和线下服务，促进线上线下融合，让更多市民成为茶园"合伙人"。支持商务、供销、邮政系统建立覆盖县乡村的快递物流体系。

③ **加快本地市场建设**。加快中国·侗乡茶城（黎平侗乡茶城）本地市场建设，加快冷链物流建设，提升各项服务功能，扩大辐射范围，带动黔东南茶的外销。新建改造一批产地茶青交易市场。支持茶叶全面进入黔东南本地酒店和外地酒店、特色餐饮、高速公路服务站等渠道。

（六）全力打造黔东南州"雷公山茶"公用品牌

① **确定"雷公山茶"为黔东南州公用品牌**。以"雷公山茶"公用品牌引领，各县核心区域品牌整合，企业品牌跟进的方式，构建"州级公用品牌（母品牌）+核心区域品牌+企业品牌（子品牌）"的黔东南茶品牌体系。其公用品牌的商标、地理标识申报和管理，州政府可委托主管单位州农委组织黔东南州茶叶协会等州级行业协会来具体操作。

② **多形式组织举办茶事活动，加大对外宣传推介"雷公山茶"公用品牌的力度**。一是每年黔东南州茶叶协会、黔东南州茶艺文化协会至少主办2场以上全州性的茶展、品茗、茶艺表演等茶事活动。二是积极组织茶叶企业参加省内的茶博会、茶人会、斗茶赛、茶艺大赛等省级茶事活动。三是各茶叶主产县办好不同层次的茶事活动至少主办2次以上。鼓励各茶叶主产县"五一""十一"以及节假日在景区开展品茗活动；鼓励以生产县为单位，组织企业参加省外的中国（杭州）国际茶博会、上海茶博会、广州茶博会、深圳茶博会等，开展"丝绸之路·黔茶飘香"推介活动；鼓励各茶叶主产县到省外主要目标市场的公园、茶城、社区、商业广场等地开展品茗推介活动；鼓励各茶叶主产县到对口帮扶城市开展茶叶推介和招商引资活动。四是加大媒体广告宣传力度。鼓励各茶叶主产县在州内主要高速公路沿线、主要茶区、旅游景区、宾馆和餐饮企业设立了茶产业广

告牌；在中央电视台等央视媒体和省内外的贵州茶周刊、贵州电视台、贵州日报、黔东南电视台、黔东南日报等主流媒开设茶叶专题栏目、专刊等长期宣传黔东南的茶叶品牌。

③ **营造良好的饮茶氛围。**开展不同层次的茶文化"六进"（进机关、进学校、进企业、进军营、进社区、进乡村）活动；各主产县政府的大型会议、活动等场合，以茶叶主产县为主，加快各类茶馆建设，发挥茶馆在引导茶消费、繁荣茶文化方面的窗口作用。

④ **建设茶旅一体项目建设。**新建改造茶叶观光园2000hm²。其中黎平县937.5hm²、雷山县625hm²、丹寨县333.33hm²。

四、保障措施

（一）组织保障

按照中共黔东南州委办公室《关于印发〈部分州级领导联系重大项目和脱贫攻坚重点产业工作方案〉的通知》要求，从有关部门抽调相关人员，分设茶叶生产、市场信息、招商引资、品牌建设、督查工作5个专班，负责统筹协调、产业规划、技术服务、发展调度、督查考评等相关工作。各县（市）成立相应机构，负责落实、完成和报送辖区茶产业发展的具体工作。

（二）政策保障

有关部门要加大对茶叶企业的政策扶持力度。发改、财政、农业、林业、扶贫、工信、科技、水务、交通、供销等部门在贷款贴息、项目补助等方面相对集中扶持茶叶企业；金融部门要放宽抵押担保政策，允许投产茶园承包使用权等抵押担保；相关部门在简化加工厂房用地审批程序、加工厂（点）用水用电优先、企业加工用电与农用电同价等方面给予扶持；对茶叶企业获得ISO、HACCP等各种认证的，获得原料基地无公害农产品、绿色食品、有机农产品产地（产品）认定（认证）地与地理标志登记的，获得产品知名商标、著名商标和驰名商标的，建销售网络窗口、开办旗舰店的，各级政府实行一次性奖励。

（三）技术保障

加强与中国农业科学院茶叶研究所、中华全国供销合作总社杭州茶叶研究院、安徽茶学院、贵州茶学院等科研院校合作，在黎平、雷山等县成立二级茶叶研究所。成立州一级茶叶专业人才库，重点培训一批茶园管理、茶叶加工、茶产品营销、茶叶审评、茶艺等相关专业人才，为全州茶产业技术创新提供支撑。

（四）资金保障

一是，州级财政每年要预算专项发展资金，用于打造黔东南州"雷公山茶"公用品牌的宣传推介、市场开拓等方面。

二是，黎平、雷山、丹寨茶叶主产县要充分利用省级茶产业专项资金，整合扶贫、退耕还林、石漠化治理、中小企业发展、市场开拓与电商发展等专项资金，合力支持茶产业精准扶贫。重点用于品牌打造、市场拓展、加工技术升级改造和茶园质量提升、茶区基础设施建设等。

三是，协调金融机构创新金融产品，加快银企对接，加大金融对茶产业的扶持。

四是，支持龙头企业和专业合作社申报扶贫产业茶叶基金。

五是，加大招商引资力度，引进民间资本投入茶产业。

（五）强化督查考核

把推动茶产业发展纳入州级相关部门及各县（市）政府年度工作考核内容，建立月调度、季观摩的督查考核管理制度。督查抓好目标责任的跟踪督办和过程考核，每次观摩会上公布排名，将排名靠后的县（市）作表态发言。强化督查考核结果运用，层层传导压力，级级压实责任，强力推动茶产业快速持续发展。

附录三

《雷公山茶 绿茶》地方标准

一、范 围

本标准规定了雷公山茶绿茶的术语和定义、产地环境、分级和实物标准样、要求、试验方法、检验规则及标志标签、包装、运输和贮存。

本标准适用于雷公山茶绿茶。

二、规范性引用文件

下列文件对于本文件的应用是必不可少的。凡是注日期的引用文件，仅所注日期的版本适用于本文件。凡是不注日期的引用文件，其最新版本（包括所有的修改单）适用于本文件。

GB/T 191 包装储运图示标志

GB 2762 食品安全国家标准 食品中污染物限量

GB 2763 食品安全国家标准 食品中农药最大残留限量

GB 5009.3 食品安全国家标准 食品中水分的测定

GB 5009.4 食品安全国家标准 食品中灰分的测定

GB 7718 食品安全国家标准 预包装食品标签通则

GB/T 8302 茶 取样

GB/T 8303 茶 磨碎试样的制备及其干物质含量测定

GB/T 8305 茶 水浸出物测定

GB/T 8310 茶 粗纤维测定

GB/T 8311 茶 粉末和碎茶含量测定

GB/T 14487 茶叶感官审评术语

GB 14881 食品安全国家标准 食品生产通用卫生规范

GB/T 18795 茶叶标准样品制备技术条件

GB 23350 限制商品过度包装要求 食品和化妆品

GB/T 23776 茶叶感官评审方法

GB/T 30375 茶叶贮存

GH/T 1070 茶叶包装通则

NY/T 391 绿色食品 产地环境条件

NY/T 1999 茶叶包装、运输和贮藏通则

DB52/T 442.2 贵州绿茶 第2部分：卷曲形茶

DB52/T 442.3 贵州绿茶 第3部分：扁形茶

DB52/T 634 贵州绿茶 卷曲形茶加工技术规程

DB52/T 636 贵州绿茶 扁形茶加工技术规程

JJF 1070 定量包装商品净含量计量检验规则

三、术语和定义

GB/T 14487确定的以及下列术语和定义适用于本文件。

雷公山茶 绿茶：以采自黔东南州境内中小叶种茶树的鲜叶为原料，按DB52/T 634、DB52/T 636规定加工而成的卷曲形、扁形绿茶产品。

四、产地环境

选择生态环境良好，远离工矿区和公路、铁路干线，避开污染源，并具有可持续生产能力的农业生产区域。环境质量应符合NY/T 391规定的要求。

五、分级与实物标准样

产品按质量等级要求分为：特级、一级、二级。产品的每个等级均应设实物标准样，为质量的最低界限，每二年更换一次，实物标准样的制备应符合GB/T 18795的规定。

六、要 求

1. 原料（鲜叶）

芽叶完整、匀嫩、新鲜、无污染、无病虫斑、无非茶类杂物。

卷曲形茶原料分为3个等级：

特级：1芽1叶、1芽2叶初展。

一级：1芽2叶。

二级：1芽2叶全展、1芽3叶初展。

扁形茶原料分为3个等级：

特级：1芽1叶。

一级：1芽1、2叶。

二级：1芽2叶。

2. 基本要求

品质正常，无劣变，无异味。不含非茶类夹杂物。不着色，不添加任何物质。

3. 感官品质

卷曲形茶的感官品质应符合表1的规定。

表1 卷曲形茶感官品质

等级	外形	内质			
		汤色	香气	滋味	叶底
特级	条索卷曲、紧结、匀整、尚显毫、灰绿油润	嫩绿亮	香高持久	鲜浓	黄绿、明亮
一级	条索卷曲、紧结、尚匀整、灰绿尚润	黄绿亮	香高	醇和	黄绿亮
二级	条索卷曲、尚紧结、欠匀整、灰黄绿	黄绿尚亮	纯正	醇正	黄绿

扁形茶的感官品质应符合表2的规定。

表2 扁形茶感官品质

等级	外形	内质			
		汤色	香气	滋味	叶底
特级	扁平光直、挺直尖削、嫩绿鲜润、匀整重实	嫩绿明亮	清香持久	鲜爽	细嫩完整、匀齐、嫩绿明亮
一级	扁平直、绿尚润、匀整	嫩绿亮	清香尚持久	鲜醇	细嫩完整、绿亮
二级	扁平、绿尚润、尚匀整	绿亮	清香	尚鲜醇	芽叶完整、黄绿

4. 理化指标

理化指标应符合表3的规定，其他指标应符合DB52/T 442.2、DB52/T 442.3的规定。

表3 理化指标

项目	分级		
	特级	一级	二级
水分（质量分数）/% ≤	6.5	6.5	7.0
水浸出物（质量分数）/% ≥	42.0	42.0	40.0
总灰分（质量分数）/% ≤	6.0	6.0	6.5
粉末（质量分数）/% ≤	1.0	1.0	1.0
粗纤维（质量分数）/% ≤	14.5	15.0	16.0

5. 安全指标

① **污染物限量：** 铅含量限量应符合表4的规定，其他污染物限量应符合GB 2762的规定。

表4　铅含量限量指标

指标	限量 /mg·kg^{-1}
铅（以 Pb 计）≤	3.5

② **农药残留限量：** 应符合表5规定，其他农药残留限量应符合GB 2763的规定。

表5　农药残留限量指标

指标	限量 /mg·kg^{-1}
吡虫啉≤	0.2
草甘膦≤	0.5
虫螨腈≤	10.0
啶虫脒≤	2.0
联苯菊酯≤	2.0
茚虫威≤	2.0

6. 净含量

应符合《定量包装商品计量监督管理办法》的规定。

7. 加　工

① **生产过程卫生要求：** 应符合GB 14881的规定。

② **加工工艺：** 卷曲形茶加工应符合DB52/T 634的规定；扁形茶加工应符合DB52/T 636的规定。

七、试验方法

① **感官品质：** 按GB/T 23776和GB/T 14487的规定执行。

② **试样制备：** 按GB/T 8303的规定执行。

③ **水分：** 按GB 5009.3的规定执行。

④ **总灰分：** 按GB 5009.4的规定执行。

⑤ **粉末：** 按GB/T 8311的规定执行。

⑥ **水浸出物：** 按GB/T 8305的规定执行。

⑦ **粗纤维：** 按GB/T 8310的规定执行。

⑧ **安全指标：** 按GB 2762和GB 2763的规定执行。

⑨ **净含量：** 按JJF 1070的规定执行。

八、检验规则

1. 组 批

以同一茶叶品种、同一批投料生产或同一批次加工过程中形成的独立数量的产品为一个批次。同批次产品的品质和规格应一致。

2. 取 样

按照GB/T 8302的规定执行。

3. 检 验

① **出厂检验：** 每批产品均应做出厂检验，经检验合格签发合格证后方可出厂。出厂检验的项目为感官品质、水分、粉末、净含量。

② **型式检验：** 型式检验项目为标准中的规定，型式检验周期每年一次。有下列情况之一时，亦应进行型式检验：

新产品试制时；

若工艺或设备、原料有较大改变，可能影响产品质量时；

停产后恢复生产时；

正常生产定期检验时；

国家法定质量监督机构提出型式检验要求时。

4. 判定规则

本标准6.2~6.6要求的项目，任一项不符合规定的产品均判为不合格产品。对检验结果有争议时，应对留存样或在同批产品中重新按GB/T 8302规定加倍抽样进行不合格项目的复验，判定结果以复验结果为准。

九、标志标签、包装、运输和贮存

1. 标志标签

① **标志：** 包装储运图示标志应符合GB/T 191的规定。

② **标签：** DB5226/ T 209—2018产品标签应符合 GB 7718的规定。

2. 包 装

销售包装应符合GB 23350和GH/T 1070的规定，运输包装应符合GH/T 1070的规定。

3. 运 输

应符合NY/T 1999的规定。

4. 贮 存

应符合GB/T 30375的规定。在符合本标准贮存条件下，产品保持期为24个月。

《黎平红 红茶》地方标准

一、范围

本标准规定了黎平红红茶的术语和定义、分级和实物标准样、产地环境、要求、试验方法、检验规则及标志标签、包装、运输和贮存。

本标准适用于黎平红红茶。

二、规范性引用文件

下列文件对于本文件的应用是必不可少的。凡是注日期的引用文件，仅所注日期的版本适用于本文件。凡是不注日期的引用文件，其最新版本（包括所有的修改单）适用于本文件。

GB/T 191 包装储运图示标志

GB 2762 食品安全国家标准 食品中污染物限量

GB 2763 食品安全国家标准 食品中农药最大残留限量

GB 5009.3 食品安全国家标准 食品中水分的测定

GB 5009.4 食品安全国家标准 食品中灰分的测定

GB 7718 食品安全国家标准 预包装食品标签通则

GB/T 8302 茶 取样

GB/T 8303 茶 磨碎试样的制备及其干物质含量测定

GB/T 8305 茶 水浸出物测定

GB/T 8310 茶 粗纤维测定

GB/T 14487 茶叶感官审评术语

GB 14881 食品安全国家标准 食品生产通用卫生规范

GB/T 18795 茶叶标准样品制备技术条件

GB 23350 限制商品过度包装要求食品和化妆品

GB/T 23776 茶叶感官评审方法

GB/T 30375 茶叶贮存

GH/T 1070 茶叶包装通则

NY/T 391 绿色食品 产地环境条件

NY/T 1999 茶叶包装、运输和贮藏通则

DB52/T 639 贵州红茶 工夫红茶加工技术规程

DB52/T 641 贵州红茶

JJF 1070 定量包装商品净含量计量检验规则

三、术语和定义

GB/T 14487 确定的以及下列术语和定义适用于本文件。

黎平红（红茶）：以采自黔东南州境内的茶树鲜叶为原料，按DB52/T 639规定工艺加工而成，具有特定品质特征的条形或卷曲形红茶。

四、分级与实物标准样

产品按质量等级要求分为：特级、一级、二级。产品的每个等级均应设实物标准样，为品质的最低界限，每三年更换一次，实物标准样的制备应符合GB/T 18795的规定。

五、产地环境

选择生态环境良好，远离工矿区和公路、铁路干线，避开污染源，并具有可持续生产能力的农业生产区域。环境质量应符合NY/T 391规定的要求。

六、要 求

1. 原料（鲜叶）

黎平红（红茶）的原料芽叶完整、匀嫩、新鲜、无污染、无病虫斑、无非茶类杂物，分为3个等级：

特级：1芽1叶初展。

一级：1芽1叶、1芽2叶初展。

二级：1芽2叶全展。

2. 产 品

品质正常，无劣变，无异味。不含非茶类夹杂物。不着色，不添加任何物质。

3. 感官品质

应符合表6的规定。

表 6 感官品质特征

等级	外形	内质			
		汤色	香气	滋味	叶底
特级	条索紧细、匀齐、金毫显露、褐润	红明亮	甜香、浓郁	鲜浓	红匀明亮
一级	条索紧结、尚匀齐、有金毫、褐较润	红亮	甜香、浓	鲜醇	红亮
二级	条索紧实、匀整、褐尚润	尚红亮	甜香	醇厚	红尚亮

4. 理化指标

理化指标应符合表7的规定，其他指标应符合 DB52/T 641 的规定。

表 7 理化指标

项目	分级		
	特级	一级	二级
水分（质量分数）/% ≤	6.5	6.5	7.0
水浸出物（质量分数）/% ≥	34.0	32.0	30.0
总灰分（质量分数）/% ≤	6.0	6.0	6.5
粉末（质量分数）/% ≤	1.0	1.0	1.0
粗纤维（质量分数）/% ≤	14.5	15.0	16.0

5. 安全指标

① **污染物限量：** 铅含量限量应符合表8的规定，其他污染物限量应符合 GB 2762 的规定。

表 8 铅含量限量指标

指标	限量 /mg · kg^{-1}
铅（以 Pb 计）≤	3.5

② **农药最大残留限量：** 农药最大残留限量应符合表9规定，其他农药残留限量应符合 GB 2763 的规定。

表 9 农药残留限量指标

指标	限量 /mg · kg^{-1}
吡虫啉≤	0.2
草甘膦≤	0.5
虫螨腈≤	10.0
啶虫脒≤	2.0
联苯菊酯≤	2.0
茚虫威≤	2.0

6. 净含量

应符合《定量包装商品计量监督管理办法》的规定。

7. 加　工

① **生产过程卫生要求**：应符合 GB 14881 的规定。

② **加工工艺**：应符合 DB52/T 639 的规定。

七、试验方法

① **感官品质**：按 GB/T 23776 和 GB/T 14487 的规定执行。

② **试样制备**：按 GB/T 8303 的规定执行。

③ **水分**：按 GB 5009.3 的规定执行。

④ **总灰分**：按 GB 5009.4 的规定执行。

⑤ **水浸出物**：按 GB/T 8305 的规定执行。

⑥ **粗纤维**：按 GB/T 8310 的规定执行。

⑦ **安全指标**：安全指标按 GB 2762 和 GB 2763 的规定执行。

⑧ **净含量**：按 JJF 1070 的规定执行。

八、检验规则

1. 组　批

以同一茶叶品种、同一批投料生产或同一批次加工过程中形成的独立数量的产品为一个批次。同批次产品的品质和规格应一致。

2. 取　样

按照 GB/T 8302 的规定执行。

3. 检　验

① **出厂检验**：每批产品均应做出厂检验，经检验合格签发合格证后方可出厂。出厂检验的项目为感官品质、水分、粉末、净含量。

② **型式检验**：型式检验项目为标准中 6.2~6.6 规定的项目，型式检验周期每年一次。有下列情况之一时，亦应进行型式检验：

新产品试制时；

产品工艺发生改变时；

停产后恢复生产时；

正常生产定期检验时；

国家法定质量监督机构提出型式检验要求时。

4. 判定规则

本标准 6.2~6.6 要求的项目，任一项不符合规定的产品均判为不合格产品。对检验结果有争议时，应对留存样或在同批产品中重新按GB/T 8302规定加倍抽样进行不合格项目的复验，判定结果以复验结果为准。

九、标志标签、包装、运输和贮存

1. 标志标签

① **标志：** 包装储运图示标志应符合GB/T 191的规定。

② **标签：** 产品标签应符合GB 7718的规定。

2. 包　装

销售包装应符合GB 23350和GH/T 1070的规定，运输包装应符合GH/T 1070的规定。

3. 运　输

应符合NY/T 1999的规定。

4. 贮　存

应符合GB/T 30375的规定。在符合本标准条件下，产品保质期限为36个月。

《雷公山银球茶鲜叶与加工技术规范》

一、范 围

本标准规定了雷公山银球茶鲜叶品质、加工厂的环境条件、厂区布局、生产车间、库房要求、卫生要求、生产设备、加工工艺。

本标准适用于雷公山银球茶的初制和精制加工。

二、定 义

① **鲜叶**：指从《雷公山银球茶、清明茶产地环境技术条件》和《雷公山银球茶、清明茶生产技术规范》的茶园中采摘的芽叶新梢。

② **嫩度**：芽叶组成幼嫩程度的感官指标，必须符合本标准规定的鲜叶采摘要求。

③ **匀度**：指芽叶组成率，芽头多少、长短、大小均匀程度的感官指标。

④ **净度**：鲜叶中不允许有紫色叶、病叶和非茶夹杂物。

⑤ **鲜度**：鲜叶应保持原有形态和生理生化性的感官指标。

⑥ **银球茶**：指鲜叶符合本加工技术规程规定的原料标准要求，并按银球茶特定的加工工艺进行加工，产品经县有关部门审定，并许可使用银球茶标识标志的产品。

三、鲜叶盛装、运输、贮青

鲜叶采摘盛装的用具必须干净、透气、无污染的竹筐、竹箩，装茶时，不得紧压。不得用布袋、塑料袋等软包装材料装茶叶。

茶厂收购、运输鲜叶工具必须清洁卫生。鲜叶运输车辆应有篷布，避免日晒雨淋，严禁装有毒、有害、有异味的物品，防止污染。

盛装鲜叶与运输过程中应注意轻放、轻压，以免受到机械损伤。严禁挤压、避免鲜叶升温变质，影响产品质量。

鲜叶采摘后要及时运抵加工厂，并采取合理贮青、保鲜保质措施。

鲜叶进厂后，按鲜叶等级标准及时摊放在清洁卫生的晒席、萎凋槽上，并按产品要求及时做好加工，防止鲜叶变质。

四、加工厂

1. 总体要求

加工厂的设计应遵从《中华人民共和国食品安全法》和《茶叶生产许可证审查细则》的要求。建筑应符合工业或民用建筑要求。

厂区的建设和布置应按《茶叶生产许可证审查细则》的规定执行。由加工区、办公区、生活区组成。加工区、办公区和生活区应分开。厂房和设备布局应与银球茶加工工艺流程和生产规模相适应。

2. 环境条件

加工厂应选择地势干燥，交通方便的地方。

加工厂远离排放"三废"的工业企业500m以上，周围不得有粉尘、有害气体、放射性物质和其他扩散性污染源，应离开垃圾场、畜牧场、医院、粪池100m以上，离经常喷洒农药的农田100m以上，离交通主干道30m以上。

加工厂所处的大气环境不低于GB 3095中规定的三级标准要求。

3. 厂区建设要求

厂房墙面与地面应保持整洁，并做好加工机械防灰防尘防污染等措施。初制加工车间由贮青车间、加工车间及其附设生产车间等组成，能与产品加工工艺、生产规模相适应，满足产品质量和卫生要求。

精制加工车间除具备初制加工条件外，原材料，半成品、成品茶和原辅材料应分别存放。厂内应有更衣、洗涤室、休息室。车间内应按茶叶生产实际需要设置人流和物流口。采用物理、机械和生物方法以及符合国家食品安全法有关规定进行杀虫、灭菌、杀鼠和消除病滋生条件。

厂区的加工废水和生活污水要有清理排放措施，防止污染厂内外环境。

生产区内不得饲养家畜、家禽。

4. 库房要求

仓库应有良好的防潮、防火、防鼠、防蝇、防虫措施，要求清洁、干燥、无异味。

茶叶成品和最终半成品应专用库房存放。成品仓库应设在干燥处，地面垫板高度不得低于15cm，仓库面积按250~300kg/m²计算确定。名优茶宜使用冷藏库贮存，保存温度在10℃以下。

精加工企业、分装企业应单独设置原料仓库。

库房内存放的物品应保持良好，一般应离地、离墙存放。包装材料及其他加工相关用品应相对分开放置。库房内不得堆放其他无关物品，禁止存放有毒、有害及易燃、易爆等物品。

5. 加工设备要求

生产加工机械设备应符合NY/T 288加工所要求的卫生条件。

生产加工设备应根据生产规模、工艺流程需要确定购置相应的加工机械型号。

6. 加工设备安装

加工设备安装要求：带有炉灶的加工设备应将炉灶部分安在加工车间外面，以避免煤、柴排出的烟气、灰尘的污染。

对一些震动、噪声较大的茶叶加工机械应安装排气、排灰、风扇、减震等设备降低粉尘浓度和噪音。

电力设施要有醒目的标志，电力开关、电力线不得裸露或直接放在工作地面上，要有保护装置，以保证安全用电。

操作人员必须加强对加工机械进行检查、维修、保养、保证各种加工机械的正常运转。

7. 人员要求

生产、加工和销售人员必须经过茶叶知识培训，熟悉加工标准，掌握操作要求和技能。

获得健康证方可上岗。固定员工每年需经体检一次，临时聘用人员必须进行体检，合格后方可上岗。

上岗时衣、帽、鞋，穿戴必须整洁。

必须设有专职技术人员，负责每批次产品（从原料至成品）加工全过程的跟踪检查，并做好记录。

五、加工工艺技术要求

根据产品标准和按鲜叶原料等级，采用合理的加工工艺生产，保证产品质量。

在鲜叶生产高峰期，可将一级银球茶鲜叶制成烘青干料，生产银球茶。不得采用特级清明茶产品干料，加工银球茶。

在加工过程中，禁止使用任何人工（化学）合成的食品添加剂和色素，以及与自然品味不相符的香精、香料的物品。

加工用水必须符合GB 5749的规定。

生产加工出的每批次产成品均应编好批号，建好资料档案，详细记录鲜叶进厂前后状况和生产加工全程。

在生产加工中的废弃物和茶灰、茶渣等要妥善处理，防止二次污染。

六、银球茶基本加工工艺流程

鲜叶—杀青—揉捻—回炒—拣块—筛末—回炒—人工造形（捏球）—烘烤—检验—成品—包装。

七、茶叶包装、运输与贮藏

茶叶加工中的包装、运输与贮藏按SB/T 10037、SB/T 10095标准执行。

茶叶须经包装标识后方可销售。茶叶包装要求干燥、防潮、阻氧、避光密封，以保持茶叶的色香质量，鼓励采用无菌包装、真空包装、充氮包装。

1. 包装及材料要求

安全性。材料本身无毒，不会释放有毒有害物质。

降解性。包装材料不对人体健康造成影响和不污染环境。

可回收利用。既节约资源，又减少垃圾产生，可循环使用。

低成本。

便于运输、贮藏，保证安全。

2. 包装技术要求

包装环境条件良好、卫生安全。

包装设备性能安全良好，不影响茶叶质量。

按包装程序规范操作，防止在包装过程中造成茶叶机械损伤和二次污染。

3. 运　输

茶叶运输过程中，所用工具必须洁净卫生，不对茶叶引入污染。

禁止茶叶与其他物品混装运输。

凡运装过散发异味物品的运输工具，在装运茶叶前必须进行无害化处理。

装运过有毒有害物品的运输工具，不得装运茶叶。

4. 贮　藏

茶叶仓库应干燥、清洁、卫生、无异味，并保持通风干燥。

茶叶不得与有毒有害、有异味、易污染的物品混放。

保持仓库卫生，做好防鼠、防虫、防霉工作，严禁使用化学杀虫剂、杀鼠剂。

茶叶仓库内应配备去湿材料，鼓励有条件的企业采用低温冷藏。

八、检验设备（设施）要求

1. 检验场所设置

企业应配备茶叶感官审评和理化检测室。有条件的企业可单独设置感官审评室和理化检测室。

2. 茶叶感官审评

1）基本设施

应包括环境条件、评茶设备、茶叶标准样。

2）环境条件

茶叶感官审评室应设置在干燥、清静、北向无高层建筑及杂物阻挡，无反射光，周围无异气污染的地方。面积应能满足感官审评操作和日常工作量的要求，北墙应开窗，墙面应乳白色或浅灰色；天花板（或房顶）用白色或接近白色；地面应防滑、平整，颜色宜选择浅灰色或较深灰色；光线应满足评茶要求。

3）评茶设备

干、湿评台：干评台颜色应为黑色台面，高度一般为0.85~0.9m，宽度0.7m，干评台置于靠北窗的下面；湿评台颜色应用无反光的白色台面，高度与干评台基本一致，宽度0.45m。

评茶用具：应配有评茶用的茶样盘、审评杯、审评碗、汤匙、叶底盘、吐茶器具、称茶器（感量0.1g天平）、计时器、感官审评记录表、盛放审评器具和茶样的柜子、抹布等。

茶叶标准样：应备有茶叶审评对照用的各级别茶的实物标准样或参考样。

3. 茶叶理化检验

1）环境条件

茶叶理化检验室面积应能满足出厂检验日常工作的要求，用白色涂料粉刷；地面应防滑、平整；光线应能满足检验要求。

2）检验设备

水分检验设备：分析天平（感量0.01g）、鼓风电热恒温干燥箱、干燥器等，或水分测定仪。水分测定仪可通过比对或校正后使用。

净含量检验设备：电子秤或天平（感量0.1g）。

附录四

黔东南州茶叶协会章程

第一章 总 则

第一条 本协会的名称：黔东南州茶叶协会，简称州茶协。

第二条 本协会性质是：

（一）由茶叶行业的企业、事业单位的团体和个人自愿组成的行业性社会团体，是社会团体法人。

（二）是跨部门、跨所有制的地区非营利性民间社会组织。

第三条 本协会的宗旨是：遵守国家的宪法、法律和国家政策，遵守社会道德风尚。维护正常的茶叶生产经营秩序，维护本行业和会员的合法权益，保护公平竞争，反映行业和会员呼声。为本行业企事业单位及个人提供服务。

第四条 本协会接受黔东南州民政局的监督管理和黔东南州农业委员会的业务指导。

第五条 本协会的住所：黎平县曙光大道侗乡茶城9号楼。

第二章 业务范围

第六条 本协会的业务范围：

（一）负责茶叶行业的协调和管理工作，制订本行业共同遵守的《行规行约》，保证本行业健康稳定发展。

（二）贯彻执行国家的有关方针、政策；协助和承担主管部门委托的部分管理职能，包括扶持茶业生产各项政策与措施的落实，对行业内项目的投资、改造、开发的前期论证和申报，并参与监督实施；制定茶叶出口计划，协助出口企业资格论证等。

（三）加强对州内、省内、国内、国外市场的调查和研究工作，掌握州内、省内、国内外茶叶行业发展状况和趋势，编制本行业的产业化发展规划。

（四）研究茶叶行业（包括生产、加工、销售、科研、人才教育等）出现的新情况与新问题，及时向政府和有关部门提出解决问题的意见和建议。

（五）制止行业内的不正当竞争，为企业营造公平合理的竞争环境。

（六）协助政府有关部门建立完善的茶叶标准体系和质量监督体系，参与制订、修订本行业各类标准的工作，推进标准生产，开展行检、行评工作，促进各类标准的统一。

（七）协调增进会员之间的横向联系，促进行业内部各种形式的合作包括建立横向经济联合体、组建茶叶联盟企业、组建专业性的茶叶销售电子商务平台等，提高茶产品市场竞争力和企业经济效益。

（八）组织收集、整理和传递州内、省内、国内外茶叶经济信息和科学技术信息，进行市场分析、预测，开展信息交流活动和咨询服务，为企业的生产和经营提供决策依据。如编辑、出版《茶叶经济信息简报》等。

（九）组织技术交流，开展专业技术、技能培训和企业管理人员培训，组织技术技能竞赛，组织行业技术成果的鉴定和推广应用，提高行业技术水平和企业管理水平。努力引导茶叶企业向集约化、规模化、标准化方向发展，推动黔东南州茶产业的产业化经营。

（十）普及茶叶知识、宣传茶叶饮用价值，弘扬茶文化，组织专题讲座、编写书籍、印发宣传资料等。

（十一）帮助企业开展宣传推介，通过产品的展销、创办广播电台与电视台专题栏目、进行网络宣传等活动，介绍企业产品，让更多消费者了解茶、喜欢茶，拉动大众消费，提高茶叶企业产品在社会上的知名度。

（十二）加强与州内、省内、国内外行业组织的联系。组织州内、省内、国内外茶叶经营企业之间的各种交流活动。

（十三）协会根据以上要求制订具体实施细则。

第三章　会　员

第七条　本协会会员有单位会员和个人会员。

第八条　申请加入本协会的会员，必须具备下列条件：

（一）拥护本协会的章程；

（二）有加入本协会的意愿；

（三）在茶叶行业具有一定影响；

（四）凡在本行业内具有法人资格的企业、事业单位和相关的社会团体可申请作为单位会员；

（五）凡直接从事茶叶生产、加工、经营、管理、科研及教学的人员，可申请作为个人会员。

第九条 会员入会的程序是：

（一）提交入会申请书；

（二）经理事会讨论通过；

（三）由理事会授权协会秘书处发给会员证。

第十条 会员享有下列权利：

（一）本协会的选举权、被选举权和表决权；

（二）参加协会的活动；

（三）获得本协会服务的优先权；

（四）对本协会工作的批评建议权和监督权；

（五）入会自愿、退会自由。

第十一条 会员履行下列义务：

（一）执行本协会的决议；

（二）维护本协会合法权益；

（三）完成本协会交办的工作；

（四）按规定交纳会费；

（五）向本协会反映情况，提供有关资料。

第十二条 会员退会应书面通知本协会，并交回会员证。会员如果1年不交纳会费或不参加本协会活动的，视为自动退会。

第十三条 会员如有严重违反本章程的行为，经理事会表决通过，予以除名。

第四章　组织机构和负责人产生、罢免

第十四条 本协会的最高权力机构是会员代表大会，会员代表大会的职权是：

（一）制定和修改章程；

（二）选举和罢免理事；

（三）审议理事会的工作报告和财务报告；

（四）决定终止事宜；

（五）讨论和决定协会的工作计划和财务预算；

（六）决定其他重大事宜。

第十五条 会员代表大会须有2/3以上的会员（或会员代表）出席方能召开，其决议须经到会会员代表半数以上表决通过方能生效。

第十六条 会员代表大会每届5年。因特殊情况需提前或延期换届的，须由理事会表

决通过，报业务主管单位审查并经社团登记管理机关批准同意。但延期换届最长不超过1年。

第十七条　理事会是会员代表大会的执行机构，在闭会期间领导本团体开展日常工作，对会员代表大会负责。

第十八条　理事会的职权是：

（一）执行会员代表大会的决议；

（二）选举和罢免会长、副会长、秘书长；

（三）筹备召开会员代表大会；

（四）向会员代表大会报告工作和财务状况；

（五）决定会员的吸收或除名；

（六）决定设立办事机构、分支机构、代表机构和实体机构；

（七）决定设立各专业委员会；

（八）决定副秘书长、各机构主要负责人的聘任；

（九）领导本团体各机构开展工作；

（十）制定内部管理制度；

（十一）制定本协会工作计划并组织落实；

（十二）决定对会员的奖励和处分；

（十三）决定其他重大事项。

第十九条　理事会须有2/3以上理事出席方能召开，其决议须经到会理事2/3以上表决通过方能生效。

第二十条　理事会每一少召开一次会议；遇有特殊情况，也可采用通讯形式召开。

第二十一条　本协会设置常务理事会。常务理事会由理事会选举产生，在理事会闭会期间行使第十八条第一、三、五、六、七、八、九、十、十一、十二项的职权，对理事会负责，常务理事人数不超过理事人数的1/2。

第二十二条　常务理事会须有2/3以上常务理事出席方能召开，其决议须经到会常务理事2/3以上表决通过方能生效。

第二十三条　常务理事会至少半年召开一次会议；遇有特殊情况也可采用通讯形式召开。

第二十四条　协会的会长、常务副会长、副会长、秘书长必须具备下列条件：

（一）坚持党的路线、方针、政策，政治素质好；

（二）热心茶叶行业工作，在茶叶行业内有较大影响；

（三）最高任职年龄不超过70周岁，秘书长可专职也可兼职；

（四）身体健康，能坚持正常工作；

（五）未受过剥夺政治权利的刑事处罚的；

（六）具有完全民事行为能力。

第二十五条 本协会会长、常务副会长、副会长、秘书长如超过最高任职年龄的，须经理事会表决通过，报业务主管单位审查并社团登记管理机关批准同意后，方可任职。

第二十六条 本协会会长、常务副会长、副会长、秘书长任期5年。会长、常务副会长、副会长、秘书长任期最长不得超过2届，因特殊情况需延长任期的，须经会员代表大会2/3以上会员代表表决通过，报业务主管单位审查并经社团登记管理机关批准同意后方可任职。

第二十七条 本协会会长为本团体法定代表人。本协会法定代表人不兼任其他团体的法定代表人。

第二十八条 本协会会长行使下列职权：

（一）召集和主持理事会、常务理事会；

（二）检查会员代表大会、理事会、常务理事会决议的落实情况；

（三）代表本协会签署有关重要文件。

第二十九条 本协会秘书长行使下列职权：

（一）主持办事机构开展日常工作，组织实施年度工作计划；

（二）协调各分支机构、代表机构、实体机构开展工作；

（三）提名副秘书长以及各办事机构、分支机构、代表机构和实体机构主要负责人，交理事会或常务理事会决定；

（四）决定办事机构、代表机构、实体机构专职工作人员的聘用；

（五）处理其他日常事务。

第五章 资产管理、使用原则

第三十条 本协会经费来源：

（一）会费；

（二）捐赠；

（三）政府资助；

（四）在核准的业务范围内开展活动或服务的收入；

（五）利息；

（六）兴办经济实体收入；

（七）其他合法收入。

第三十一条　本协会按照国家有关规定收取会员会费必须经会员大会（或会员代表大会）讨论通过。

第三十二条　本协会经费必须用于本章程规定的业务范围和事业的发展，不得在会员中分配。

第三十三条　本协会建立严格的财务管理制度，保证会计资料合法、真实、准确、完整。

第三十四条　本协会配备具有专业资格的会计。会计不得兼任出纳。会计人员必须进行会计核算，实行会计监督。会计人员调动工作或离职时，必须与接管人员办清交接手续。

第三十五条　本协会的资产管理必须执行国家规定的财务管理制度，接受会员代表大会和财政部门的监督。资产来源属于国家拨款或者社会捐赠、资助的，必须接受审计机关的监督，并将有关情况以适当方式向社会公布。

第三十六条　本协会换届或更换法定代表人之前必须接受社团登记管理机关和业务主管单位组织的财务审计。

第三十七条　本协会的资产，任何单位、个人不得侵占、私分和挪用。

第三十八条　本协会专职工作人员的工资和保险、福利待遇，参照国家对事业单位的有关规定执行。

第六章　章程的修改程序

第三十九条　对本协会章程的修改，须经理事会表决通过后报会员代表大会审议。

第四十条　本协会修改的章程，须在会员代表大会通过后15日内，经业务主管单位审查同意，并报社团登记管理机关核准后生效。

第七章　终止程序及终止后的财产处理

第四十一条　本协会完成宗旨或自行解散或由于合并等原因需要注销的，由理事会或常务理事会提出终止动议。

第四十二条　本协会终止动议须经会员代表大会表决通过，并报业务主管单位审查同意。

第四十三条　本协会终止前，须在业务主管单位及有关机关指导下成立清算组织，清理债权债务，处理善后事宜。清算期间，不开展清算以外的活动。

第四十四条 本协会经社团登记管理机关办理注销登记手续后即为终止。

第四十五条 本协会终止后的剩余财产，在业务主管单位和社团登记管理机关的监督下，按照国家有关规定，用于发展与协会宗旨相关的事业。

第八章 附 则

第四十六条 本修改章程经2015年1月29日第二届员代表大会表决通过。

第四十七条 本章程的解释权属本协会的理事会。

第四十八条 本章程自社团登记管理机关核准之日起生效。

黎平县茶叶行业准则

第一章 总 则

第一条 为建立黎平县茶叶行业自律机制，规范行业经营行为，增强行业以质取胜、诚信经营的理念，规范行业经营行为和市场竞争秩序，创造公平竞争、诚信友爱、安定有序、和谐发展的市场环境，保障行业整体利益，维护茶叶行业相关单位的合法权益和社会公共利益，推动黎平县茶业行业健康发展，特制定本准则。

第二条 凡在黎平县境内具有合法资质的从事茶叶种植、生产、经营、科研教育、培训和相关服务的企事业单位、茶叶专业合作社、个体工商户、茶楼、茶馆等均为茶叶行业的成员（以下简称行业成员）。所有行业成员均应遵守本准则。

第三条 黎平县茶叶产业协会负责组织本准则的制定、修改和解释。

第四条 黎平县茶叶产业协会的会员、会员单位（团体会员）应成为本准则的范畴执行者。

第二章 行业道德

第五条 遵纪守法。行业成员必须自觉遵守国家有关法律法规、产业政策和市场准入制度，坚持质量第一、信誉至上和社会效益优先的原则，自觉履行行业的自律义务。

第六条 规范市场。遵守市场规则，鼓励、支持开展合法、公平、有序的行业竞争，坚决杜绝假冒伪劣产品，努力构建统一、开放、竞争、有序的现代市场体系，积极配合政府的监督管理，促进产品和各种要素自由流动和充分竞争，自觉维护行业整体利益和同行业利益。

第七条 讲求诚信。努力形成以道德为支撑、法律为保障的社会信用制度。把诚实守信作为基本行为准则，建立信用监督和失信惩戒制度。

第八条 提倡文明。充分尊重竞争对手的人格和合法权益，倡导通过适应市场需求、开展技术创新、提高产品质量、降低生产成本和科学管理、优质服务等自我进取方式参与竞争，以义生利，以德兴业。

第九条 加强团结。开展合作，和谐共处，注重商德，大事相商，共谋发展。

第十条 树立黎平茶叶的高标准高质量意识。把握黎平茶叶的原生态、优质、安全、健康的品质，既要"效益"，又要以高度的社会责任感，以优质、安全、健康为尚，以诚信为本，又好又快地发展茶叶产业；提倡"敢为人先"，敢于探索，勇于创新，开拓进取，不断提高黎平县茶业的核心竞争力。

第十一条 开展批评与自我批评。及时制止背离上述行业道德的现象和行为，并向协会如实反映。

第三章 行业规则

第十二条 行业会员茶园基地鼓励按绿色食品茶或有机茶要求管理和生产；推行茶园间种林木，打造多样性生态茶园，增加茶树的抗性，提高茶叶品质质量；少用化肥，多用生态有机肥农家肥。

第十三条 行业会员茶园基地管理不得使用：

（一）城市垃圾、养殖场中使用合成添加剂的牲畜粪便等污染物作茶园肥料；

（二）高毒、高残留农药；

（三）含氯化肥等；

（四）除草剂；

（五）水溶性高的农药；

（六）不使用"催芽素"等激素肥料。

第十四条 行业会员茶园基地管理提倡使用：

（一）菜籽枯、厩肥、草堆肥等有机肥；

（二）茶叶专用肥；

（三）高效低毒、水溶性低的农药或生物农药；

（四）使用杀虫灯、粘虫板等物理方式防治病虫害。

第十五条 行业会员茶产品加工推行清洁标准化厂房加工生产，确保生产过程茶叶不落地工程，并按国家对茶叶食品加工厂房、加工人员等要求执行。

第十六条 行业会员茶产品加工不得：

（一）添加任何对人体有害的物质；

（二）使用受污染或农残超标等不符标准的茶青加工；

（三）有污染茶叶的行为；

（四）生产加工茶叶场地应符合有关卫生条件要求。

第十七条 行业成员不得生产、销售以下茶叶产品：

（一）不得冒用和滥用食品生产许可证（QS）；

（二）质量不合格的茶叶；

（三）侵权产品；

（四）超过保质期的茶叶；

（五）含有添加剂、染色剂等对人体健康有害的茶产品。

第十八条　所有包装的茶产品必须符合国家有关食品标签注规定。茶叶外包装提倡简易、实用，内包装应材料质、密闭性好，符合国家相关包装规定。

第十九条　茶叶商品包装不得：

（一）商品包装空隙率不得大于55%；

（二）商品包装层数不得大于三层；

（三）商品包装其他所有包装成本不得超过商品售价的20%（除初始包装外）。

第二十条　标签是指茶叶包装容器上的一切附签、吊牌、文字、图形、符号及其他说明物。茶叶包装标签应符合《食品标签通用标准》。

（一）产品标签的所有内容，不得以错误的，或引起误解的，或欺骗的方式描述或介绍产品。

（二）产品标签的所有内容，不得以直接或间接暗示的语言、图形、符号、导致消费者对该产品或产品的某一性质与另一产品混淆。

（三）产品标签的所有内容，必须符合国家法律和法规的规定，并符合相应产品标准的规定。

（四）产品标签的所有内容，必须通俗易懂、准确、科学。

第二十一条　行业成员必须严格执行强制性国家标准和行业标准，鼓励积极采用推荐性国家标准和行业标准。没有国家标准和行业标准的，应当执行经审查符合保障人身安全要求的地方标准或企业标准，严禁无标生产。

第二十二条　行业成员应保证生产、销售的产品质量与明示标准一致，不得弄虚作假，欺骗顾客。

第二十三条　行业成员应建立健全产品质量管理体系，推行先进的管理技术和管理方法，杜绝质量不合格及劣质产品出厂入市。

第二十四条　禁止经营活动中的欺诈、强迫行为；严禁盗用他人商业信誉、产品信誉和侵犯他人知识产权的行为；不得在产品上或广告中对产品作与事实不符及容易引人误解的表示或宣传。

第二十五条　禁止价格作弊。不虚假打折，不得以低于成本定价、掠夺性定价、不正当联合定价、价格欺诈等进行恶意竞争。

第二十六条　禁止故意诋毁、贬低竞争对手的企业信誉和产品信誉的行为。

第二十七条　禁止滥用经济优势和不正当地利用行政力量，有组织地垄断市场等行为。具有竞争关系的行业成员不得通过契约、协议或其他方式串通，以共同分割市场，决定产品和服务价格，人为地操纵生产和流通，限制和削弱应有的竞争。

第二十八条　加强本行业相关单位之间在经营管理、技术进步、人才培训等方面的交流与沟通，互通信息，团结协作，取长补短，共同发展。反对相互封闭、贬低对方等损害同业权益的行为。

第二十九条　禁止弄虚作假，违反法定财务制度和统计制度的行为。

第三十条　禁止一切有损国格、民族尊严、社会公益的经营行为。

第三十一条　鼓励行业成员使用推广《黎平茶叶标准体系综合技术》地方标准，使用黎平公用地理商标与企业商标结合；自觉维护黎平茶叶行业形象，严禁有损黎平茶叶的商标、名字、名声等行为发生。

第四章　准则管理

第三十二条　黎平县茶叶产业协会为实施本准则的常设机构，在县委、县政府的领导下，在黎平县茶叶产业发展局、黎平县质量技术监督局、黎平县工商行政管理局和黎平县卫监局等部门的指导下负责本准则的日常监督管理。

第三十三条　对违反本准则行为的行业成员，不属行政处罚的由县茶叶产业协会负责组织调查处理，根据违反准则的情节轻重，县茶叶产业协会可分别对其采取批评教育、责令赔礼道歉或做出检查、内部通报、取消参加黎平县茶叶产业协会活动和行业公共活动资格，向公众曝光、建议有关行政管理部门予以处罚等措施；行业有关行为违反法律法规的，由有关职能部门依照相关法律法予以处理。

第三十四条　合法权益受到侵害的经营者、消费者和其他组织、个人有权向黎平县茶叶产业协会提出维护权益、责令侵害者停止侵害行为的请求，也可直接向黎平县茶叶产业协会或有关行政管理部门提出上述请求，或向人民法院提起诉讼。

第三十五条　行业成员对他人反映其违反本准则的行为有异议或对其进行的处罚有异议，有权向黎平县茶叶产业协会会提出申辩，也可直接向黎平县茶叶产业发展局或有关行政管理部门提出申诉，或向人民法院提起诉讼。

第三十六条　本准则执行中发生的各种行业内纠纷和争端，提倡在黎平县茶叶产业协会的协调下，由当事各方本着相互谅解、磋商一致的原则加以解决。

第三十七条　鼓励、支持、保护一切组织和个人对违反本准则的行为进行社会监督和舆论监督。

第五章 附 则

第三十八条 本准则须经黎平县茶叶产业协会会员大会审议通过，自黎平县茶叶产业协会批准之日起执行。

第三十九条 本准则由黎平县茶叶产业协会负责解释。

第四十条 本准则生效期间，经黎平县茶叶产业协会或本准则十分之一以上成员单位提议，并经三分之二以上成员单位同意，可以对本准则进行修改。本准则的内容如与国家法律法规和政策相抵触的，以国家法律法规和政策的规定为准。

后 记

2017年《中国茶全书》启动。2018年4月《中国茶全书》系列丛书撰写与编审要求制定完成。是年5月，贵州省成立了《中国茶全书·贵州卷》编纂工作领导小组和编纂工作委员会。同时要求各市（州）成立相应机构。

2019年3月，黔东南州制定了《中国茶全书·贵州黔东南卷》编纂工作方案，成立了《中国茶全书·贵州黔东南卷》编纂工作领导小组和编纂工作委员会。随后，对《中国茶全书·贵州黔东南卷》的编纂工作进行安排部署。是年8月，对《中国茶全书·贵州黔东南卷》编纂工作进行检查和再部署、再安排。

2020年2月13日，州农村经济经营和信息服务站站长左松同志（《中国茶全书·贵州黔东南卷》主编）就《中国茶全书·贵州黔东南卷》编纂工作的情况向黔东南州农业农村局党组会议作了专题汇报。按照局党组会议精神，委托州农村经济经营与农业信息服务站与有关部门人员洽商《中国茶全书·贵州黔东南卷》编纂事宜。经协商，双方一致同意：成立《中国茶全书·贵州黔东南卷》编辑部，用6个月时间完成《中国茶全书·贵州黔东南卷》编纂工作。

《中国茶全书·贵州黔东南卷》的编纂是在黔东南州《中国茶全书·贵州黔东南卷》编纂工作领导小组和编纂工作委员会的领导下开展工作的。

2019年3月，编辑部列出了编写大纲，将《中国茶全书·贵州黔东南卷》材料搜集梳理进行分解。2019年8月，黔东南州编纂工作领导小组办公室（黔东南州农业农村局代章）发出了《关于加快推进〈中国茶全书·贵州黔东南卷〉编纂工作的通知》。

2020年3月，在认真研读《中国茶全书》其他卷册及《中国茶全书·贵州卷》关于市（州）编纂《中国茶全书》分卷要求的基础上，结合黔东南州茶产业的实际，并经州农业农村局和州志办审核后，完成了《中国茶全书·贵州黔东南卷》详细目录。

2020年3—7月，按照《中国茶全书·贵州黔东南卷》目录如期完成了《中国茶全书·贵州黔东南卷》初稿。

在初稿编纂中，编辑部人员按《中国茶全书·贵州黔东南卷》篇目要求，各有侧重，统一领导，相互协作，按分工开展编纂工作。

王　辉（主编）负责《中国茶全书·贵州黔东南卷》初稿编纂工作的全面领导、全面协调与全面审核。

左　松（主编）负责《中国茶全书·贵州黔东南卷》初稿编纂工作的所需材料搜集、部分材料编写、有关协调与整个卷书的审核、校对。

杨　桦（副主编）及曾怀德、黄明祥、杨正山、周哲麟负责《中国茶全书·贵州黔东南卷》初稿的编纂，其中：杨桦负责编纂《中国茶全书·贵州黔东南卷》（即：茶史篇、茶栽培篇、茶区篇、茶崛起篇、茶企与茶贸篇、茶类篇、茶泉与茶器篇、茶馆与茶俗篇、茶人篇、茶文篇、茶旅篇、科教与行业组织篇）以及卷首图片、凡例和卷尾附录、大事记；曾怀德、黄明祥、杨正山、周哲麟负责审核、校对《中国茶全书·贵州黔东南卷》（即：茶史篇、茶栽培篇、茶区篇、茶崛起篇、茶企与茶贸篇、茶类篇、茶泉与茶器篇、茶馆与茶俗篇、茶人篇、茶文篇、茶旅篇、科教与行业组织篇）以及卷首图片、凡例和卷尾附录、大事记。

为确保书稿质量，全书订有《行文规范》、操作程序及个人撰稿、单位审稿、分纂、总纂责任制。

《中国茶全书·贵州黔东南卷》史料浩繁，加之2010年机构改革后，几经辗转，资料部分散失。为力求史料齐备、完整，曾查阅了大量档案、书籍、报刊、文献等，所采史实均经再三考证，存真求实。搜录史料相当于全书字数的4~5倍。并编写了大量资料卡和部分资料篇。此卷书内容丰富、史料翔实。

2020年7月，州农业农村局召开《中国茶全书·贵州黔东南卷》评审会议，农业战线上耕耘了几十年的专家、教授、学者提出修改建议。2020年10月12日，州政府副州长吴坦同志主持召开《中国茶全书·贵州黔东南卷》审定会议。参会人员认真开展了讨论发言，会议通过了《中国茶全书·贵州黔东南卷》评审。

《中国茶全书·贵州黔东南卷》真谓是"众手成志"。从搜集资料到编定的全过程中涉及的单位28个[其中州直部门12个，县（市）16个]，为本卷书提供资料、照片人数多达72人。

《中国茶全书·贵州黔东南卷》于2019年开始编修，历时近1年时间。它的出版，是州委、州政府领导重视、州直部门与县（市）支持和众多撰稿人、资料提供者、编辑、工作人员辛勤笔耕的结果。编辑人员中不少是年逾花甲和古稀，在农业战线上耕耘几十年的专家、教授、学者，编写此书，所费心力，不言而喻，在此谨向他们表示深切的敬意和衷心的感谢。由于历史等原因，部分图片、资料收集不全，加之编纂水平有限，编纂中难免出现错误，敬请批评指正。

《中国茶全书·贵州黔东南卷》编委会
2020 年 10 月